印象手绘

室内设计手绘线稿表现（第2版）

潘周婧 编著

人民邮电出版社
北京

图书在版编目（CIP）数据

印象手绘 ：室内设计手绘线稿表现 / 潘周婧编著
. -- 2版. -- 北京 ：人民邮电出版社，2018.10（2019.6重印）
ISBN 978-7-115-48921-0

Ⅰ. ①印… Ⅱ. ①潘… Ⅲ. ①室内装饰设计—绘画技法 Ⅳ. ①TU204.11

中国版本图书馆CIP数据核字(2018)第165767号

内 容 提 要

本书主要讲解与室内设计手绘线稿表现相关的知识，注重设计与手绘表现相结合，希望大家通过对本书的学习，能够解决在实际设计工作中遇到的手绘表现问题，使设计工作变得更加快捷、灵活、简单。本书结构清晰、思路明确，从室内设计手绘线稿的作用与意义开始讲解，然后慢慢过渡到线条的基础训练、室内空间质感表现、室内空间透视关系，以及室内常见家具与配景表现这些设计手绘表现必不可少的知识。接着介绍室内设计风格分类与实例表现，最后展示设计师的线稿作品，从而感悟和体会大师的作品，提升设计能力。

为了方便大家学习，书中案例的每个步骤都配有细节分析和图片解析，同时，随书附赠一套室内设计手绘教学视频，读者可以与图书相互配合进行学习，提高学习效率。

本书适合室内设计专业的在校学生、室内设计公司的职员、手绘设计师及对手绘感兴趣的读者阅读使用，同时也可作为培训机构的教学用书。

◆ 编　　著　潘周婧
责任编辑　张丹阳
责任印制　陈　犇

◆ 人民邮电出版社出版发行　　北京市丰台区成寿寺路 11 号
邮编　100164　　电子邮件　315@ptpress.com.cn
网址　http://www.ptpress.com.cn
大厂聚鑫印刷有限责任公司印刷

◆ 开本：787×1092　1/16
印张：15
字数：537 千字　　　2018 年 10 月第 2 版
印数：14 201－15 200 册　　　2019 年 6 月河北第 2 次印刷

定价：59.00 元

读者服务热线：(010)81055410　印装质量热线：(010)81055316
反盗版热线：(010)81055315
广告经营许可证：京东工商广登字 20170147 号

前言

手绘表现是设计优秀室内空间必不可少的一个环节，因为在室内设计中，对于空间的理解、灵感的构思这些核心环节的表达，都以手绘为基础。

手绘线稿表现不仅能够提高设计师的艺术修养和绘画功底，而且能够快速将设计师的设计灵感展现给客户。手绘具有快捷、直观、真实和艺术等特性，使其在设计表达上具有独特的地位和价值。只有通过手绘的方式对设计造型能力进行严格训练，才能全面提高设计者眼、手、脑的协调能力和丰富的创造力，锻炼出扎实的设计艺术造型基础和良好的艺术修养。

室内手绘课程目前是各相关院校的必修课程之一，具有很强的实用性，因此，手绘设计是环境艺术设计专业学生的必备技能。室内手绘课程的目的在于培养学生的动手能力，希望学生通过观察能够迅速、准确地将自己的创作灵感、设计理念绘制出来，并能够准确地传达自己的设计意图和设计效果，在今后的设计工作中能够顺利地与客户进行交流，并能够顺利地完成设计工作。

本书在编写过程中充分考虑了初学者学习手绘的需求，技法讲解注重循序渐进，案例选择上强调多样性，力求符合当代社会对设计行业的要求。本书在绘画表现技法方面，详细讲解了不同风格、不同类型的室内空间线稿表现，并综合笔者自身学习室内手绘的经验，舍弃了许多在现实工作中不会用到的技法，增加了实用性的绘画技法，从而增强了本书的实用性。

本书附赠教学视频，扫描“资源下载”二维码即可获得下载方法。同时，也可以通过移动端扫描“在线视频”二维码在线观看教学视频。如需下载技术支持，请致函szys@ptpress.com.cn。

本人能够顺利编写本书，要诚挚地感谢我的挚友李磊对我的无私帮助以及为我提供众多的精美图画，感谢朋友宁宇航为我提供优秀的手绘作品。感谢朋友们对我的支持。由于本人水平有限，书中难免有疏忽遗漏之处，敬请广大读者指正并提出宝贵意见，以便今后进一步提高。大家在学习的过程中遇到任何问题，可以加入“印象手绘（576507665）”读者交流群，这里将为大家提供本书的“高清大图”“疑难解答”“学习资讯”，分享更多与手绘有关的学习方法和经验。我们衷心地希望能够为广大读者提供力所能及的学习服务，尽可能地帮助大家解决一些实际问题。如果大家在学习过程中需要我们的支持，请通过以下方式与我们联系。

客服邮箱：press@iread360.com

客服电话：028-69182687、028-69182657

潘周婧

目 录

目录

目 录

第 1 章

手绘的前期准备

1.1 室内手绘线稿的作用与意义

在当今计算机效果图技术崛起的时代，手绘效果图仍然扮演着自己的角色，甚至还有着计算机技术所不能取代的地位。这是因为手绘更具有人性化，是设计师以快速形式表达情感、个性和审美情趣的直接工具。

手绘作品往往都是建立在具有严格造型艺术训练基础之上的，所以手绘继承和发展了绘画的艺术技巧，这是计算机效果图表现不出来的。从这些方面来考虑，手绘是无法被取代的，其他任何方式都不能这样直接、迅速地表达设计师的设计意图。

手绘制图是手绘草图的精细化加工，需要设计师更加准确、严格、真实和统一地表现设计意图和设计主旨。这类手绘需要对尺度、透视和形体表现得更加精细。

从市场的角度来说，表现性手绘效果图能以独特的表现形式展示给客户，这种类型的表现效果图与设计者的设计水平有着直接的关系，是一个需要长期积累练习和培养能力的过程。

室内设计手绘线稿是室内设计效果图表现的基础，是进行室内设计创意过程的载体，它能够将设计师的艺术修养、绘画功底以及独特的思维快速地展现给客户。

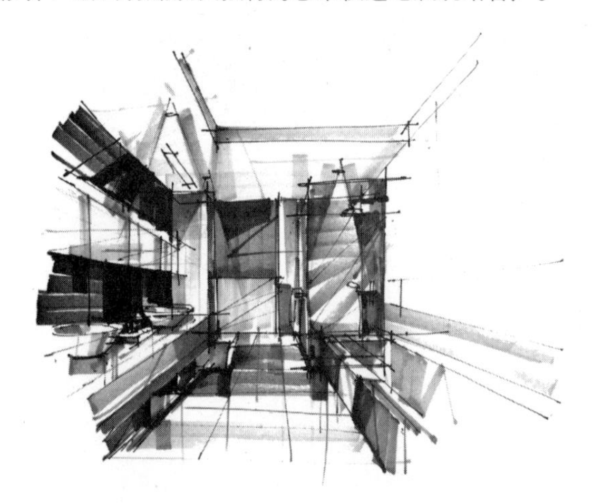

1.1.1 室内手绘的几种分类

手绘的表现形式有很多，主要分为两种：一种是设计工作中用到的表达设计思想的概念手绘草图；另一种是应对设计课作业和研究生考试的精细类手绘效果图。设计工作中用到的手绘又可以细分为3个阶段：构思阶段、方案深化阶段和后期表现阶段。

构思阶段：即概念草图阶段。前期概念性的设计方案草图是设计初期最常用的表现方法。概念草图是设计师用来传达自己的设计思想的最直接、最自由的传达方式。运用大量的草图进行推敲，可以合理安排功能分区，并在设计过程中不断地进行修改。这种设计草图有很大的随意性和概念性，是未经切实贯彻的“雏形”表面。其绘制的方法简单，大多是随意的表达，如乱线、随意的文字等。

方案深化阶段：方案深化阶段的表现图是在概念设计的基础上添加细节设计。前期设计方案的草图绘制是在功能分区、路线体系上的大致划分，只是一个模糊的概念。表现型效果图在空间、尺度和形体等表达上比草图阶段更加准确，是对设计空间较为细致的表达。表现型效果图同样也不必追求细致、严谨，而是在表现上相对于草图阶段更加具象。加入具体的造型，画面简洁明了，便于与客户进行方案讨论，使客户能够准确地认识和理解设计，以便在设计后期再次进行修改。

后期表现阶段：后期表现阶段是表现方案最终确定后的效果。深入型效果图是方案最终确定后的表现效果图。这一阶段的表现图是最终设计成果的手绘表现。

由于是客户已经确定为正式方案的设计，绘制时需要格外细致、谨慎，尽可能避免出现差错。后期手绘效果图需要将设计表现得更加清晰、准确，能够充分表达设计师的设计意图，并为施工后的最终效果提供强有力的参考依据。

手绘效果图除用于具体设计工作外，还用于相关专业低年级的设计课作业和研究生考试的快题设计。

在大学期间的课程作业一般是中长期作业。长期作业常为4周左右，主要是老师带领学生学习专业基础，考查学生解决设计问题的能力及充分表达的能力，与快题考试的应试模式有很大的区别。

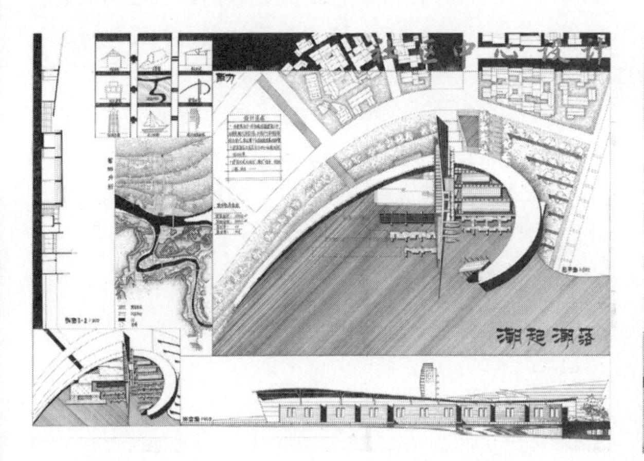

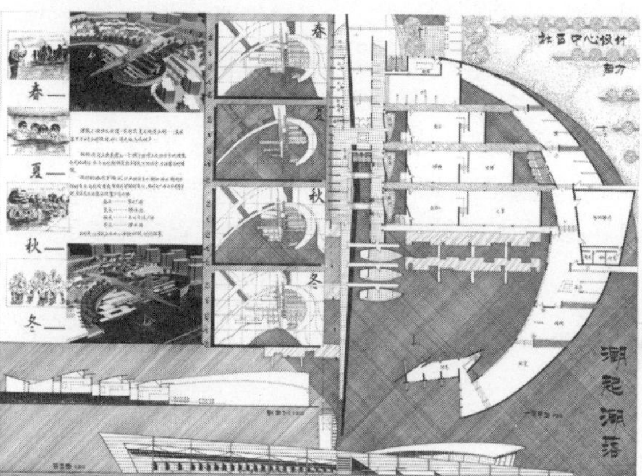

快题设计是广大设计师、设计专业学生常用的表现手段，由于其具有快速创意、快速表现的特点，在研究生入学考试或公司应聘中经常被作为考查学生和应聘人员综合设计能力的一种手段。所谓快题设计，是指在有限的时间内（通常情况下是3~6小时）完成一个方案的整体构思，并且能做出一幅或者几幅完整、合理的设计方案，通过手绘表现出来。从整个教学体系上看，无论是以老师辅导为主的长期作业，还是以学生为主的中期作业，都是为快题设计积累的过程。

快题设计能力是一个优秀设计师应该具备的基本功之一。快题设计的构思原型是最原始的形态转变，更是设计者创造性思维最活跃的阶段，而设计构思的雏形就是在这一阶段产生的。快题设计能表现出原创性、灵感性、活跃性和设想性，是对设计的理念或者意识抽象的见解，同时也是一个具有形态与结构的综合表现形式。

目前，对于大多数室内专业的学生而言，快题设计能力相对较弱。很多同学面对平面都不知道该如何下手，最大的原因就是练得太少了，许多空间常用的设计元素和处理手法积累得太少，对于手绘的掌握程度不够，以至于创意不能被准确地表达出来，所以大家应该锲而不舍地勤加练习手绘，逐渐积累。

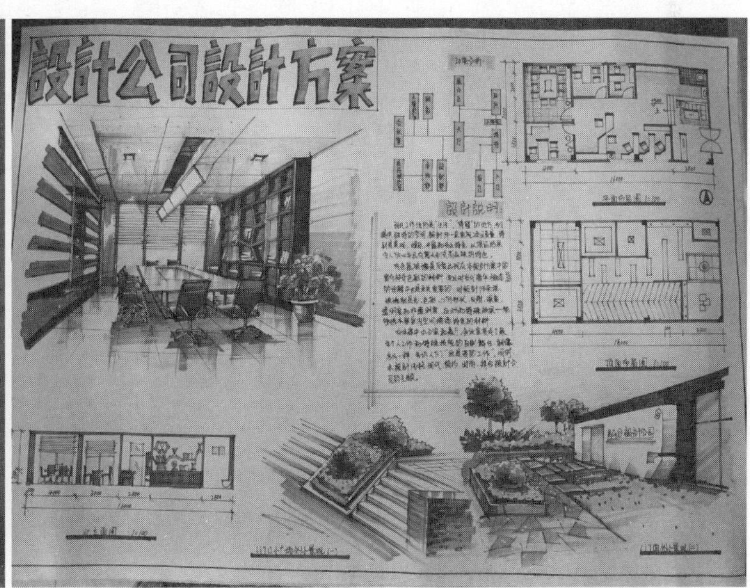

1.1.2 手绘线稿的重要性

虽然计算机效果图在不断地发展，但是丝毫没有降低设计中对手绘的要求。相反，手绘草图的运用比以往的要求更高，这是因为在设计过程中设计师首先要掌握手绘技巧，才能够运用图形的特殊语言来清晰、准确地表达自己的设计思想和构思，而且必须通过这些图形，与工作中的各个分工人员交流，并准确表达自己的设计构思。这样的交流模式是计算机所不能完成的，而交流中最关键的就是用手绘线稿表现设计意图。

如果将一张完整的室内设计手绘效果图定位为10分，则线稿就占7分，颜色只占3分。因为线稿是空间的骨架，空间中的结构表达、透视关系、家具造型等都是通过线稿来实现的，而颜色只是表皮，是建立在线稿基础之上的。由此可见线稿在手绘中的重要性。线稿是画图的基础，有了形的完整准确，颜色才能发挥其真正的作用。打好线稿的基础是画好效果图的关键。而这需要每天坚持练习，这样才能不断地超越自己。

1.1.3 手绘和绘画的区别

手绘虽然也属于绘画的范畴，但它与绘画艺术还是有区别的。绘画是把现实的场景或物体通过主观的艺术处理，变成写实或抽象的艺术作品的范畴。而手绘则是把现实中本没有的空间形态通过思维创意客观地表达出来，是“无中生有”。它的表达不能太过艺术化，要画得客观、明了。

手绘效果图主要表现结构与造型形态，既要表现出功能性，又要表现出生动的艺术效果。手绘效果图是运用理性的思想观念，通过绘画的方式表现出来的。因此，结合实际，注重设计的合理性，是设计手绘的关键。在设计手绘中，绘图者需要从客观的角度描绘景物，对于所绘物体的结构、尺寸和空间关系要求更加严格。设计手绘是需要清楚地表现设计意图和设计效果的一种绘画方式。

绘画不同于手绘，它是一种从绘画者主观意识出发的艺术表现形式。不同的绘画者对同一景物有着不同的主观感受，所以，每一个绘画作品都有着不同的艺术感受和绘画风格。绘画在表达技法上也不受限制，可以用写实、抽象或夸张的手法来表现。如著名画家康定斯基，其作品多采用印象主义技法，又受野兽主义影响，被认为是抽象主义的鼻祖，在他的绘画作品中，均用抽象的线、色、形的动感、力感、韵律感和节奏感来表述季节的情绪和精神，而不是用绘画表现景物的空间结构。

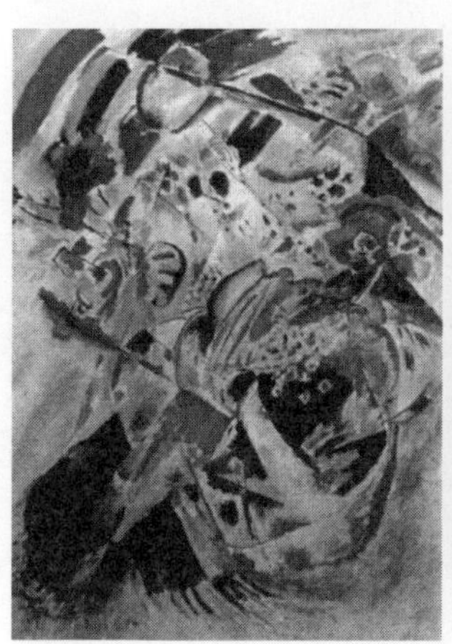

1.1.4 快速学好室内手绘线稿的方法

1.临摹作品

在学习手绘的初期，初学者还不能准确地掌握透视、构图等方面的方法，因此，可以通过临摹大量的优秀作品来提高自己绘制效果图的能力。这是一个重要的练习手段和过程，可以将临摹优秀的手绘效果图作为一种有效的辅助手段，帮助自己更快地提高表现水平。临摹也是认识手绘效果图构成语言的一种有效途径。在临摹过程中要找到自己喜欢的风格，然后专心研究，从优秀范本中直观地学习手绘的表现方式，领会处理画面的要点和方法，例如，学习线条的运用方式、构图的规律等。

另外，临摹也有一些弊端，如刻板的临摹，只在临摹过程中一味地复制，而不对作品做深入细致的研究，临摹者也就无法达到创作的目的。如果临摹变成一味地复制，那就失去了学习的意义，临摹的练习方法就收效甚微了。故此，我们在临摹的过程中，要避免这种情况的发生。

2.写生练习

写生是结合现实场景进行描绘的练习手段，是练习手绘效果图的重要环节，是从临摹、模仿用笔到独立组织画面的应用转变。通过写生可以总结笔触、线条运用的心得体会，以画面作为传递绘图者对特定场所理解和认识的媒介。

通过写生，不但可以搜集素材，培养绘图者丰富的空间想象能力、敏锐的感受能力，提高绘图者组织画面的能力、观察力、创作的思维能力和分析能力，还可以表达绘图者对生活的理解和感受。另外，从写生中学习到的处理画面的能力和经验，能够使设计效果图的场景表现得更加合理，更具艺术表现性。故此，写生练习是培养手绘表现能力和审美能力不可缺少的训练手段，也是将室内设计表现图提升到艺术层面最有效的训练过程与方法。

写生的方法又分为照片写生和实地写生两种。

·照片写生

照片写生是提高手绘的有效途径，照片上完全是实际的场景，没有固定的灭点和视平线，都需要绘图者自己摸索和总结。这种方法能在短时间内提高绘图者的绘图能力，初学者可以自行寻找一些适合手绘的图片和书籍来练习。注意避免临摹过程中照抄、照搬的情况，学会自己对实际场景中较复杂的形体进行概括处理，体现画面的整体感。

·实地写生

实地写生与照片写生一样，是绘图者通过对实际场景总结的经验来绘制的。实地写生与照片写生不同的一点在于，实地写生能通过实践让绘图者身临其境地感受事物实际尺寸的大小。不论是实地写生还是照片写生，都有助于提高绘图者对事物的比例掌握和形体塑造能力，为今后绘制效果图奠定坚实的基础。

如果将临摹与写生相比较，那么临摹是为写生提供基础，是拿着别人做好的东西进行加工，吸收其精华，为己所用；而写生则是通过自己的经验总结而绘制出作品，是最后教学成果的展现。

3.创作练习

初学者可以给自己设定一块空白的室内空间，并结合自己的经验所学，在空间内设计合理的方案，规划室内布局，把所学的知识活学活用，不要一味地“死读书”而不加以运用。经过长期的方案练习和自由创作，理解手绘的真正内涵，也可在查找资料的过程中积累素材。

如果说写生是临摹的目的，那么自由创作便是写生和临摹的最终目的了。在临摹过程中，研究其画面处理和构图，是对他人经验的总结和积累。在写生过程中充分运用之前在临摹过程中总结的经验，是为将来的自由创作打基础。设计不是凭空而来的，要不断地积累进步，才能做出好的设计。而积累素材和自由创作，是做出好方案的必经之路。

1.2 材料与工具

在手绘过程中，绘图者需要选择一个自己最擅长的绘画工具，或者根据绘画的内容来选择合适的工具。作为初学者，从一项绘画工具入手来整体理解绘画的相关技能，也是很好的训练方式。所以，先来了解一下绘画工具吧。

1.2.1 ▎绘图用笔▎

1.铅笔

铅笔的颜色深浅层次非常丰富，并且很好修改，适合擅长素描的绘图者。绘画铅笔通常使用的型号为H~6B。不同型号的铅笔，画出的线条可以表现不同的质感和硬度。

在铅笔中，H（hard）代表铅笔的硬度，H的数值越大则铅笔越硬、颜色越浅；B（black）代表铅笔的黑度，B的数值越大则铅笔越黑、越软。

· 铅笔笔触表现

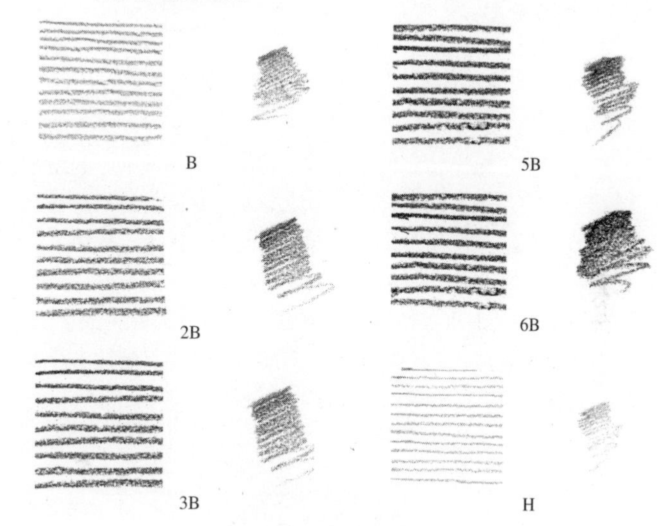

· 铅笔效果图表现

2.自动铅笔

自动铅笔在用于绘图起稿时也需要普通铅笔的辅助。建议初学者使用自动铅笔时用2B笔芯，0.3~2.0的粗细，可以根据个人的喜好进行选择。

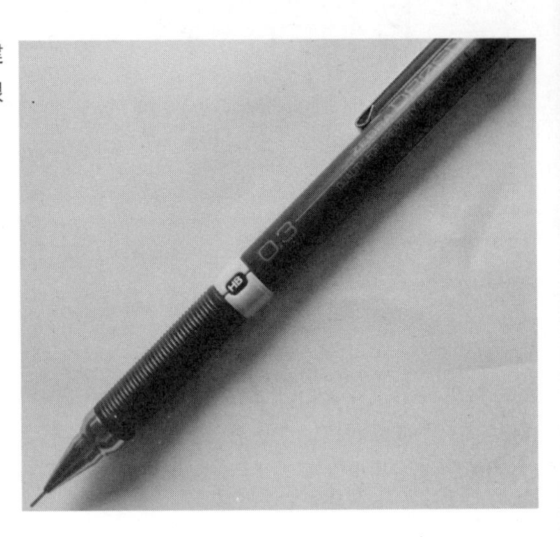

3.彩色铅笔

彩色铅笔颜色丰富，色彩稳定，表现细腻，是很好的绘图工具，我们常常用其来绘画室内草图、平面、立面的色彩示意图，其画面效果色彩丰富饱满。但彩色铅笔的不足之处是色彩不够紧密，画面效果不是很浓重，需要借助其他工具配合使用，并且彩色铅笔也不适宜大面积涂色。彩色铅笔一般会和马克笔或水彩颜料一起使用，体现完整的画面效果和色彩变化。

彩色铅笔分为水溶性和非水溶性两种。在手绘中推荐使用水溶性彩色铅笔，因为它能比较好地与马克笔结合，而且色彩丰富，笔芯触感较软，在必要时可以进行水彩画处理，给画面增加一种丰富的机理效果。而非水溶性彩色铅笔，价格虽然较低，但是笔芯触感较为生硬，不适合手绘作图。

· **彩色铅笔笔触表现**

· 水溶性彩色铅笔纹理表现

在使用彩色铅笔绘制效果图时，其使用技法同普通铅笔技法差不多，可以利用颜色叠加产生丰富的色彩变化，具有较强的艺术表现力和感染力。

4.钢笔

钢笔是设计师与画家最为常用的绘图工具之一，多用于绘制建筑效果图与钢笔速写。钢笔画出来的线条刚劲有力，富有弹性。在平时练习时，不仅要注意线条的虚实变化，还要注意线条与画面的空间关系。因为钢笔无法修改，所以在绘制过程中应做到落笔肯定、心中有数，这样绘制出来的效果图才能更有艺术感染力。

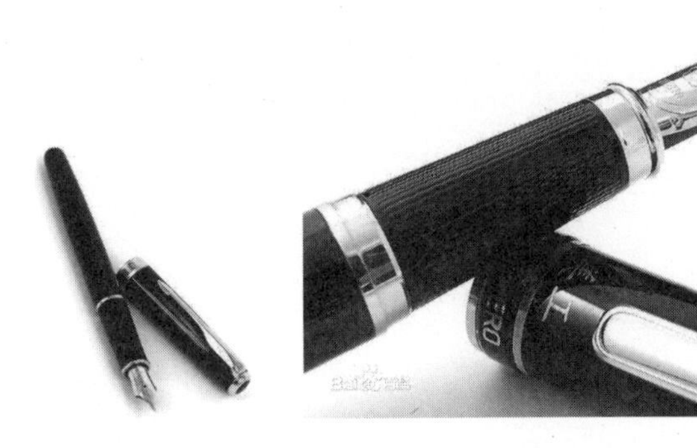

使用钢笔时应该选用黑色碳素墨水，其视觉效果反差鲜明、强烈。这里需要注意的是墨水易沉淀并堵塞笔尖，因此，钢笔最好经常清洗，使其保持出水顺畅，处于良好的工作状态。

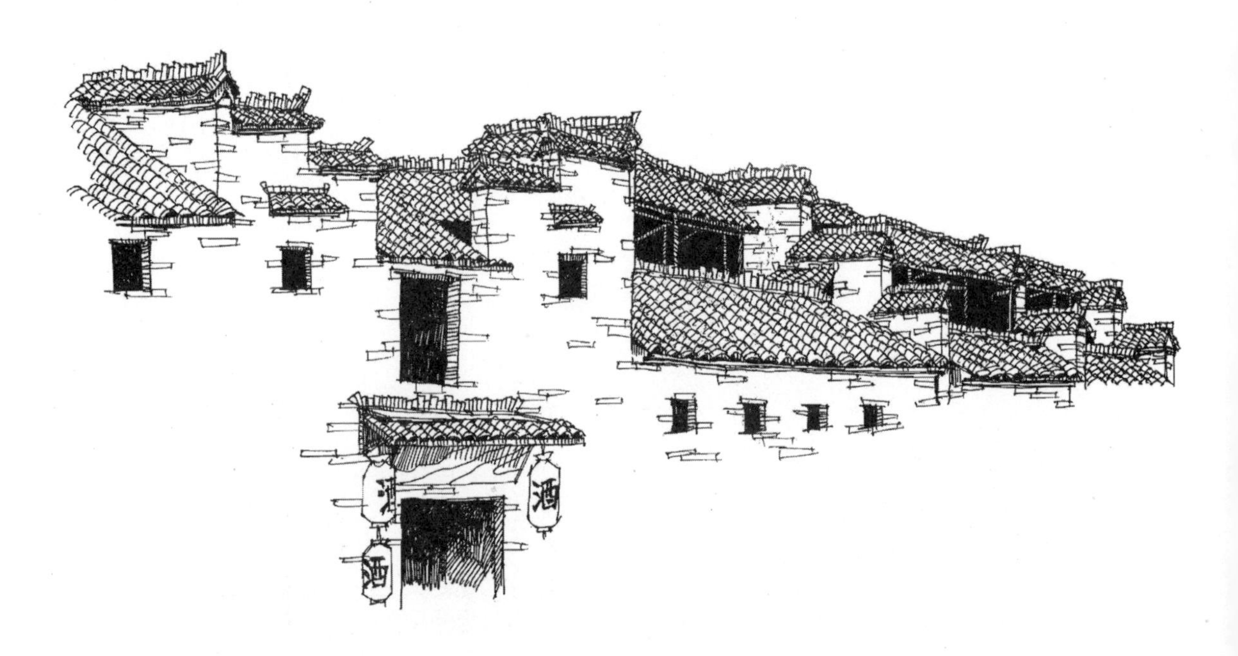

5.针管笔

为了更好地表现画面效果，建议选用专业的针管笔（灌水针管笔），这样在绘制线稿时才不容易断线或漏墨。

一次性针管笔比较适合初学者，性价比较高，是灌水针管笔的简化版，能画出同灌水针管笔一样的线条。针管笔笔芯一般为0.1~7.0，当然，不同的品牌，笔的粗细也会不同。切记不可选用水性笔或圆珠笔。

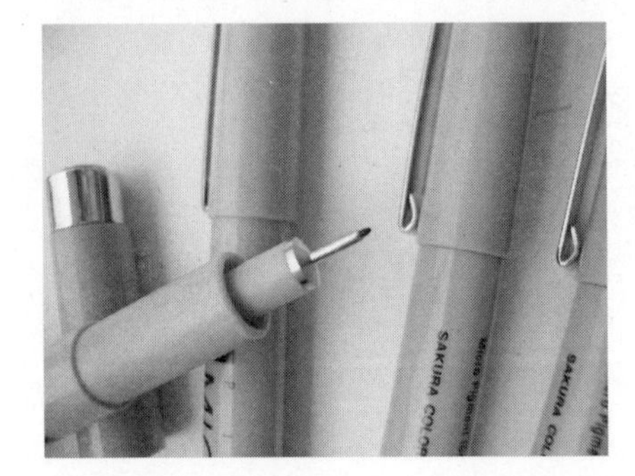

6.马克笔

马克笔是效果图重要的绘画工具，它既可以绘制快速草图，帮助绘图者分析方案，也可以较为深入地刻画，形成一张表现力极为丰富的效果图，同时还能结合其他工具（如彩色铅笔、水彩、透明水色）来进行绘制。马克笔通常运用粗细的变换与颜色的叠加来创造变化多端的材质纹理，具有作画快捷、颜色丰富、表现力强等特点。在效果图表现领域，马克笔越来越受到手绘爱好者的喜爱。

马克笔的种类繁多，大致分为油性马克笔、水性马克笔和酒精性马克笔3种。

· 油性马克笔

油性马克笔有较强的渗透力，可以用甲苯稀释，尤其适合在硫酸纸、绘图纸等较为平滑的纸质上作画，具有干笔快，耐水，颜色可以多次叠加并不伤纸，颜色饱和度高，笔触强烈等特点。其笔头设计比较独特，与酒精性马克笔相比颜色更柔和。

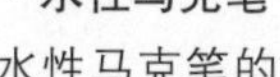

· 水性马克笔

水性马克笔的笔痕可溶于水，颜色淡雅，易于与其他材料结合使用。通常是在较紧密的纸质上作画，例如铜版纸、卡纸。但水性马克笔经过多次叠加容易使颜色变灰，而且容易损坏纸质，不建议初学者使用。

· 酒精性马克笔

酒精性马克笔笔头为方形，比较坚硬，风干效果快，混色效果好，笔的水量大，性价比较高，适合初学者使用。

7.水彩

水彩也是初学者常用的颜料之一，市面上有管状和固体水彩颜料，使用比较方便。

水彩的特点是颜色鲜艳亮丽、柔和自然，不如马克笔的色彩强烈。水彩易于色彩的叠加，能够与彩色铅笔有机结合，缺点是难以控制。

在水彩画笔方面可以选择灌水毛笔，方便外出学习使用。

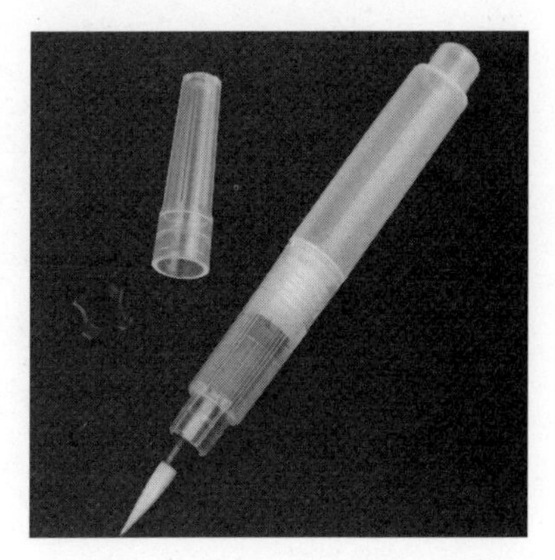

1.2.2 纸品和纸材

1.速写本

速写本纸质一般较厚，适合用马克笔和钢笔等工具绘画，初学者可以选择使用速写本作为随时练习的工具，随身携带方便，性价比高。

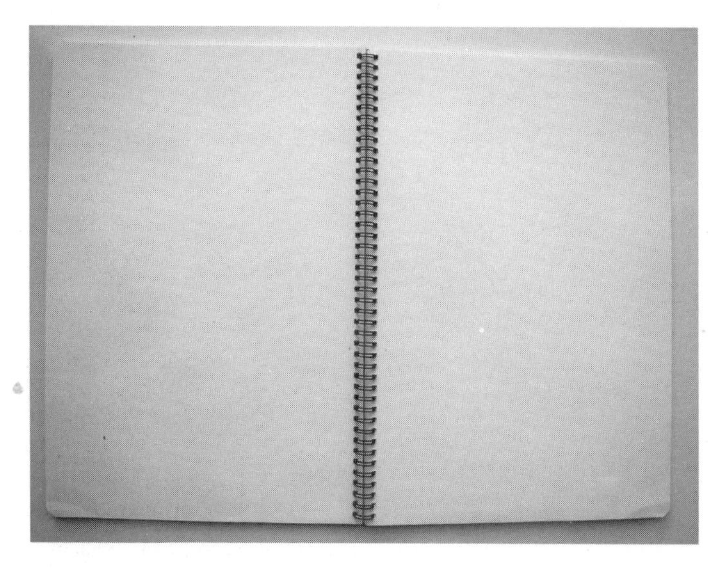

2.复印纸

建议初学者使用复印纸进行练习。这种纸适合铅笔、绘图笔、马克笔等多种绘图工具，且性价比较高，厚度适宜。市面上的复印纸都按克重来体现纸质的厚度，通常有70~120克每平方米的复印纸，大小一般分为A4、A3、B4，可根据需要进行选购。

3.绘图纸

绘图纸质地较为厚实，反复涂改也不容易擦破纸面，常用于正规的图纸绘制和考试当中，不具有透明性。绘图纸分为白纸和有色纸两种。有色绘图纸本身固有的颜色可作为重色部分和背景，亮面高光部分可用涂改液或者白色彩铅提亮，突出画面整体性和“黑白灰”关系，富有艺术感，表现效果非常好。

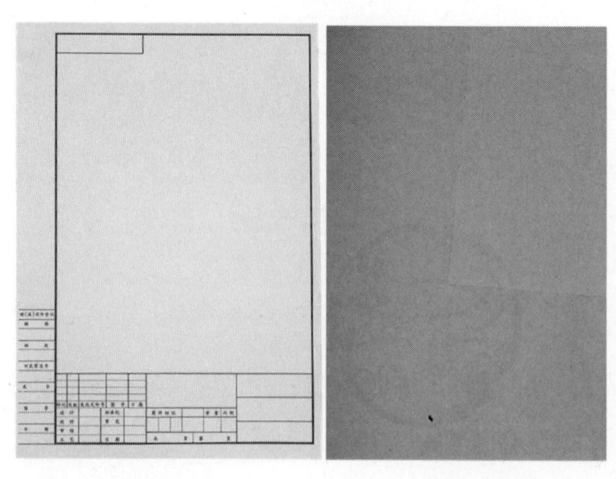

普通绘图纸　　有色绘图纸

4.草图纸和硫酸纸

这两种纸都是半透明的纸张，主要用于修改方案和复制图纸，所以又被称为拷贝纸。草图纸和硫酸纸是方案构思形成中重要的纸张类型，因为它们有半透明性，可以将新的纸蒙在原来的设计成果上，再进行多次修改描绘，从而节约绘图者的大量时间。硫酸纸比草图纸质地更厚，效果与草图纸差不多，但是价格略贵，性价比不高，更适合在工作中使用。草图纸价格略微便宜，适合学生在做方案时使用。

· 草图纸

· 硫酸纸

1.2.3 辅助工具

1.橡皮

橡皮不用过多介绍，在绘画中都会使用到。建议用铅笔绘图时，除了准备普通橡皮之外，还要准备一块可塑橡皮，以方便绘画时处理细节部分。

绘图橡皮

可塑橡皮

2.柔化工具

纸巾和擦笔都是纸类软化工具，可以帮助明暗处的软化处理。

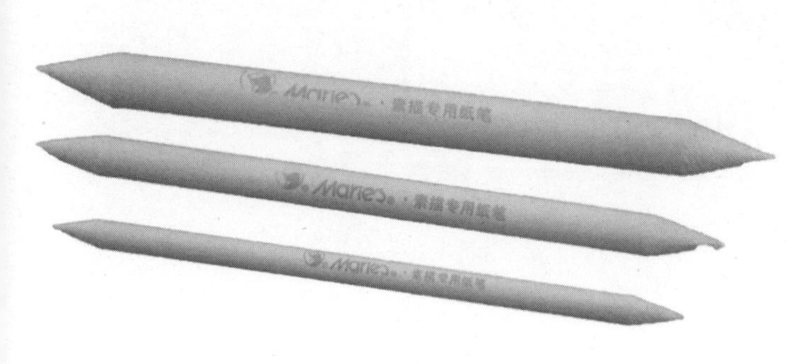

3.尺子

在练习手绘的过程中，一般不会用到尺子，同时不提倡使用尺子来辅助画直线，否则会使初学者对辅助工具产生依赖性，而不主动训练自身的画线能力。

手绘设计中，应该经常自主锻炼准确的比例尺度感，观察和判断物体的尺度不应该完全依赖尺规等工具，而应该在长期的绘画练习中练习自己的徒手绘画能力。所以对于初学者来说，自主徒手绘画应该作为主要的绘图手法，必要时才使用尺子来作为作图工具。常使用的尺子类型有比例尺、平行尺、三角板等，在此介绍一下。

・比例尺

在设计中如果需要根据实际的场景进行精细的设计，将实际的尺寸按照合理的比例绘制在图纸上，就需要应用到各种比例的比例尺了。比例尺可以帮助我们解决比例的换算问题，提高绘图者设计绘图的工作效率。

・平行尺

平行尺具有滚动轴，能够平行地在图纸上移动。如果在设计中需要精准的图面，可以运用平等滚动的原理，利用平行尺在图面上精准快速地绘制平行线段，从而大大提高绘图的速度。

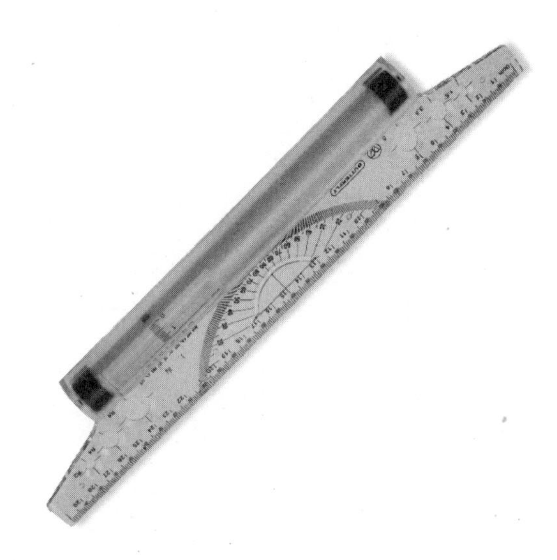

・三角板

三角板主要使用在需要绘制直角和直线的图中。

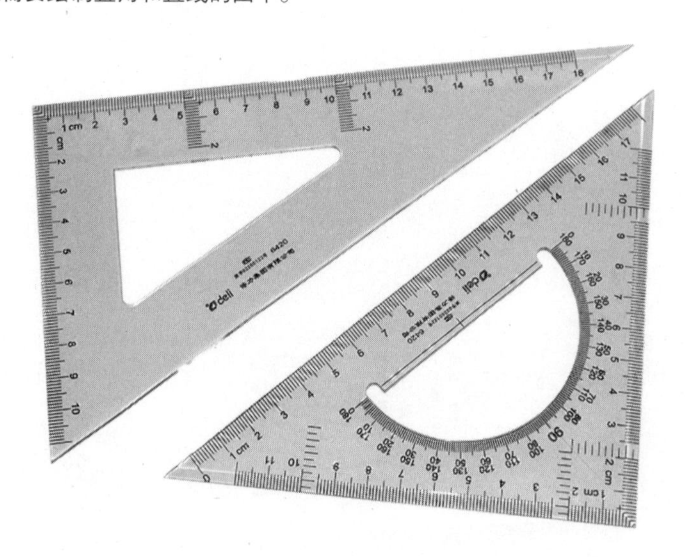

第 2 章

线条基础训练

2.1 各种线条的练习

在手绘效果图中，线条是空间的基础，也是支撑起整幅线稿的骨架。熟练地运用好线条是每一个设计师和绘图师必须掌握的技能之一，因为线条表现的好与坏直接反映了绘图者的基本功。画线时要求绘制出自然、流畅的线条，不应拘谨、死板。在绘画线条时，要注意下面的问题。

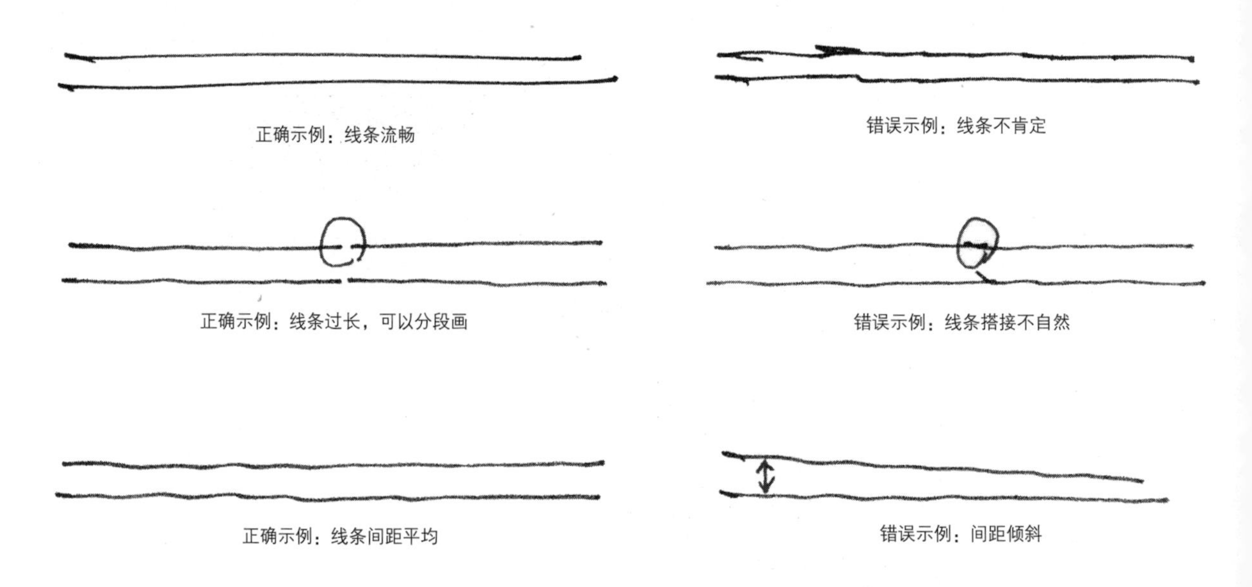

线条对于初学者来说非常重要，它决定了手绘的美观性。在练习排线时要保持平常的心态，手要自然放松，以保持线条的流畅，保证每条线之间自然的交接。

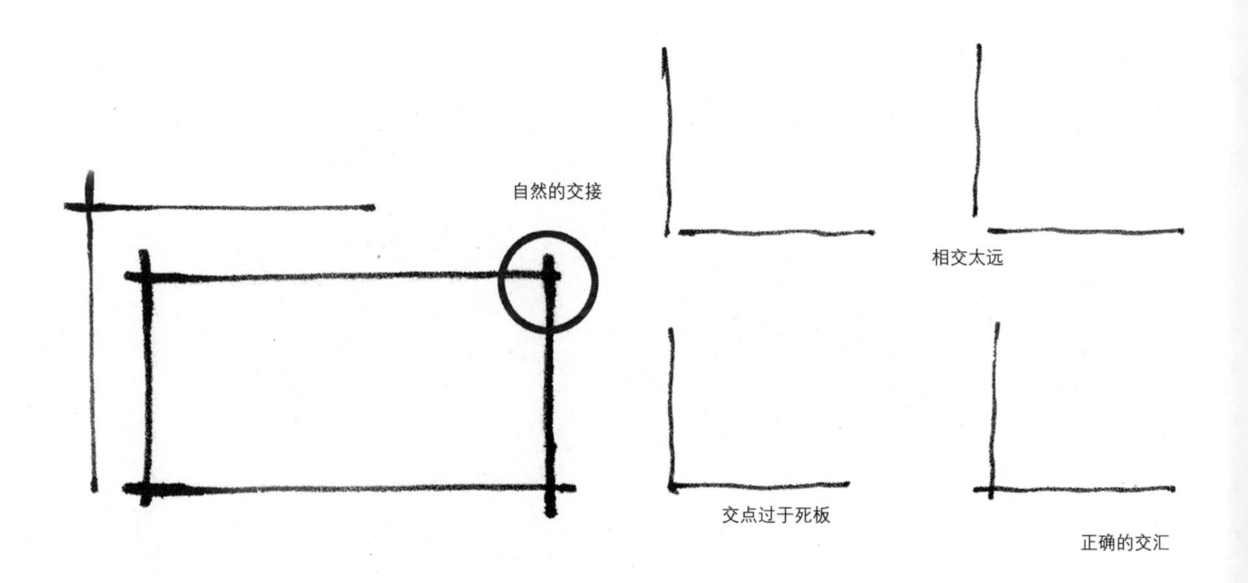

2.1.1 直线

直线是在室内手绘中应用最广泛的线条，同时也是最基础的表达方式。直线讲究自然流畅、刚劲挺拔、一气呵成。

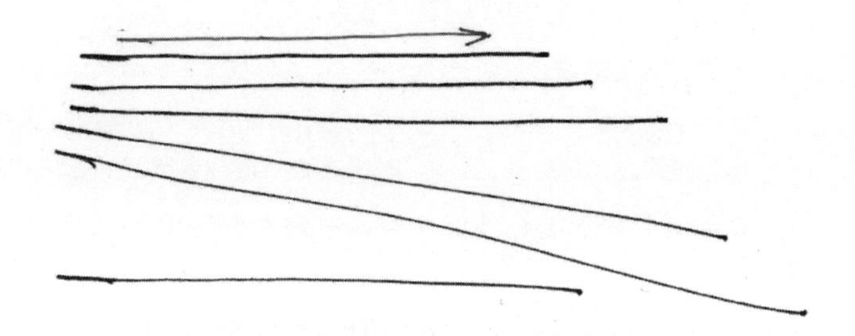

应该在长期的线条练习中训练自己徒手的表达能力，这会为以后在工作中的快速表达打下坚实的基础，提高工作效率。

按直线的表现形式，可将直线大致分为快直线和慢直线两种。

1.快直线

画快直线的时候，要有起笔和收笔。注意起笔时稍有停顿，然后匀速运线，运笔果断、有力，并时刻注意线条的整体方向。收笔时同样稍做停顿，避免出现“两头重、中间轻”的效果。

快直线在效果上具有极强的视觉冲击力，因此较难掌握，需要经常练习。

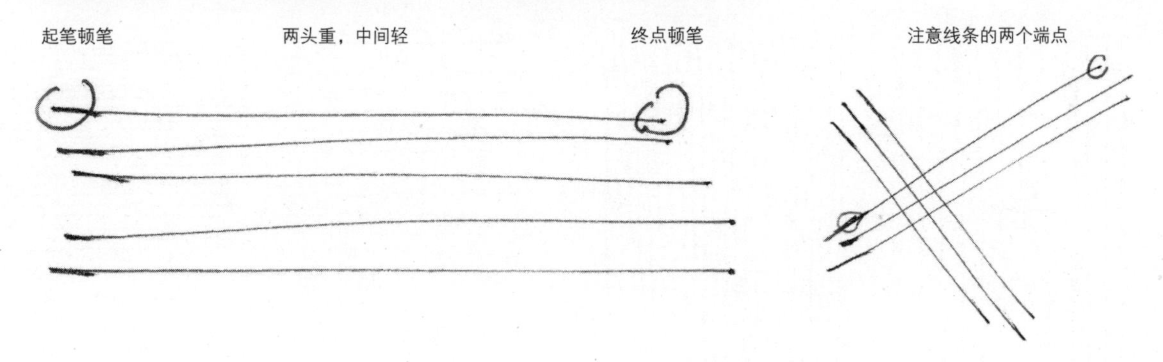

2.慢直线

慢直线是不同于快直线的另外一种表现形式，线条像水波纹一样带有震荡的效果，虽然没有快直线那样帅气，但是非常平稳，也易于掌握，初学者练习这样的线条很容易把线条画直。很多设计师们在进行深入设计时多采用这种线条来绘制设计草图。

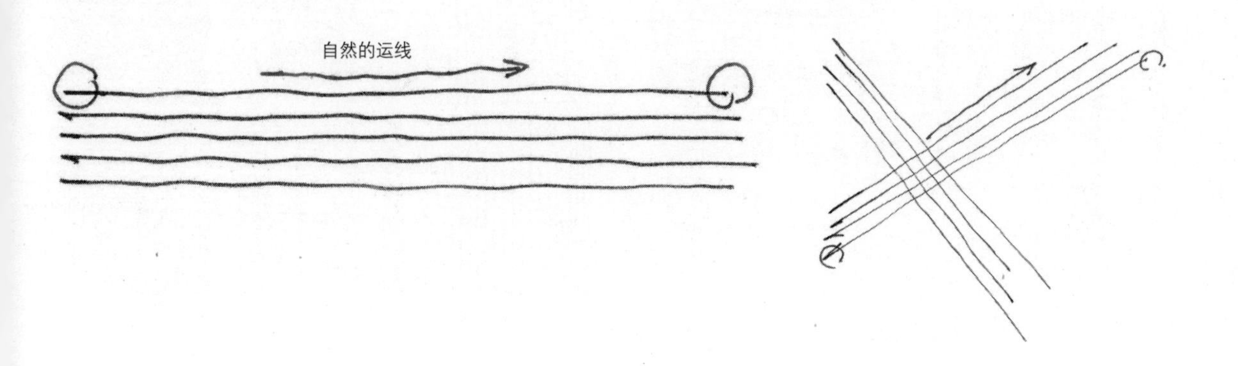

3.直线排列训练方法

以下总结几种线条排列方法供参考。

· 画出均匀的线条

在水平、垂直、斜向等各种方向上画出间距一致的线条，同时也要保持线条的粗细一致。

横线是最基本的线条，在练习时要注意每根线条之间的距离和粗细要一致。

在绘制竖线时要把握好手腕的控制力，一笔一根线。

在绘制斜线时要注意线条的走向，控制好运笔的方向。

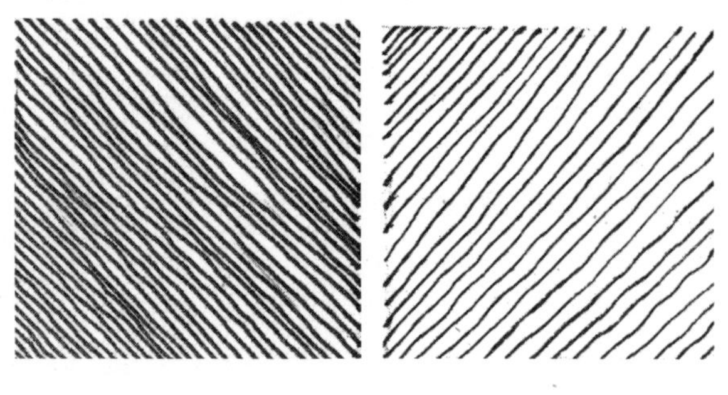

· 缓慢画出有变化的线条

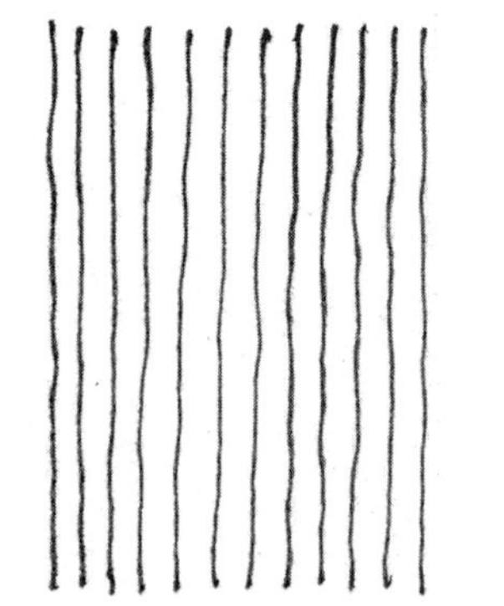

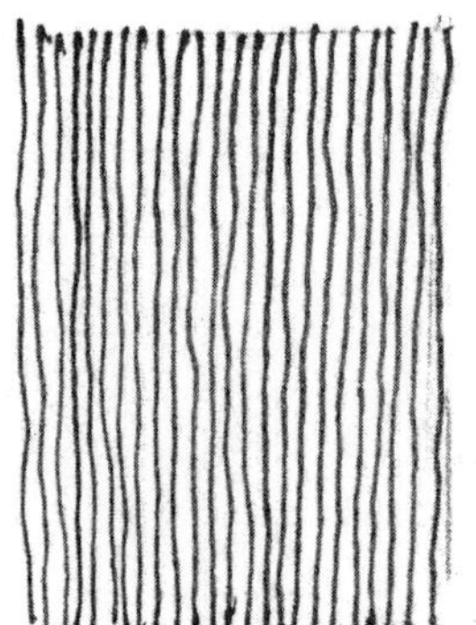

· 画出有间距变化的线条

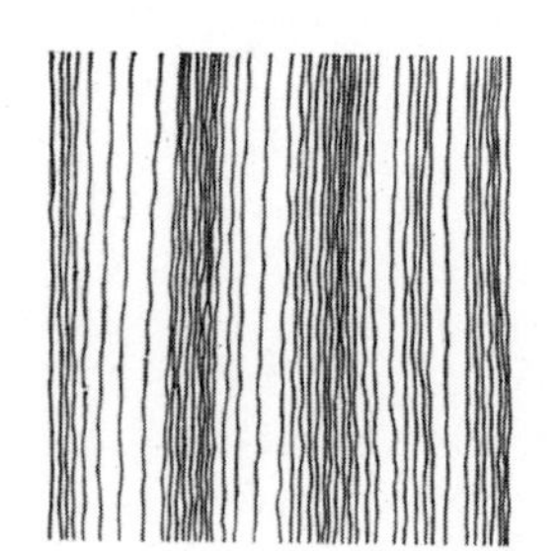

· 线条组合练习

· 线条渐变练习

· 线条练习常见问题总结

心中无数，草草了之。

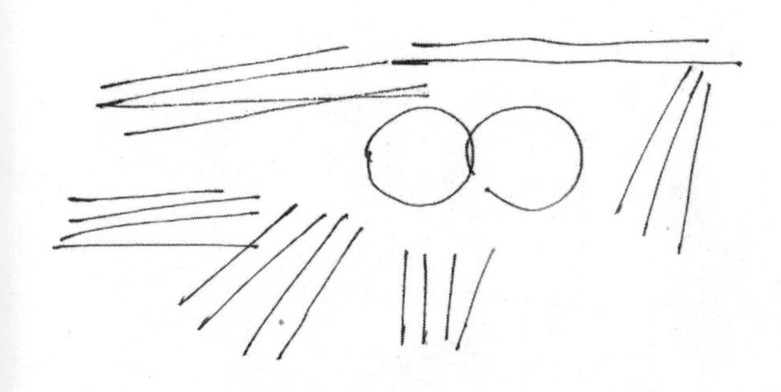

线条僵硬，没有生命力。

方向感不明确，线条排列混乱。

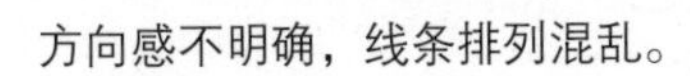

反复描写，缺少自信。

2.1.2 曲线

曲线在手绘中也是常用的线型之一，可分为快曲线和慢曲线。这意味着曲线的绘制要根据手绘效果图的具体情况而定。如果是草图阶段，可使用较随意的快曲线；如果绘制精细效果图，则应使用慢曲线。

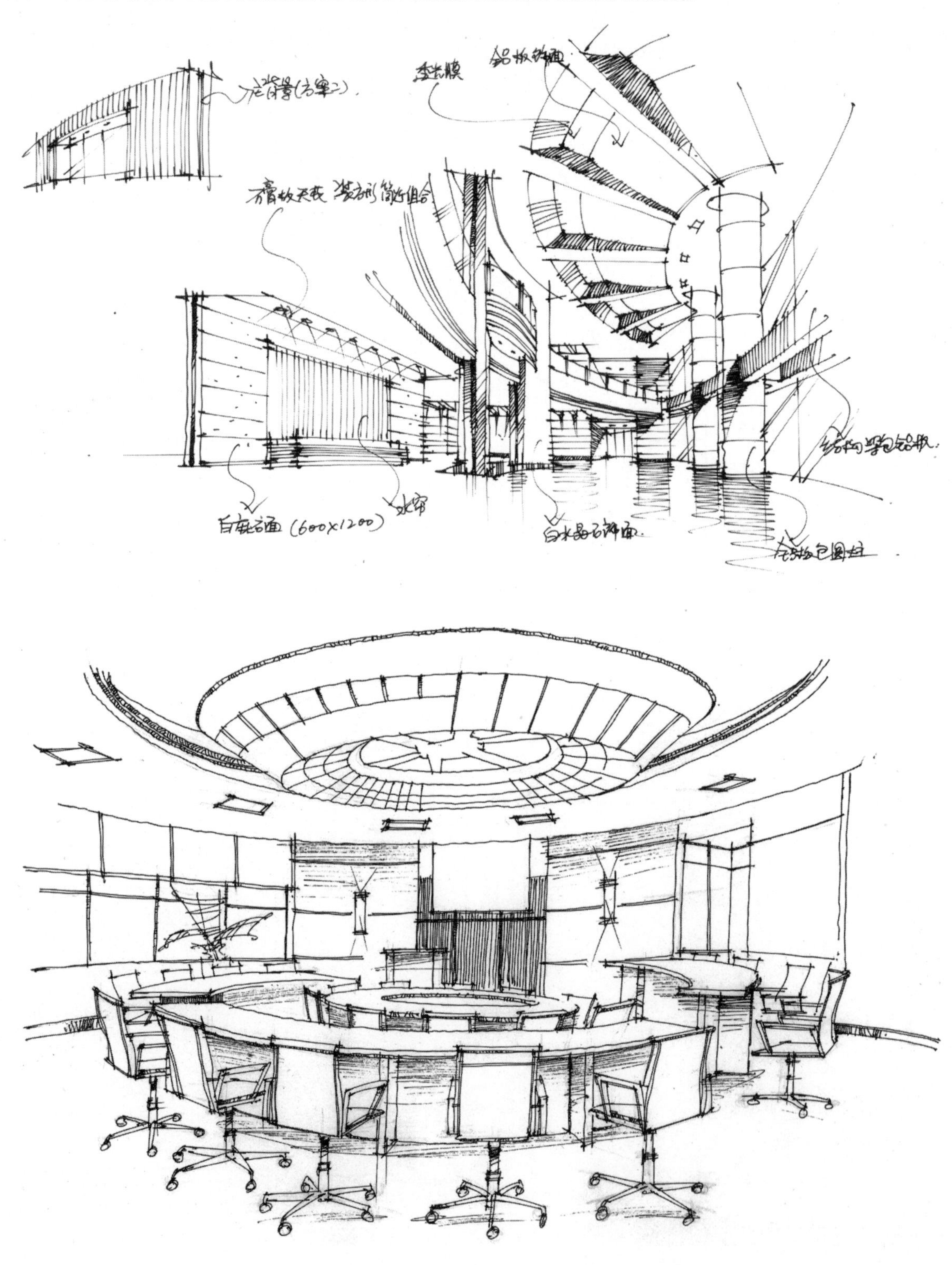

曲线较难把握，在表现物体结构时，落笔一定要心中有数，以免勾勒不到位，破坏感觉。初学者可以借用铅笔、尺子来辅助。那么在画曲线的时候应该注意哪些问题?

第1点：手腕以及指关节要放松，线条才会自然。

第2点：确保线条流畅，不要犹豫不决不敢果断用笔，哪怕画歪了也不要紧。

第3点：注意笔触，不要太刻意去描，曲线本身给人的感觉就是飘逸、灵动的。

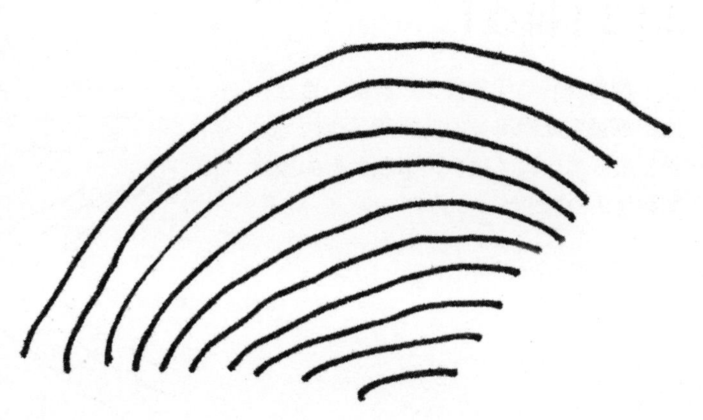

· 曲线的绘制图例

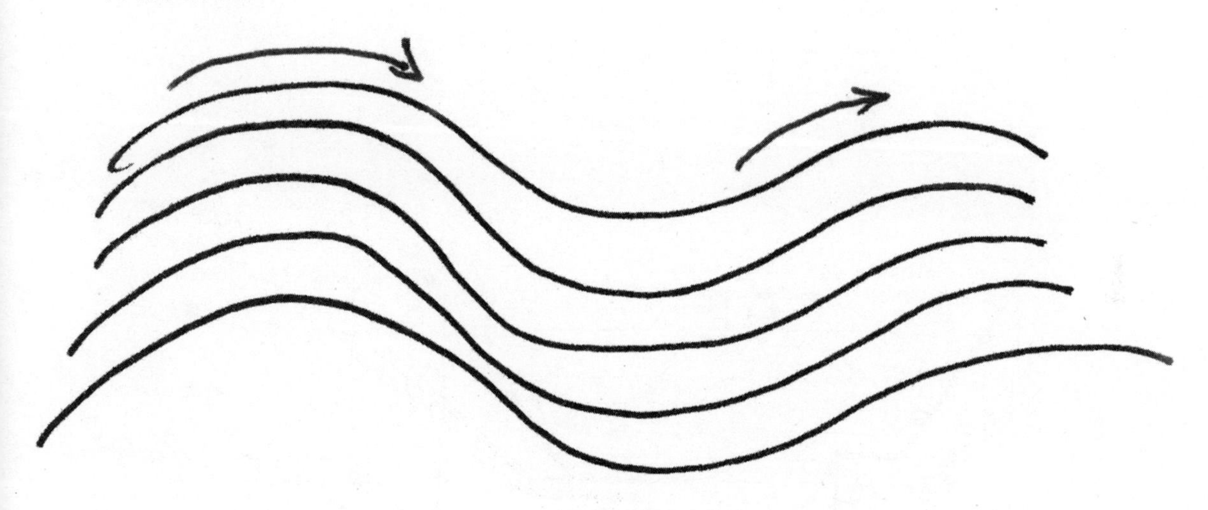

画线要一气呵成

· 曲线的块面练习

2.1.3 抖线

抖线比较易于掌握，在构图、透视、比例等关系处理得当的前提下，抖线可以画出很好的效果。很多大师和名家的效果图都是用的抖线。

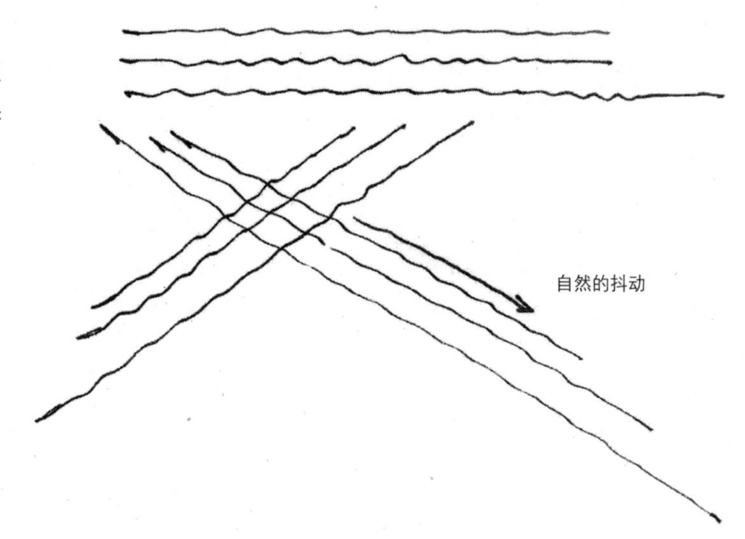

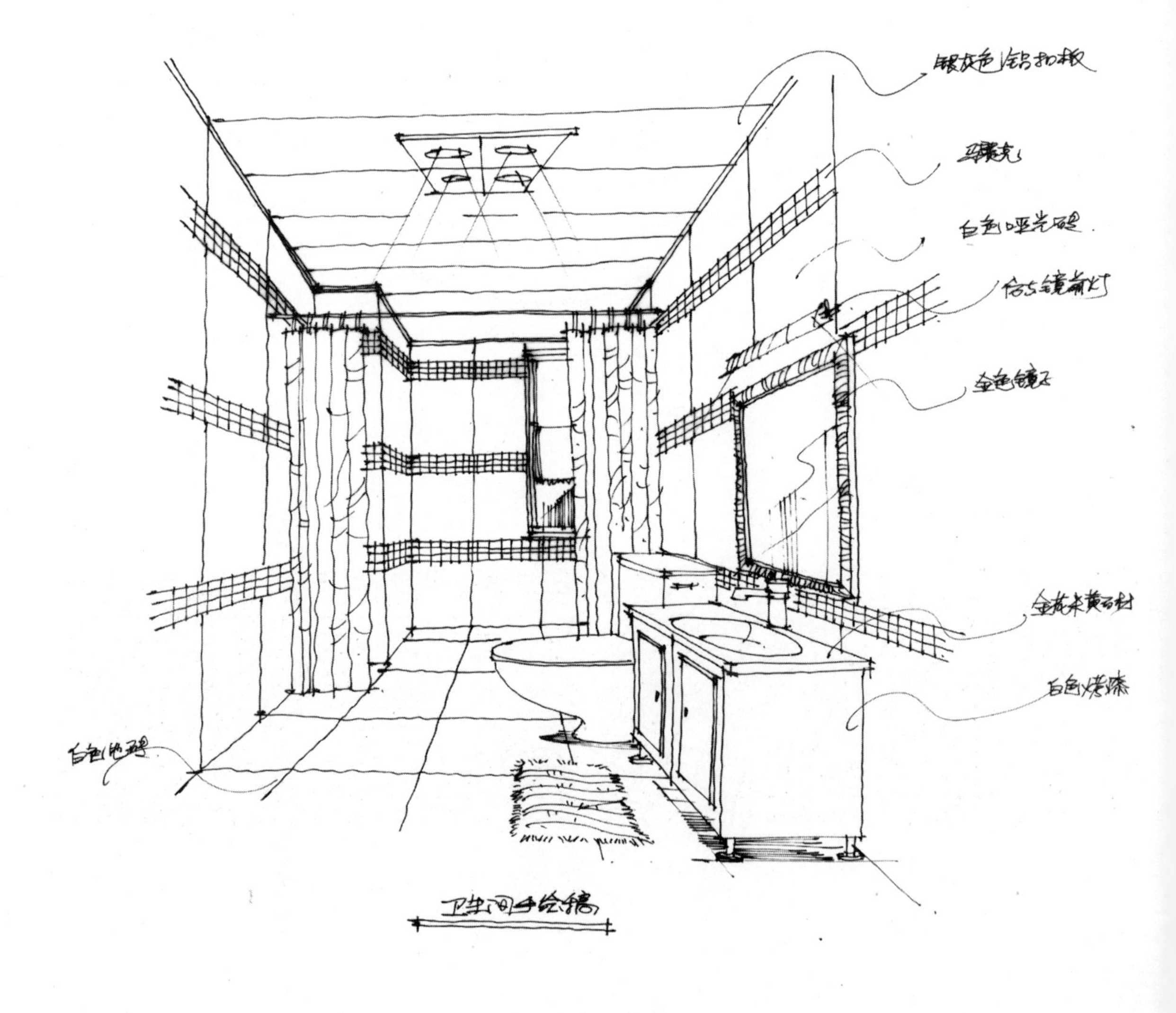

抖线通过手部的微微抖动来体现其线条特点，一般绘制长抖线时会选择慢抖线。为了保证方向性，在绘制长抖线时可以把线条进行分段处理，如分为2段或者3段，以保证线条整体看上去比较直，也便于控制方向。

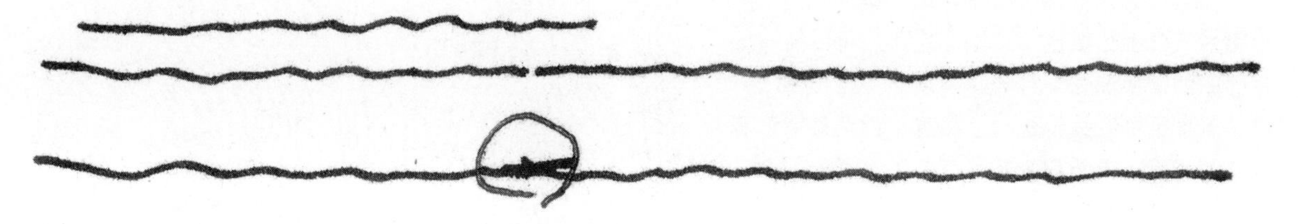

画长抖线的连接时，避免出现墨点

· **抖线的排列训练图例**

2.1.4 自由线

自由线的特点是放松、自由、不受技法限制，通常用在设计初期的概念草图阶段。

绘制自由线时要注意的是，虽然线条不受拘束，但是空间的形态和基本的形体还是需要交代清楚的，要做到“线乱形不乱”。

运笔放松，一笔一根线

2.1.5 乱线

乱线与自由线的画法基本是一致的，但是乱线相对于自由线要更加放松、随意，可以随时根据绘图的需要调整乱线的排列规律。与自由线一样，虽然绘制乱线很放松、随意，但仍然要注意乱线的规整，不能因为随意就不注重形的构造。乱线的绘制要有结构的支撑。在绘制时要保证乱线的流畅感，避免出现停顿。乱线同样用于概念草图阶段。

2.1.6 线条的方向性

设计手绘效果图是以线条来表述其内在艺术形态的表现形式。线条不仅能表现物体的形体特征，还能代表不同的绘画方向。线条有长短、粗细、方向等空间特性。线条的方向性是绘制线条的重点。我们在练习画单独的直线时，事先要确定线应从哪儿开始，到哪儿结束。在把握线的方向性的同时，要了解至关重要的一点：应自始至终都心平气和地画到底，不要断开。

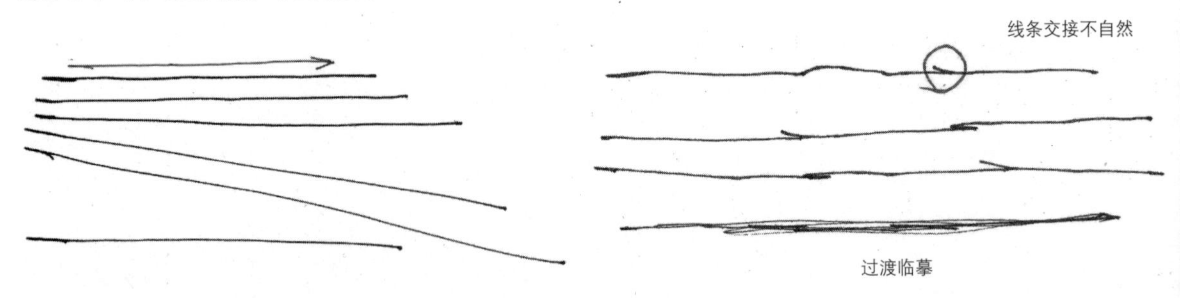

手绘线条方向性可分为两种。

第1种是线条本身的方向性。在画线的起笔时，要注意蓄力，然后从起笔处向外，注意力道要均匀，平稳地画出直线；在收笔时要注意顿笔，使线条具有方向性。一定注意收笔时要稍微停顿，但切忌太过有力。

可在图纸上确定一个点A，然后再在这个点周围画点B、C、D，接着从A点向其他点连接直线，再以此类推绘制出其他直线。在练习直线的过程中要心平气和，运笔要缓慢，收笔要轻。

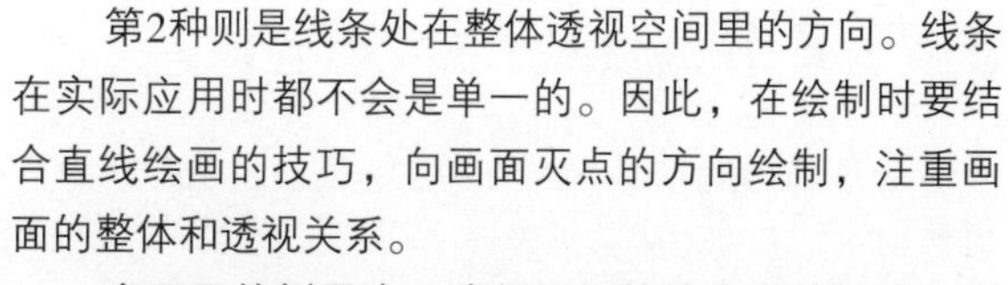

第2种则是线条处在整体透视空间里的方向。线条在实际应用时都不会是单一的。因此，在绘制时要结合直线绘画的技巧，向画面灭点的方向绘制，注重画面的整体和透视关系。

在下面的例子中，我们可以检验自己的眼睛，应该高于纸面多少才能让画线方位更加精准，能够随便从哪个方向都把线条准确画到一个规定的点。在绘图时要注意，不要把所有的线条都引入灭点，否则那里会形成不美观的黑斑。

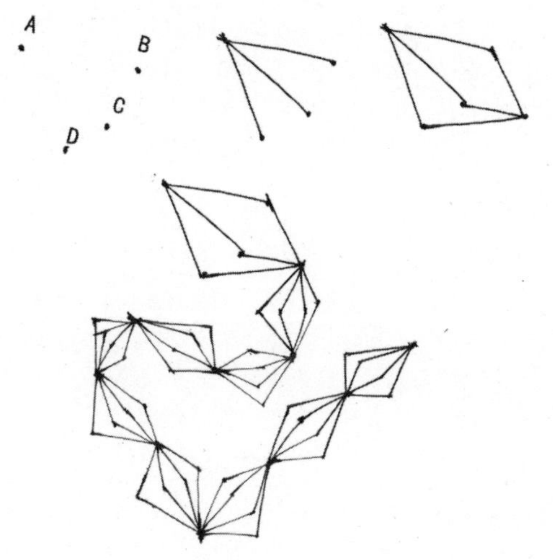

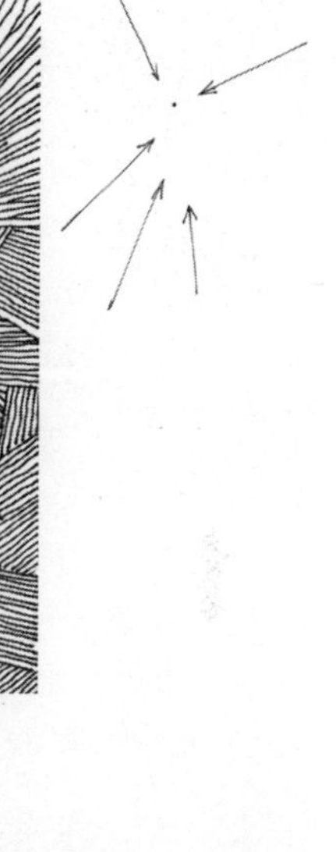

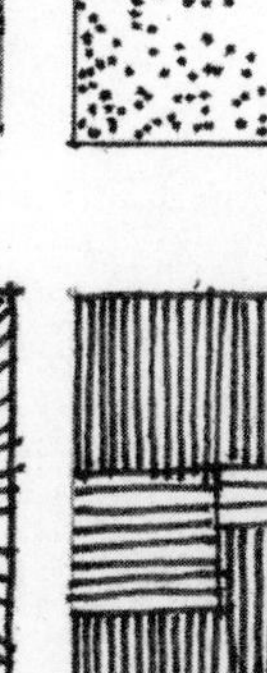

2.1.7 用线条表现纹理

纹理是指材料的一系列外部特征，包括形态、机理、表面工艺等。对于室内的空间表现来说，材质纹理的表现是塑造画面效果的重要环节。一个形体的鲜明生动性是可以通过适当表现材料的特性和表面特征来加以改善的。因此，在绘画中表现材料的纹理时，要将天然生长的材料和人工加工的材料的结构特点区别开来。

绘图者要注意的是，表现室内材质纹理的线条，绘制时一般用笔较轻，要注意纹理的虚实变换。纹理一般在物体形体之上，切记不能使纹理抢了形体的“形”，这也是初学者经常犯的错误之一。

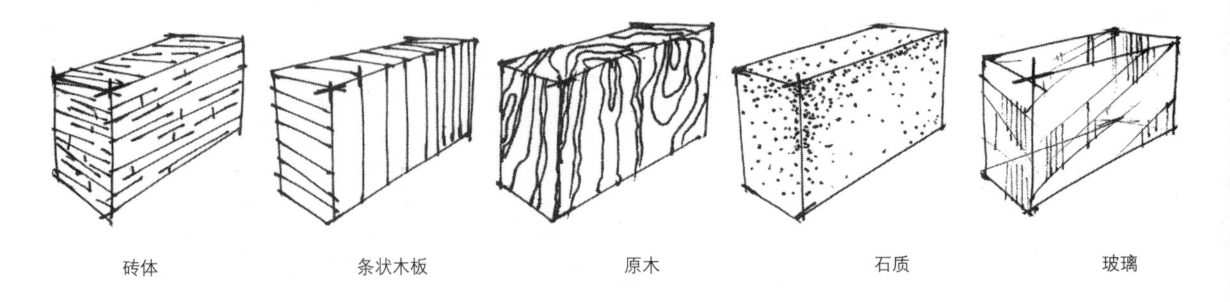

砖体　　条状木板　　原木　　石质　　玻璃

2.1.8 用线条塑造体块雏形

在自然生活中有各式各样的景物，生活周围的场景都存在着各种形式和线条结构，从而构成了一个完美的画面。如果没有了线条就不存在画面。不同的线条组合，会构成不同形态的画面。同类线条的重复、排列、组合会使画面产生美妙的视觉韵律感，而因其形状不同、排列的疏密程度不同，也会给人不同的视觉感受，有的复古典雅，有的柔和厚重，有的刚劲有力。

在塑造体块雏形时，要充分运用不同形式的线条进行组合。

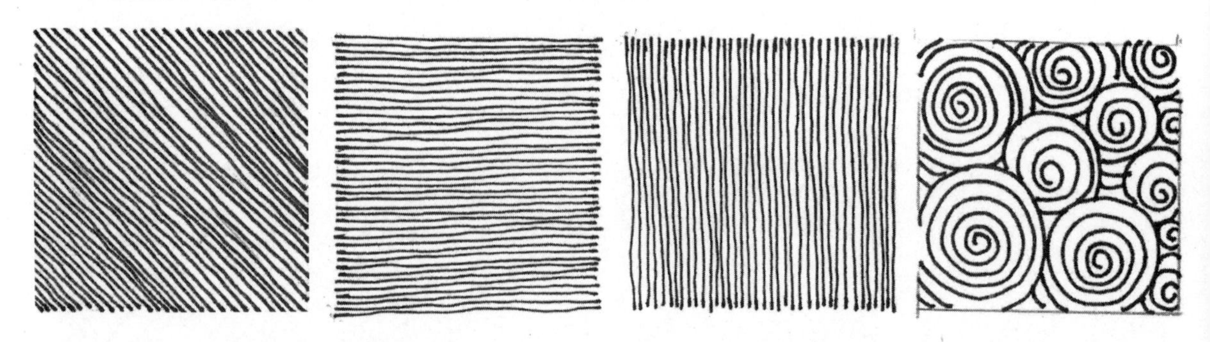

可以综合利用不同形态的线形，以及线条的各种形式绘制成图案。下面范图中总结了一些线条的练习方式，大家可以参考以下方式进行练习，并举一反三。

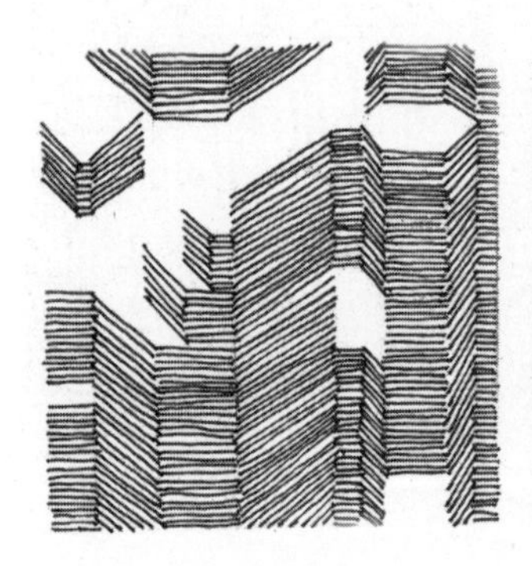

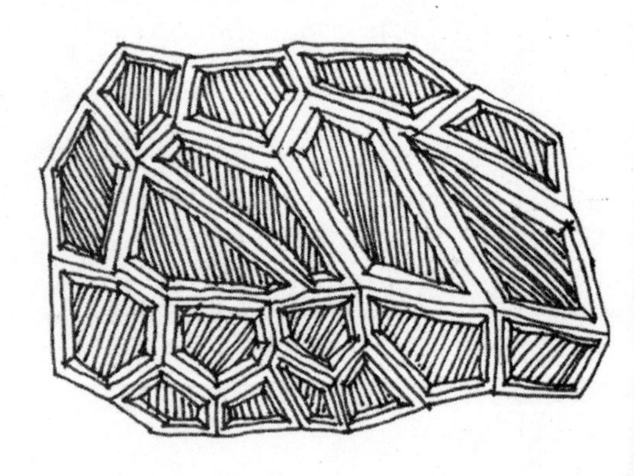

2.2 线条的层次感

在手绘中体现线条的层次感不同于素描中的排线方法。手绘中的排线大多用单线，不用过多地重复叠加，因为手绘采取的是一种快速、简洁的表达形式。

在手绘中，可通过线条的排列组合营造出线条的层次感，加强黑白关系。

2.2.1 平涂的方法

平涂，也称为单线的排列方法，是手绘效果图中运用最多的方法，多运用在表现材质的效果和阴影处的绘制上。单线绘制从技术层面上来说，只是需要把单个线段整齐、均匀地排列出来就可以了，要注意所画的每一个线段首尾与形体的交合，起笔和收尾都要保持整齐，线段之间的距离要均匀，不能过大或者过小。

2.2.2 不同深浅的画法

此方法是建立在平涂方法的基础上的。体现不同深浅的画法有两种：第1种是单线排列的演变，一般是由稀疏到密集，或者反之，通过这种方式可以体现线段组合的黑白关系；第2种是通过图形的扭曲变化来实现渐变。

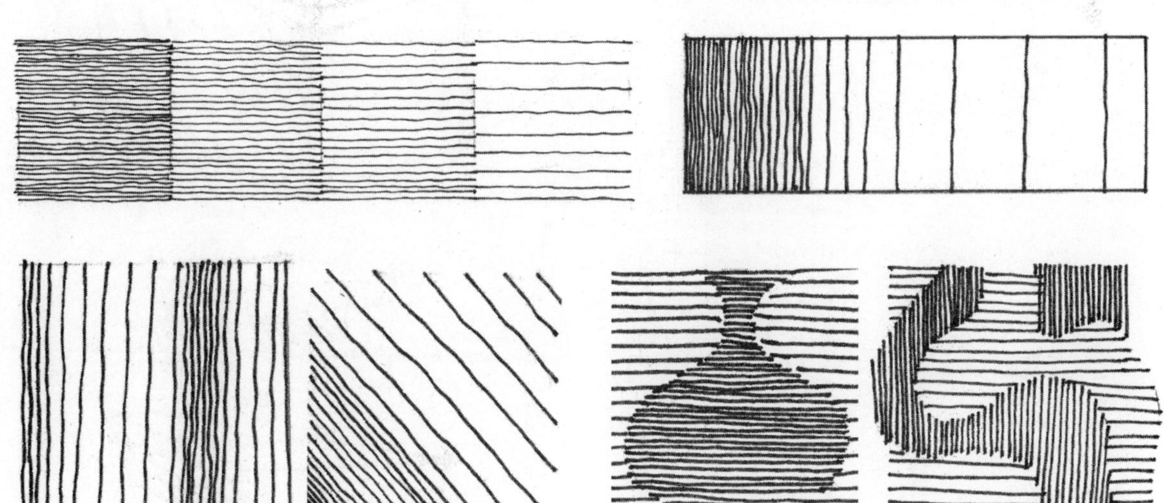

2.3 各种几何体的练习

学习并掌握了多种线条的绘画方法之后，我们可以将线条带入几何体中练习。空间体块练习是学习手绘的必经阶段，通过这个练习能够更好地认识空间。

在现实环境之中，物体的形体各式各样，生活周围的场景都存在着各种形式和线条结构。熟练掌握这个小节中所介绍的几何绘画方法，初学者可以奠定绘制效果图的扎实基础。

通过下面沙发的几何分析可以认识到，身边的物体都是由几何体构成的。

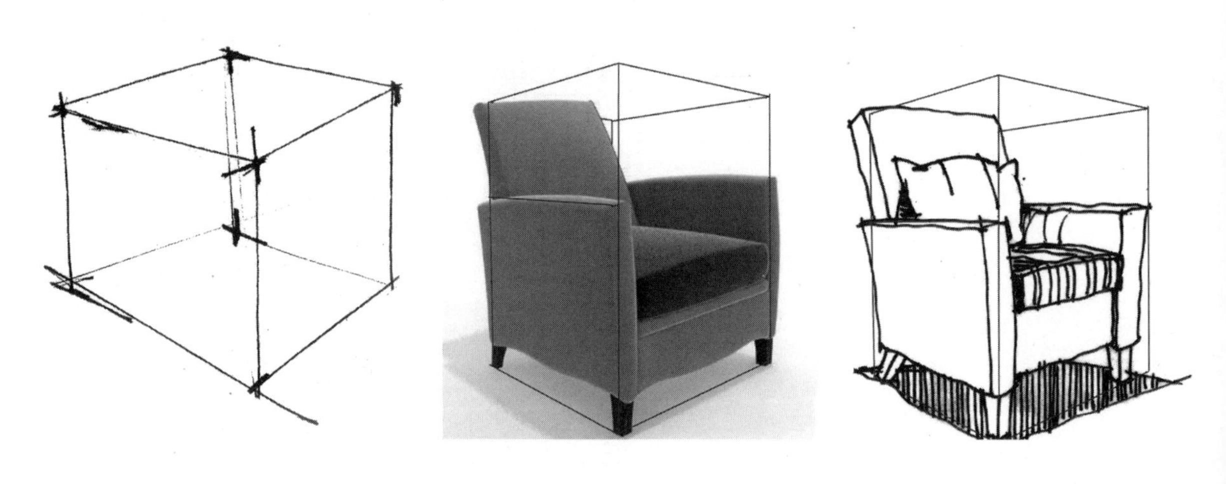

2.3.1 正方体与长方体

正方体与长方体是日常环境中常出现的形体。在平常练习时可多画一些方形的平面体块。在绘画时，注意每条线段之间的交汇，每个线段交汇的线头不能太多，要适量。

这个图形练习是方形的自由连接，在白纸上随意画几个相互平行的矩形，然后通过不同的矩形相互连接。

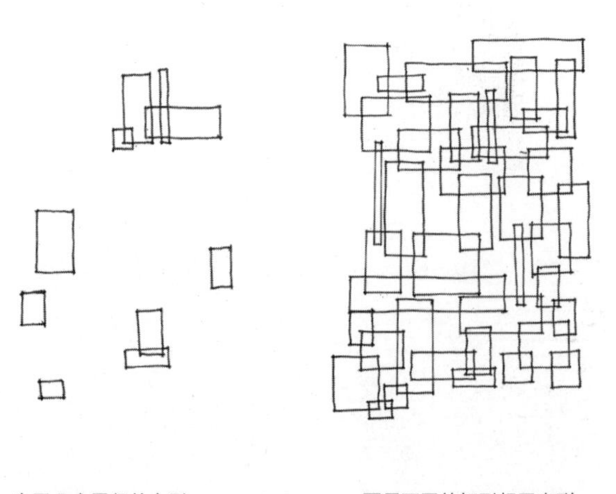

先画几个平行的方形　　再用不同的矩形相互串联

随着进一步的练习，我们可以进入立体透视的组合绘制练习。

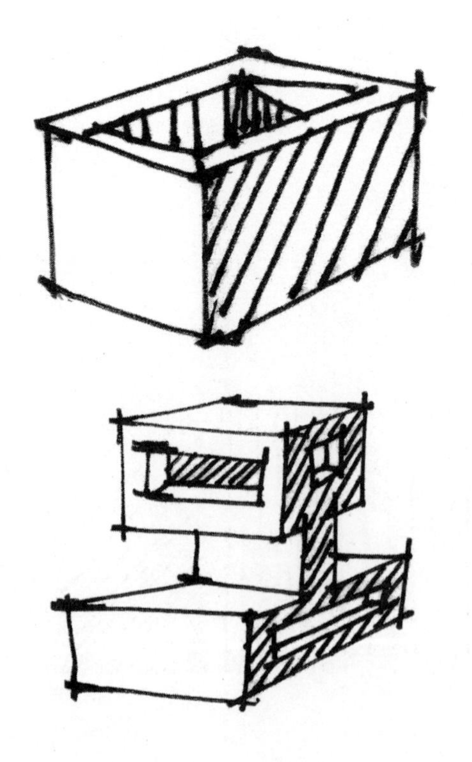

2.3.2 圆柱体

圆柱体的绘制，要注意圆柱上部近大远小的透视关系，可以运用抖线、单线绘制圆柱体的形态。

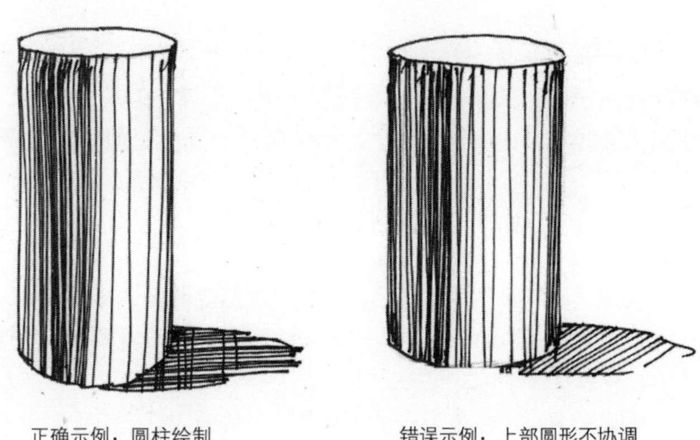

正确示例：圆柱绘制　　错误示例：上部圆形不协调

2.3.3 多面体

多面体的练习比较随意，重点要把握形体的结构和透视，另外还要注意把几何图形的每个面分清楚，线条的排列要有一些变化。

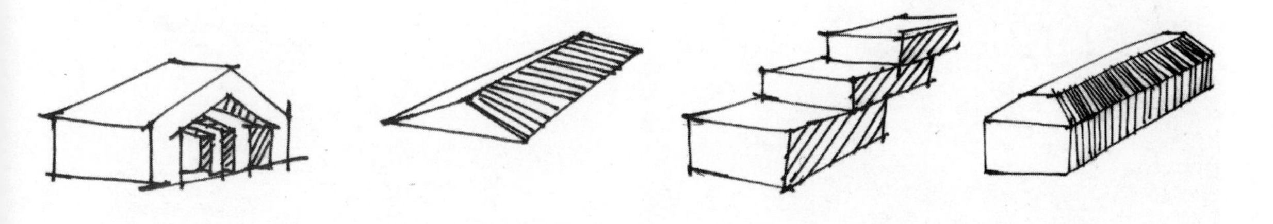

2.3.4 不同几何体的组合与穿插

在有了单个几何体绘制的基础练习之后，就可以开始进行多种几何体组合的绘制练习了。我们可以画一些透视几何体，通过两点透视、平视或者鸟瞰的视角进行大量练习，以塑造形体间的联系，而不仅仅局限于单一的形体绘制。

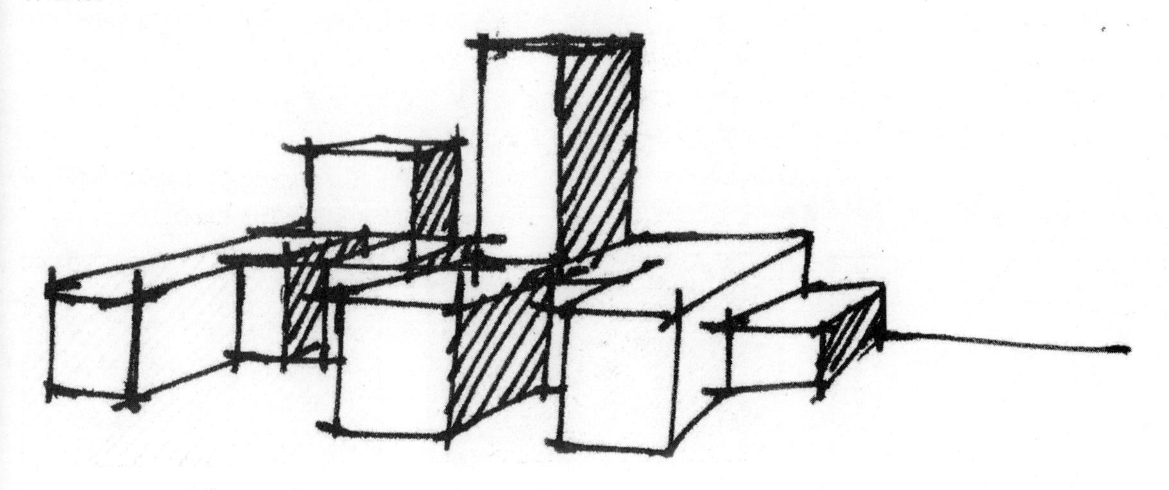

2.4 表现物体的立体感

在手绘效果图中表现物体的立体感方式与素描不同。素描中阴影的排线是通过线条之间的叠加，来表现物体的立体感和黑白关系的。但是在手绘中，表现物体的立体感、增加物体的阴影虚实，通常只用单线排列，最多会叠加两层线条，在表现手法上，手绘相对于素描更加简洁和概括。

2.4.1 明暗的基本理论

明暗是表现物体的立体感和空间感的重要因素，其对真实地表现对象具有重要的作用。在手绘表现中，明暗体现在光影照射下物体的形体结构，以及物体各种不同的质感和色度上，其中最主要的是空间的距离感。明暗使画面更加具体，有较强的空间效果。

明暗关系，主要是源自光线在物体上的反应。没有光就没有明暗的产生。因此，在手绘中要先确定好光源，然后再画出阴影，从而体现出物体的立体感。

一个物体会由于不同角度而产生不同的明暗变化，但是要注意光线不会改变被照射对象的结构。因为物体的结构是明确的，不会变化的。而光线是变化的，所以在物体的明暗调子的变化中，应该注意结构是主体，光线是客体。在处理明暗的时候，不能太过突出明暗而忽略了形体的结构，要时刻注意结构的重要性。

2.4.2 明暗的表现

手绘效果图的明暗是素描效果的简化和概括。

物体的明暗表现，是物体受到光线照射的结果。在室内空间里光源主要有两种，分别是自然光和灯光。当物体受到光线的照射，会产生明显的明暗层次。所以先要确定好光源的来处，然后才能塑造物体的明处与暗处。室内手绘中的明暗阴影表现与素描中的明暗阴影表现不同，素描的阴影是力求把物体描绘得更加真实，而在室内手绘中，只是为了强化物体的立体效果。我们要区别对待素描与手绘的明暗表现。

阴影必须用排列均匀、粗细一致、线距相等和线向统一的线条绘制。阴影线在运笔、间距和走向方面如果出现任何差错，都可能会使人感到不舒适，所以阴影线一定要均匀地画在纸上。要注意的是，阴影的间距不能过大或者过小。

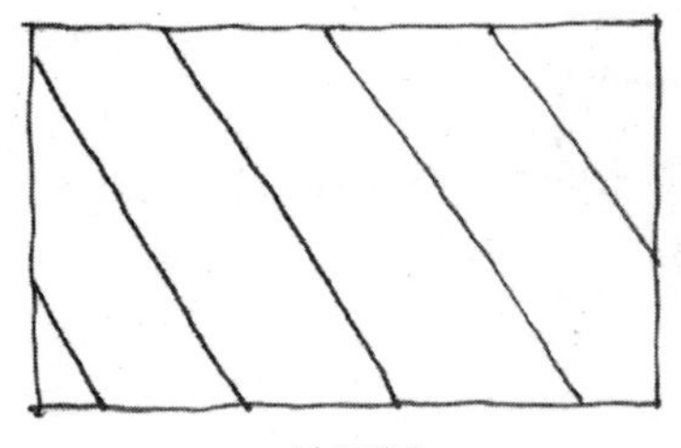

过于稀疏

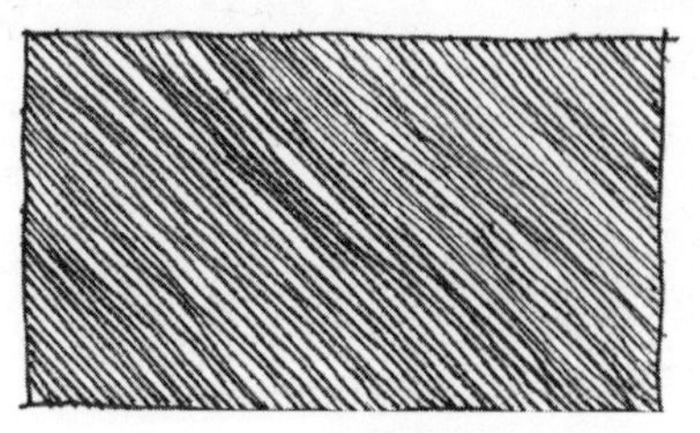

过于密集

适宜

2.4.3 明暗关系训练

在绘制效果图时，首先要绘制效果图中各个物体的外形，然后才根据光源确定物体之间的明暗关系。明暗关系是联系物体各个部分之间空间关系的重要技法。

简单形体的阴影练习，有助于后期的整体明暗关系刻画。初学者时常会找不到光源和方向，所以表现得杂乱无章。简单形体的明暗表达是最容易把握的，下面的练习，可以让初学者了解手绘阴影的画法。

沿着明暗交界线画线条。

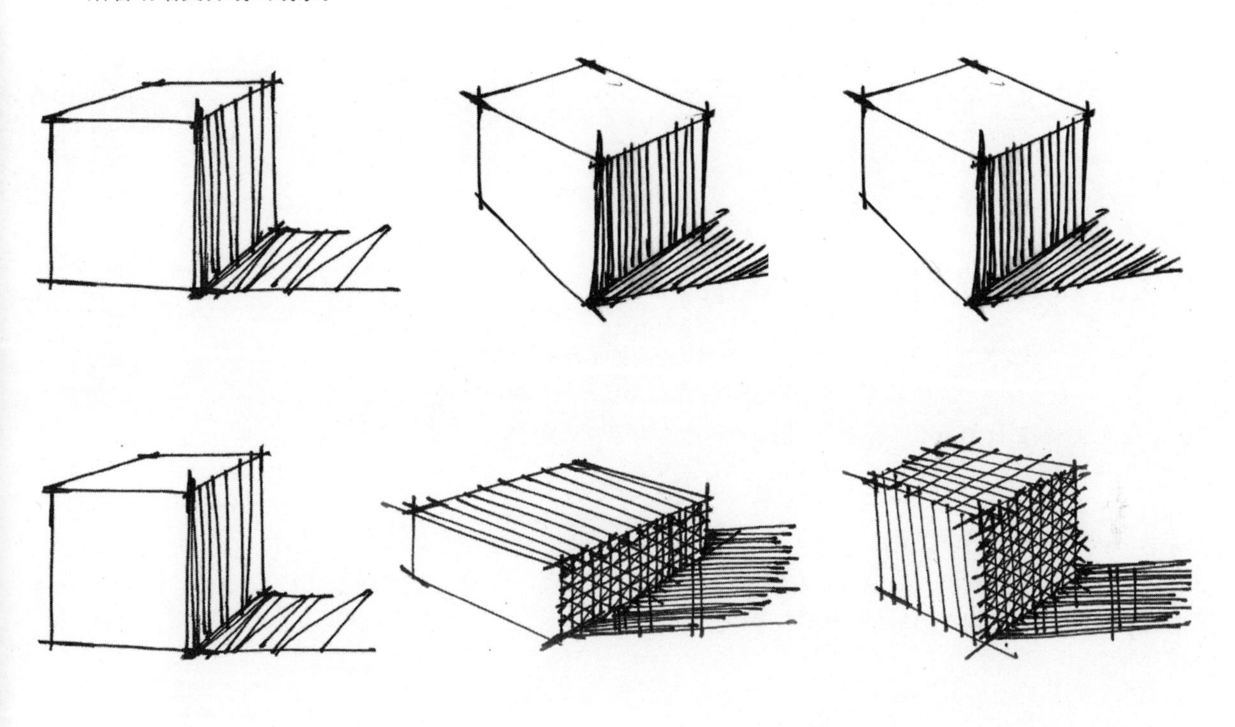

采用在物体的上方设定灭点的方式绘制阴影。

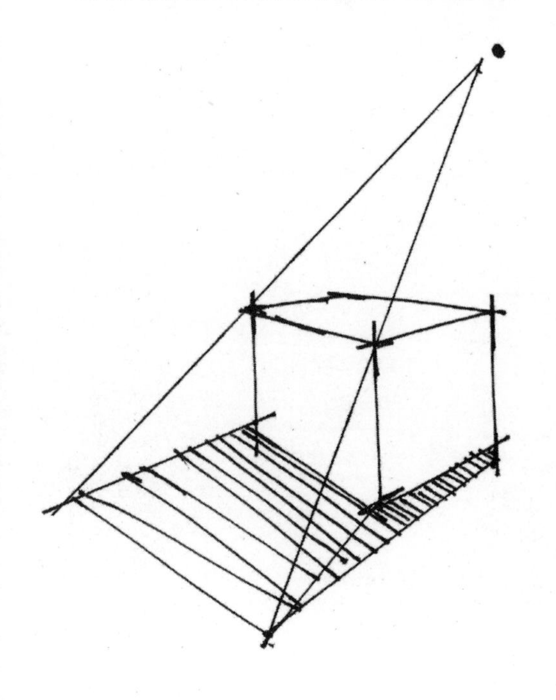

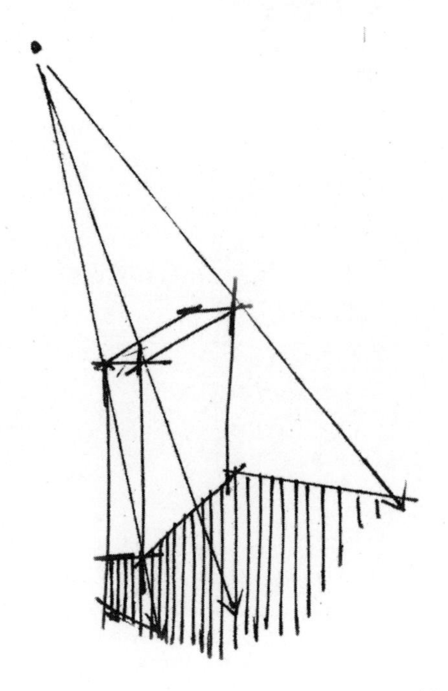

2.4.4 巧妙利用轮廓线

在绘制阴影时，要注意明暗调子是在形体之下的。要充分利用形体轮廓线的边界，不能让明暗调子覆盖在轮廓线之上，明暗交界线应该明显。要使明暗调子整齐排布，规整有序。

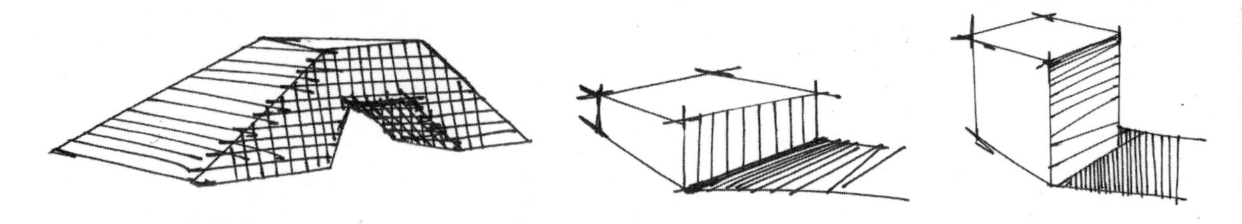

阴影边界清楚

2.4.5 利用光线塑造立体感

一个物体的立体感，是通过光线的光影效果来体现的，每一个物体都是在光的照射下存在的。在光线下，物体的结构不会变化，而光线却在不断变化之中。所以在物体的明暗调子的变化中，物体的结构是主体，光线是客体。在处理明暗的时候，不能因为明暗调子抢了形体的结构，要时刻注意结构的重要性。

利用光线塑造空间的立体感，可从两个方面来分析。

1.家具的光影

家具在光线的照射之下，必然会有明面、暗面的变化。通过对形体之上的明暗面的区分，可以塑造家具形体的立体感。下面是家具有阴影和无阴影的差别。

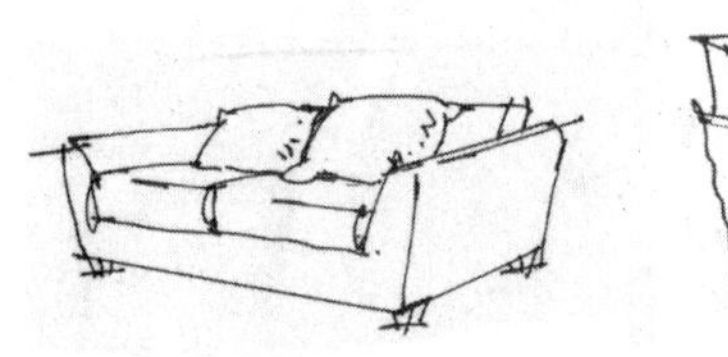

2.墙面的光影

室内设计中常用到一些筒灯从屋顶向下照射，在这种情况下便可通过光影体现墙面的转折，实现加强空间效果的目的。

阴影在室内透视图中有着重要的作用，可以突出室内光感和意境。

2.4.6 物体的投影

物体的投影分为地面投影和墙面投影。

1.地面投影

地面投影的阴影线可以根据形体的透视进行排列，也可以用竖线进行排列。无论哪种排列方式，都必须注意线条的整齐，不能错乱。

如果遇到较长的物体需要阴影的排布时，通常应该选择短的那一边进行阴影排线，这样排线比较美观，也容易掌握。

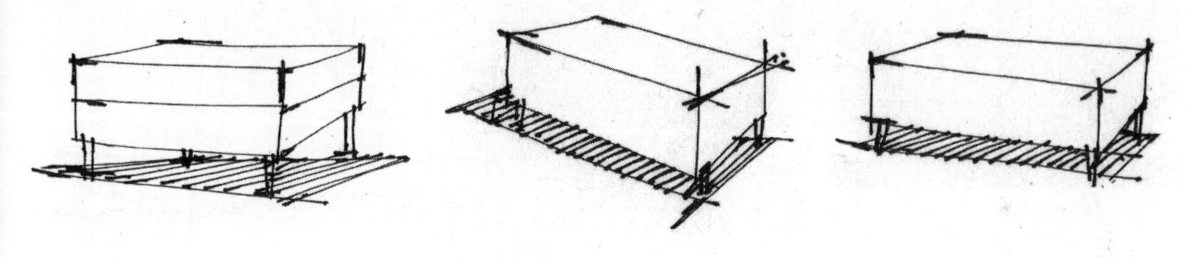

在遇到需要对不同形状的物体进行阴影排线时，建议都采用从短边排线的方法，这样易于掌握，而且表现美观。

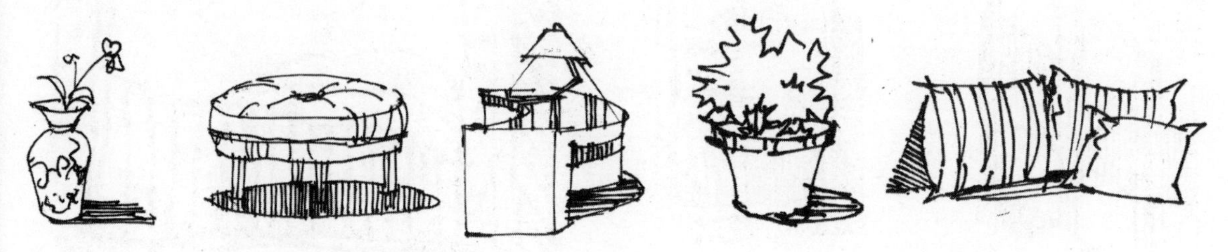

如果地面是采用大理石等反光材料铺制而成的，会产生镜面效果。这种阴影可以用虚线来表示，画的时候要果断、干脆，切忌下笔过重。

2.墙面投影

墙面上的投影与地面上的投影排线大致相同，都是通过黑白关系进行表现，并注意线条要整齐有序。

在表现墙面装饰物的投影时要注意墙面装饰物的形，其阴影的形应该与物体的形相结合。

在绘制墙面的灯光投影时，要注意用线的虚实变化。因为是灯光的影子，灯光并不是实体，所以处理的方法要与实体的影子有所区别。

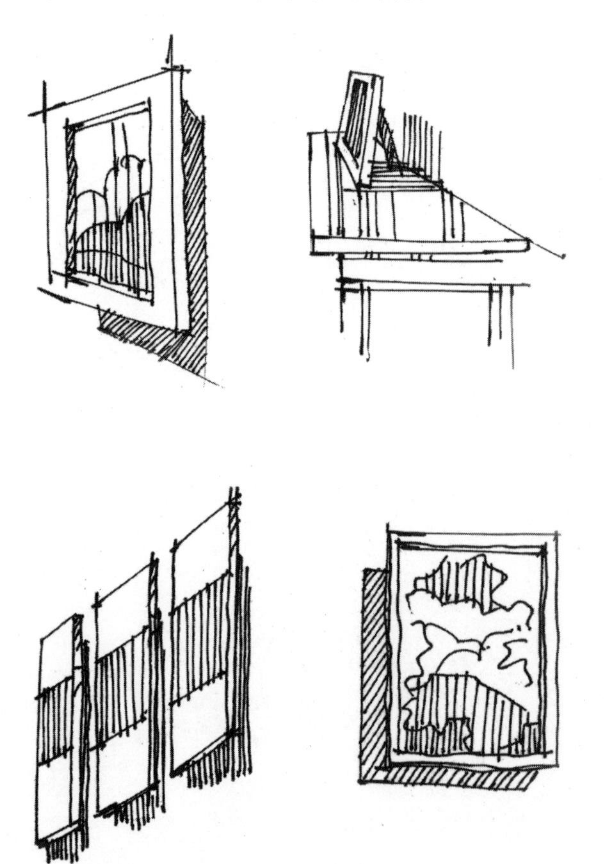

第 3 章

室内空间质感表现

- 3.1 室内材质表现要领
- 3.2 木材材质表现
- 3.3 石材材质表现
- 3.4 玻璃材质表现
- 3.5 布艺材质表现
- 3.6 藤制材质表现

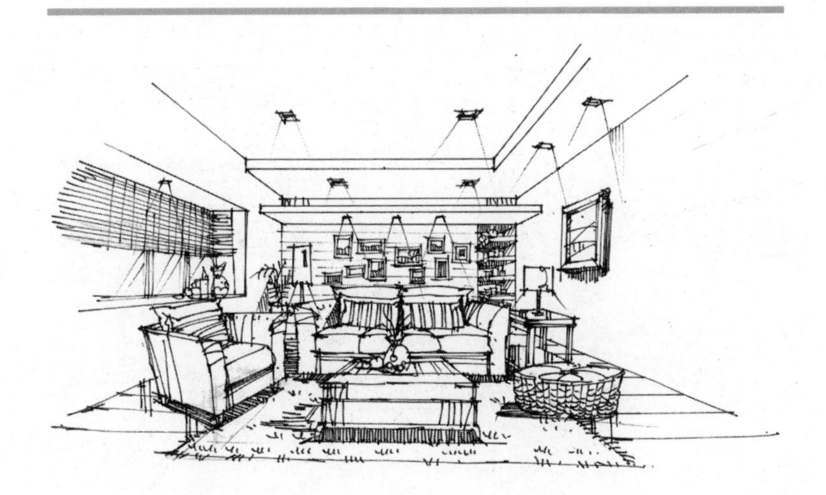

3.1 室内材质表现要领

在室内空间里会运用到许多装饰材料。设计师在设计居住空间时，会按照设计的需要，合理搭配这些材料。所以在画效果图时，要注意装饰材料的刻画，从而通过材料的表现体现设计师的思想。经验丰富的设计师会通过对材质的深入刻画来提升整个画面的效果。

这里材质的表现是指材料表面对光的反射和本身纹理的描绘。不同材料表面对光的反射能力不同，其自身的纹理表现也不一样，需要针对材料的特点来对质感加以表现。常用的材料有木材、石材、玻璃、织布、皮革等，不同的材料形成的表面机理给人以不同的心理感受。

在手绘效果图中，对材质的表现是有其自身规律的，突出的特点有3个：一是色彩鲜明，装饰性强；二是夸张和强化材料的质感，尽量烘托材质本身的效果；三是强调材质之间的对比，使之说明性更强。

在室内设计表现图中涉及各种各样的装饰材料的表现，它们在一幅图中往往处于十分醒目的位置，对整体画面起着至关重要的作用。在绘制材料时要注意对材料的真实感和装饰感两者的把握，太过真实或者装饰性太强都不太合适。

因此，在平时的基础训练中，应该将材质的画法作为重点进行练习，深入刻画，并且掌握材质表现的绘画手法和表现规律。

在不同的室内环境中，可以利用线条的粗细、曲直、虚实等特性，组合成不同的线条形式表现材质的特点。要表现好材质的特点，就需要长期对不同的材质进行观察，通过线条塑造形体的骨架，组织画面的结构。

在绘制材质时，需要用排线的方式来表现材质的纹理。初学者可以进行下面的纹理练习，并举一反三。

3.2 木材材质表现

室内设计里涉及的木材是比较丰富的，作为室内设计师，对于板材方面的知识也要有一定的了解。在室内设计中，常常会运用到厚实的原木，如胡桃木、樱桃木、杉木等，还有人造板材。木材广泛应用于地板、家具、门板、墙踢脚处等。

在手绘设计图中，要想用手绘的方式体现这些木材的不同质感，首先要观察木材本身的机理性质和其在光线下颜色的变换，然后着手绘制效果图。我们先分析一下每一种常用木质的画法。

3.2.1 原木材质

原木是指自然木材，颜色深浅变化较多，在室内设计中一般用在家具上，也称为实木家具。实木家具种类很多，常用的有胡桃木、柚木、杉木、香樟木等。不同的木材颜色不一样，其纹理也不一样。

· **原木纹理画法示范图**

原木家具造型多种多样，初学者可以多积累一些家具造型并勤加练习，在今后的效果图绘制中使用。在线稿中表现原木家具时，通常从造型和纹理入手绘制，以表现原木家具的质感。

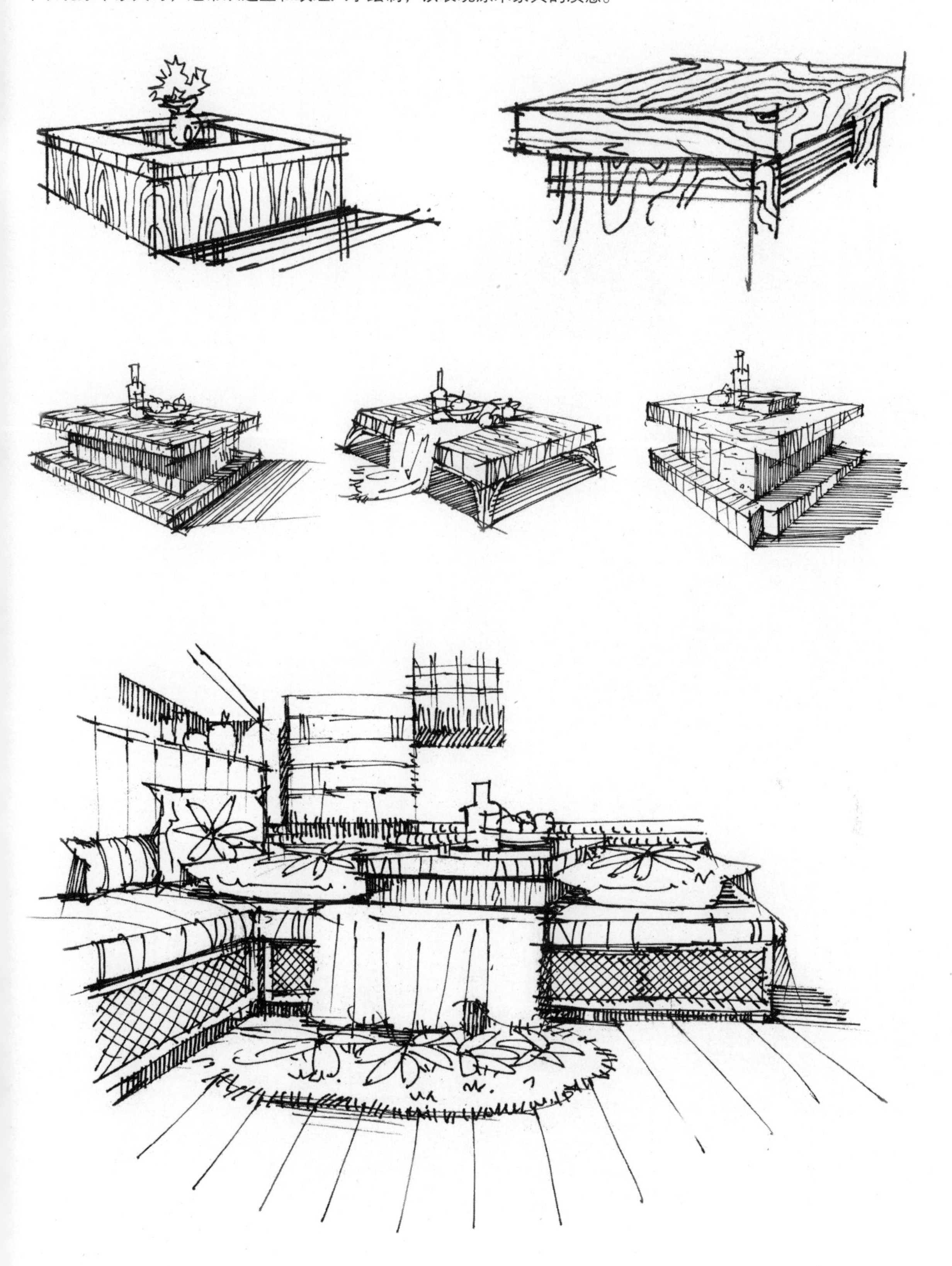

3.2.2 防腐木材质

防腐木指的是经过化学防腐加工处理后的普通木材。防腐木主要作为户外露天场地和室内墙面的装修材质。绘制时要注意防腐木通常为长条形，是亚光或无光泽的。

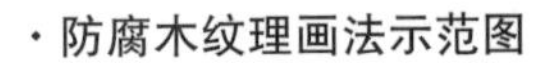

·防腐木纹理画法示范图

3.2.3 木地板

作为室内设计师，对于木质板材方面的知识积累要丰富。目前市场上销售的木地板主要有柚木、柞木、水曲柳、桦木等种类。在木质板材中柚木是制作木地板的优良材料，纹理清晰，质地坚硬；其次是柞木，也是上乘材料；而水曲柳的优点在于纹理清晰，价格适中。除了以上这几种木材，设计师还需要了解更多的木地板质地，然后根据木地板的材质和纹理绘制出相应的设计图纸。

· 木地板纹理画法示范图

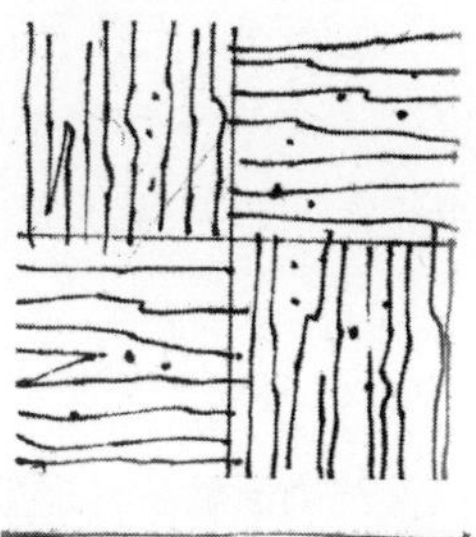

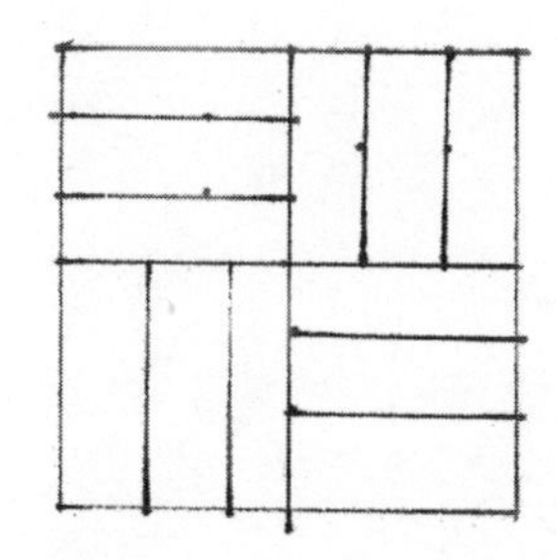

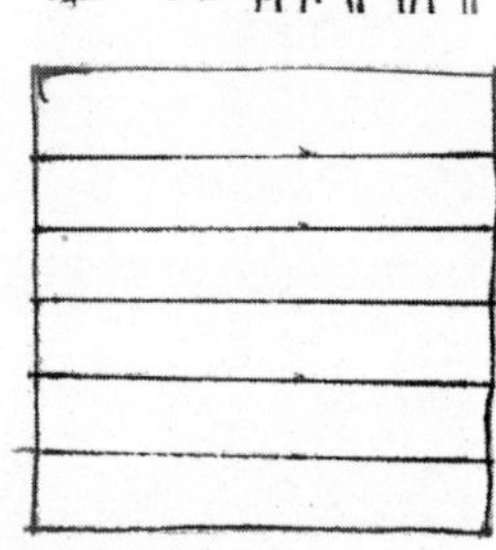

木地板一般是长条形的板材。在绘制木地板时，要注意木地板的透视，木地板的纹理一定要连接所绘制的室内空间的灭点。绘制的木地板，是最能影响空间透视的材质之一。

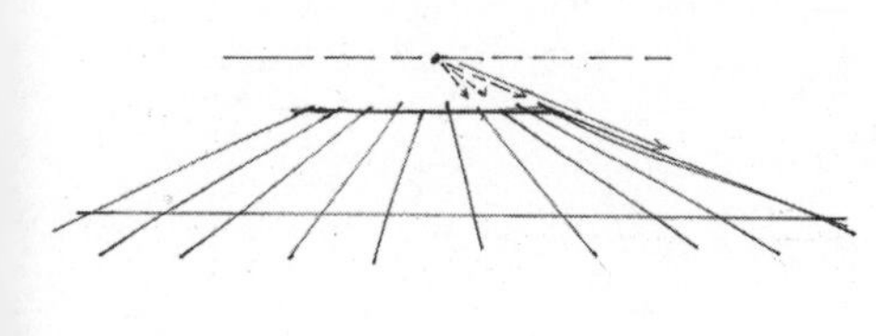

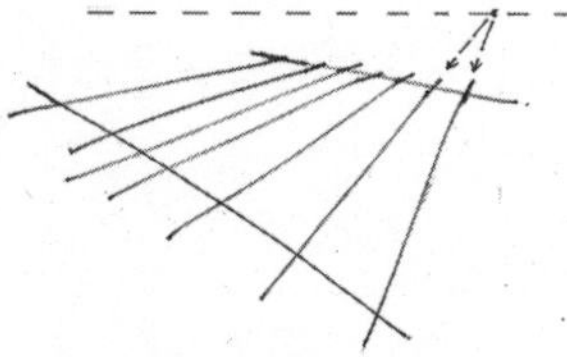

木地板的纹理，从视线灭点发出

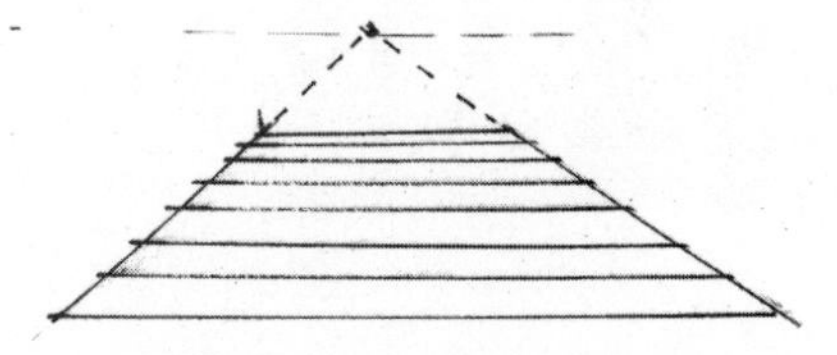

横向铺制的木地板，注意近疏远密的特点

3.3 石材材质表现

石材是指从天然岩体中开采出来，经过技术加工制成的块状、条状或者板型石材的总称。随着工艺技术的发展，新型的石材不断涌现。根据石材的形成途径，可将石材分成天然石材、人造石材两大类。根据石材的加工程度和色泽纹理，又有很多类型的划分。

3.3.1 光面天然石材

光面天然石材是指从天然岩体中开采出来的，加工成块状或板状，并富有光泽的材料的总称。建筑装饰用的天然石材主要有花岗岩和大理石两种。

·光面天然石材纹理画法示范图

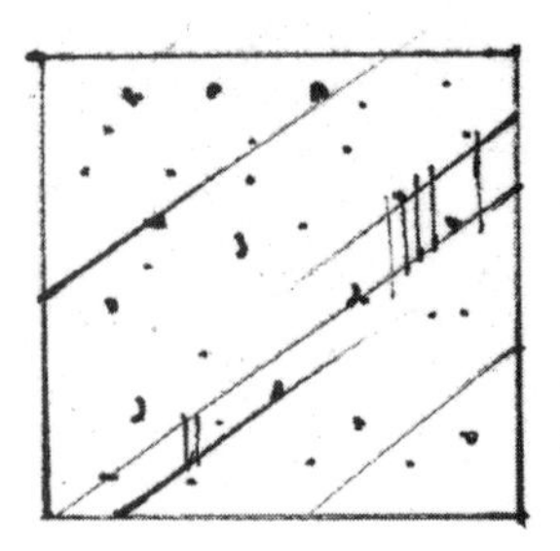

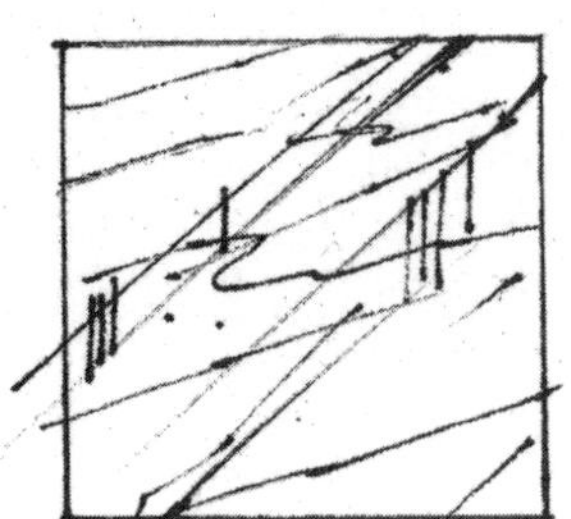

光面天然石材，一般是方形的铺装，绘制时要注意透视，并注意近大远小的关系。可以按照下面的方法练习方格铺装的透视。

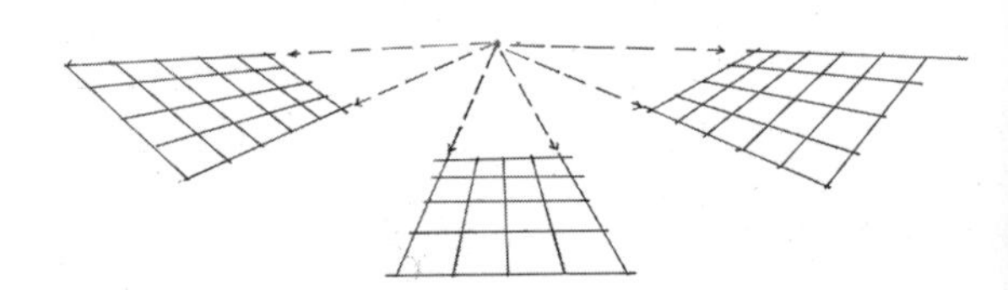

3.3.2 人造石材

人造石材是通过科技工艺，由大理石或方解石等几种材料加工而成的，具有色彩艳丽、光洁度高、颜色均匀一致、耐磨、环保等特点，是现代室内空间中常用的材质之一。在室内设计中，人造石材通常运用在台面、卫浴等地方，外形光洁，质地多样。在手绘表现中，可以用点、轻画的虚线或者画小圆圈的画法来表现其材质纹理。

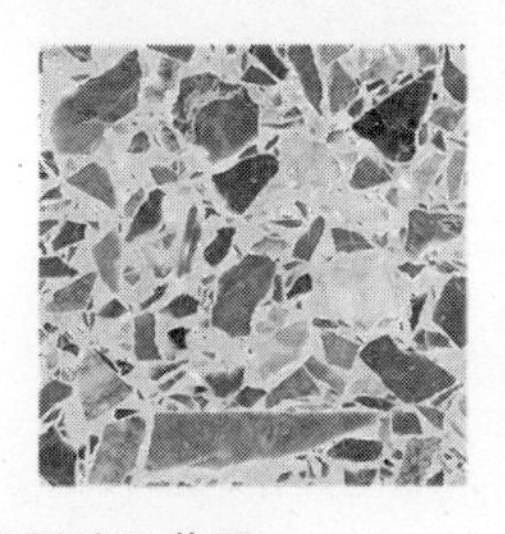

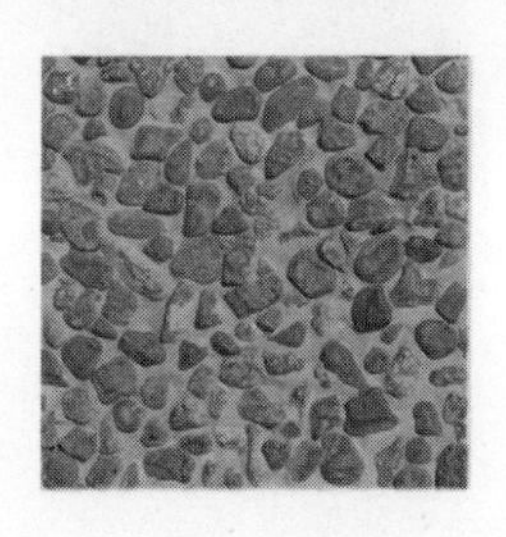

· 人造石材纹理画法示范图

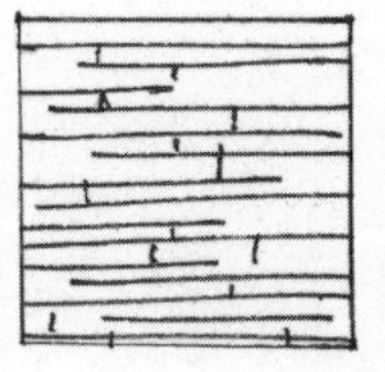
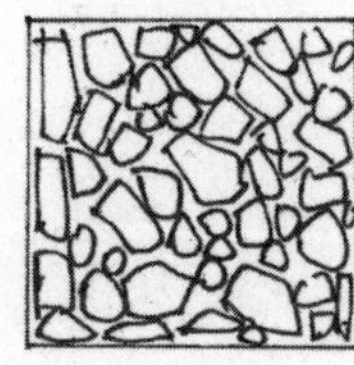
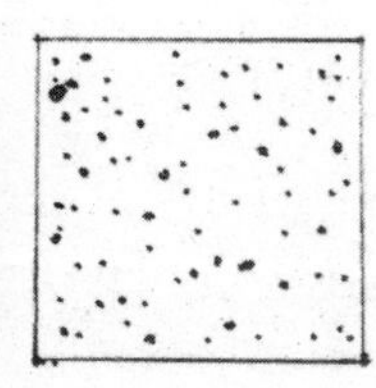

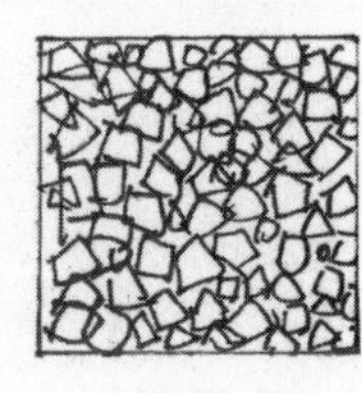
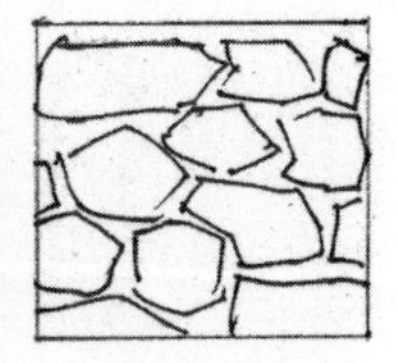

3.3.3 大理石

大理石的纹理与其他天然石材不同，每一块大理石剖面都有独特的纹理，清晰、弯曲、光滑、细腻。在室内设计中运用大理石可以把居室衬托得更加典雅、庄重。在室内设计中，大理石一般应用在地面和台面等地方。

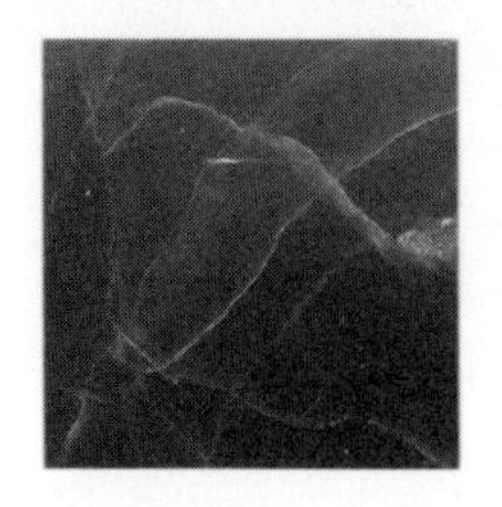 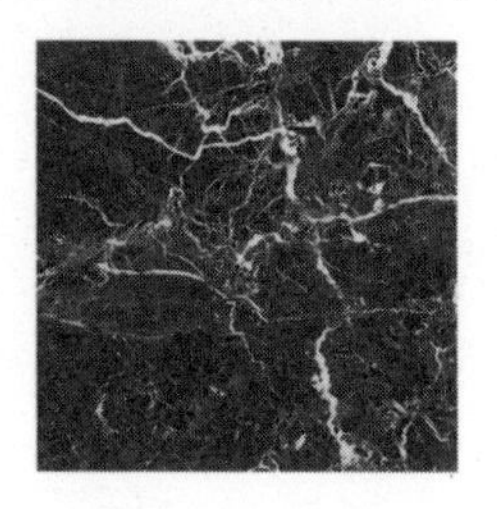 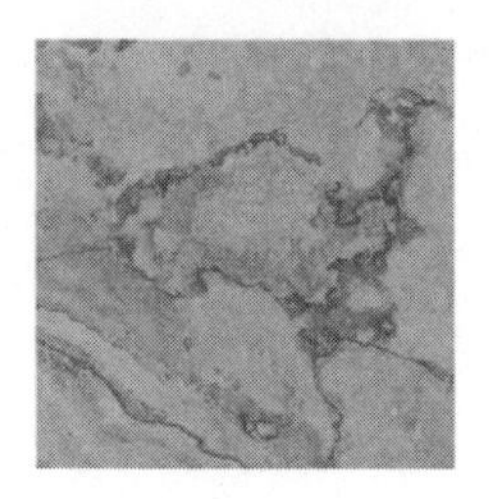

· 大理石纹理画法示范图

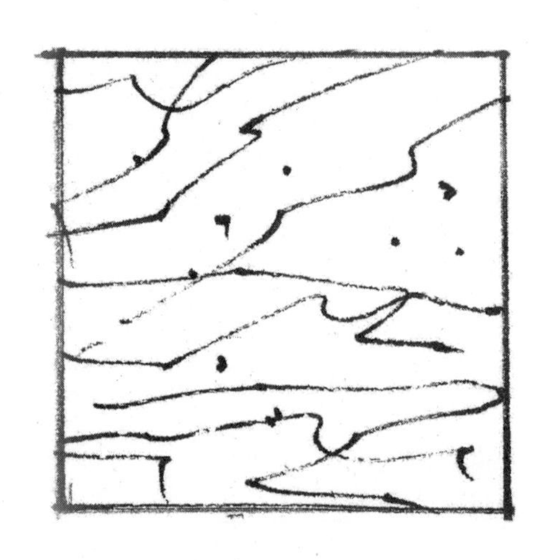 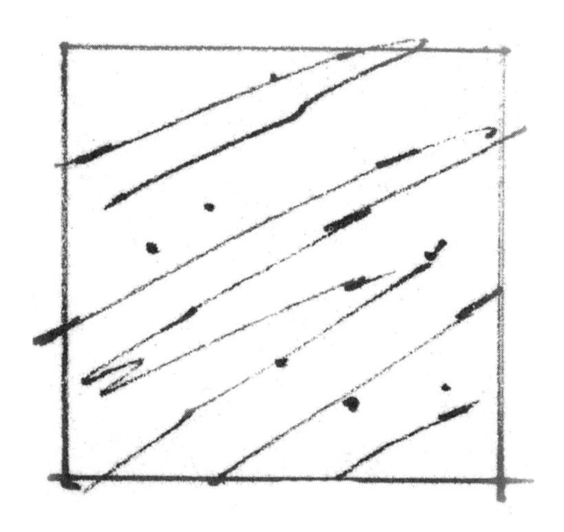

大理石在室内装饰中一般是正方形的铺装，在绘制时要注意空间的整体透视，注意近大远小的关系。

绘制时，首先根据透视画好大理石的方形铺装，然后绘制大理石地面的纹理，注意下笔要轻，用轻的笔触画折线，表现大理石独特的纹理。大理石的表面光滑，会有反光的效果。

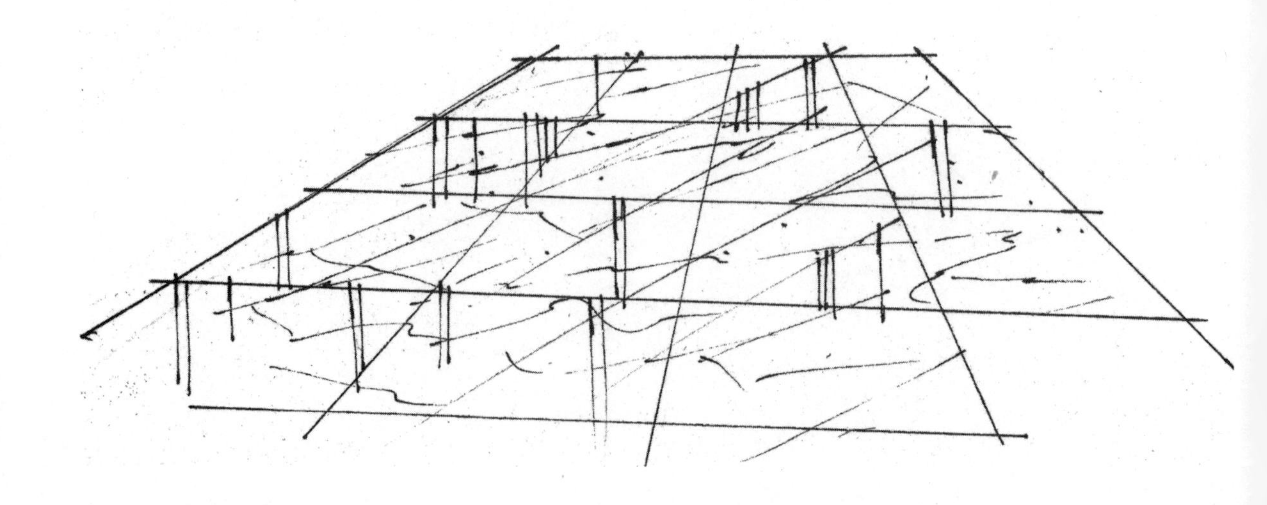

3.3.4 毛石

毛石是指不成形的原始石料，是处于开采后未经加工处理的自然状态的原石。毛石在室内装饰中一般用于假山造景等方面。绘制的时候，要注意石头原始的硬度，使绘制出的石头表现出坚硬的质地。

· 毛石纹理画法示范图

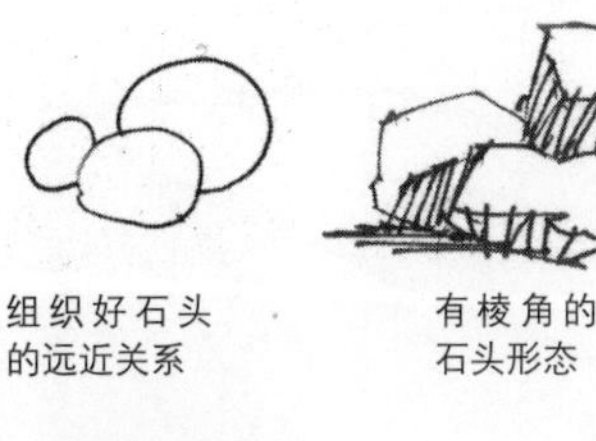

组织好石头的远近关系

有棱角的石头形态

较圆润的形态

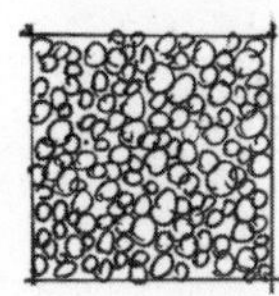

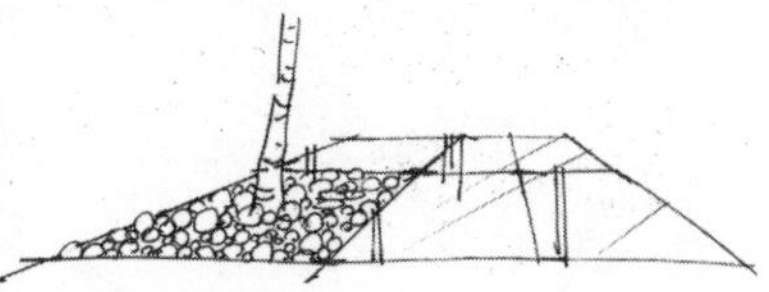

3.3.5 马赛克

马赛克是一种镶嵌工艺，多用石子、贝壳、瓷砖、玻璃等色彩丰富的材质拼贴而成，一般应用在墙壁或者地面等处。由于应用在室内装饰中的马赛克，大部分是由类似于水晶玻璃成分组织的透明砂石和石英烧制而成的，所以马赛克是光面、带有反光效果的装饰材料。

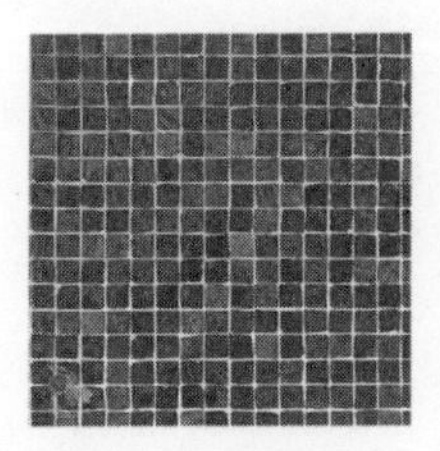

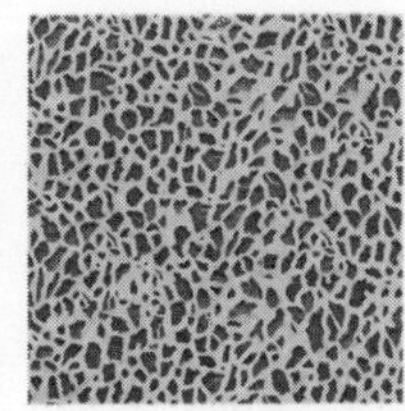

在绘制时，要注意表现出马赛克材质的小型方块形态，并注意疏密，由于在表现的时候线条较多，可以不用表现反光效果。

· 马赛克纹理画法示范图

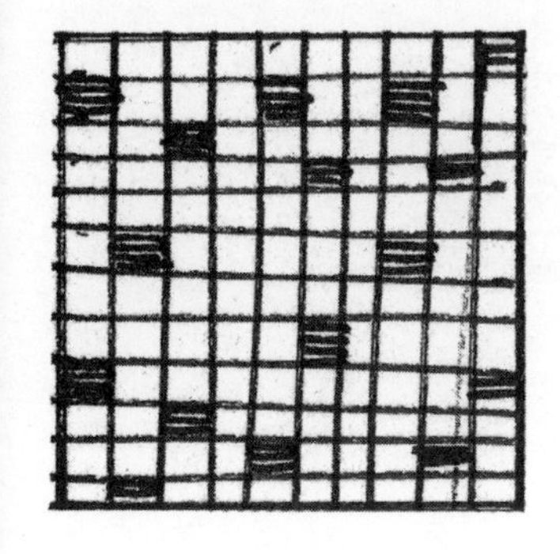

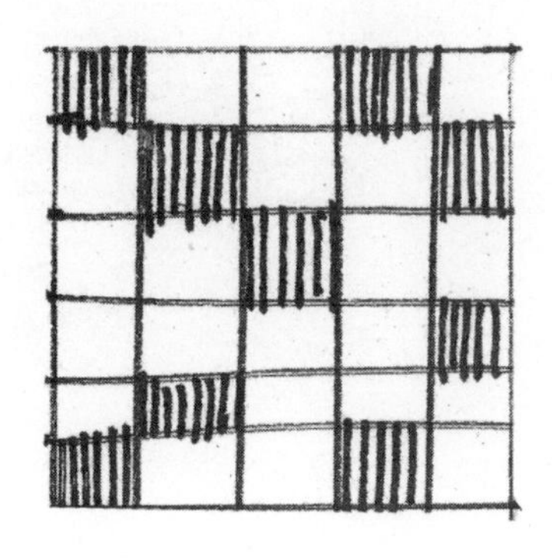

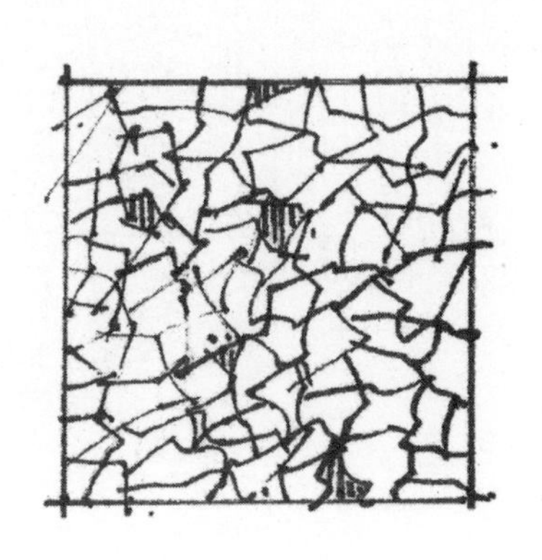

3.4 玻璃材质表现

玻璃材质是在效果图中经常要表现的材质。在效果图中，会出现很多玻璃材质的装饰，如室内装饰中的玻璃茶几，或者一些带有玻璃材质的电视背景墙面，以及卫生间的镜面玻璃。要注意的是，无论何种玻璃都离不开衬托物，玻璃周围的物体能够衬托出玻璃的透明感，同时玻璃一般都会反射出四周物体的形态。如果忽视这些周围的形体，那么画出来的玻璃将会变得没有通透感，不能融入整体环境，甚至像一面呆板的“墙”。

绘画玻璃时最重要的有两点：一是注意玻璃的反光属性，二是要表现出玻璃的通透感。但是不同的玻璃又有着不同的特点和属性。

为了让初学者更为细致地学习几种不同类型的玻璃的绘制，在此将玻璃细化成以下几个种类。

3.4.1 透明玻璃

透明玻璃的绘制是最基础的玻璃画法，较为简单，没有过多的纹理。但是无论什么玻璃，周围一定会有“框”。

在绘制玻璃时，一般会先画出玻璃四周的不透明形体，也就是各式各样的“框”，再在玻璃上画材质即可。绘制透明的玻璃要注意的一点，就是要体现出其通透性，可以在所画的玻璃上画出玻璃背后物体的概括形体。要注意的是，画出的形体是概括的，因为它在玻璃之后，切记不能喧宾夺主。绘制玻璃的材质时，一般用斜排直线即可，但是一定要注意“虚而不实”，我们要表现的反光效果，它并不是一个实物，所以只能用轻画的虚斜线来表示。这里的虚斜线，在所有玻璃的材质中都适用。

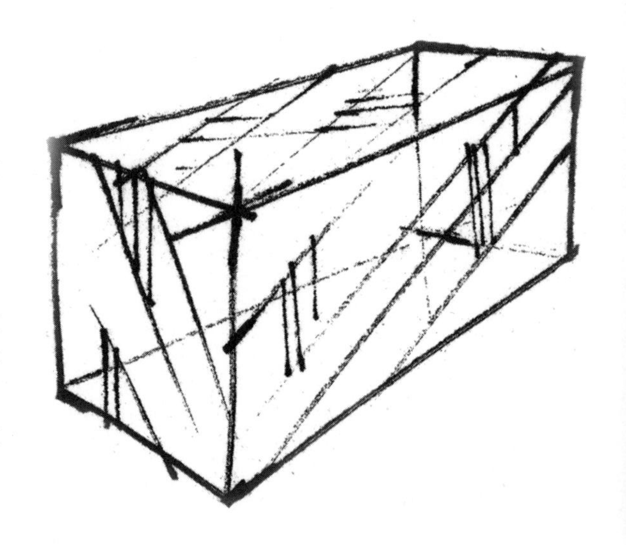

・透明玻璃示范图1　　・透明玻璃示范图2

3.4.2 镜面玻璃

镜面玻璃，一般会使用在洗浴室、电视背景墙等地方。镜面玻璃与透明玻璃不同的是，它不具有通透性，反光较强，能反射出放置在镜面玻璃前的物体的形态。因此在处理镜面玻璃时，除了要注意斜排虚线的绘制外，还要画出镜面周围物体在玻璃上的概括形态。绘制玻璃的镜面效果时，要注意与实际的空间布局相结合，合理地在镜面中添加近处反射的物体。

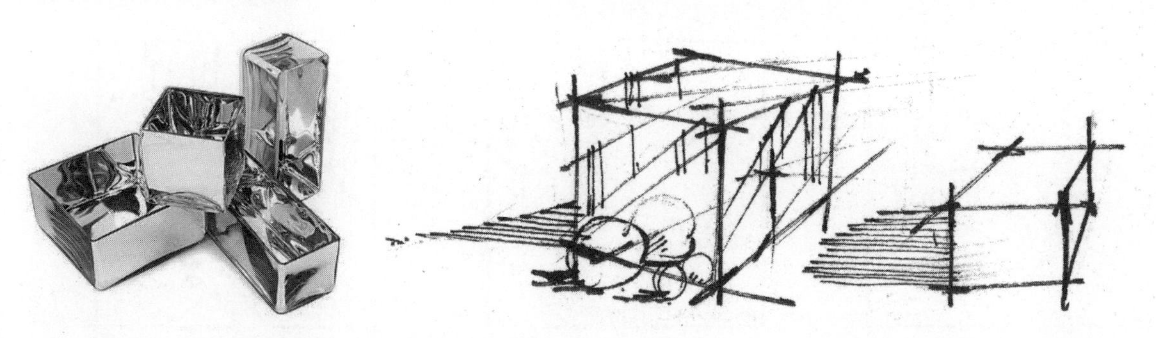

如果遇上有光线照射的玻璃，则可以依照光线的照射，在光线照射范围以外的阴影处做竖排线，以体现玻璃上的光线效果。

· 镜面玻璃示范图1

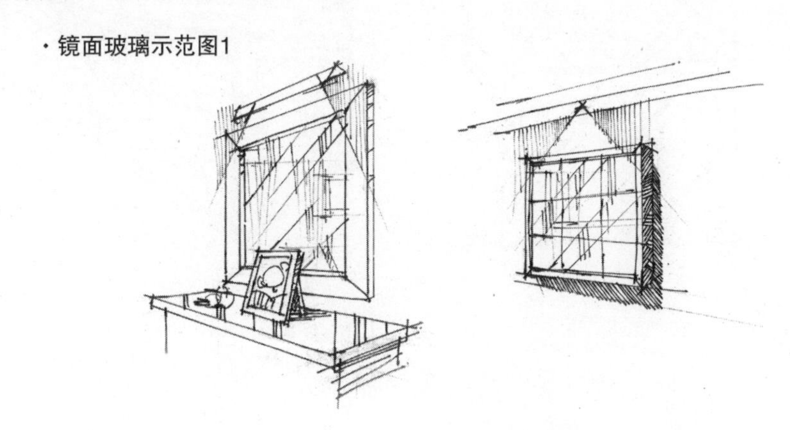

· 镜面玻璃示范图2

3.4.3 花纹玻璃

在绘制花纹玻璃时，不同于普通玻璃，先要相应加上虚折线或其他花纹线以表现其质感和纹理，然后加上斜线的排列来表现其反光的效果。当遇到透明花纹玻璃时，可以不做通透的处理，而通过文字来解释说明。因为物体上的纹理太多反而会使所绘物体太凌乱，不利于效果图的美观。

· 花纹玻璃示范图1

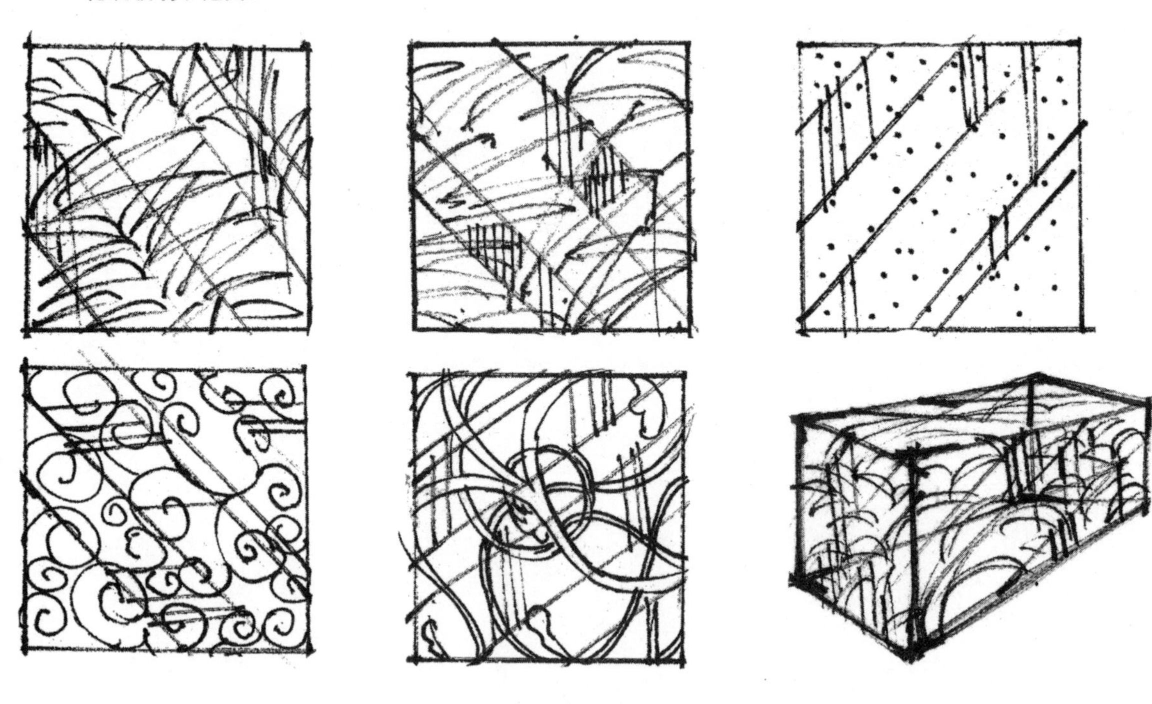

· 花纹玻璃示范图2

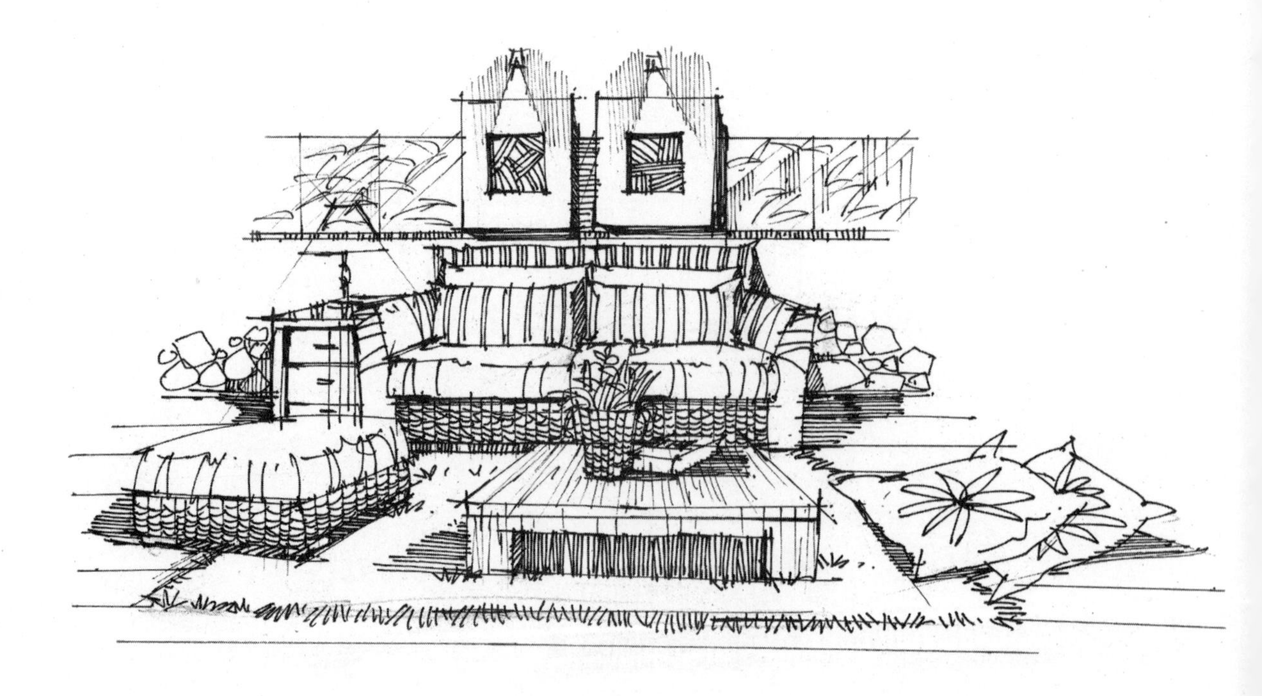

3.5 布艺材质表现

在室内设计图中，布艺一般用在床上用品、窗帘、桌布、布制沙发等地方。布艺在材质上也有很多选择，如亚麻、棉布等。在表现布艺材质时，最主要的是表现出其褶皱的质感。不同的布制用品，其褶皱的表现也不一样。

3.5.1 亚麻布

亚麻布具有生动的布制凹凸纹理，不像其他毛呢或者棉质材质那样柔软。亚麻布是纺织品中最结实的一种，其纤维强度高，不易撕裂或戳破，在室内设计中一般运用在装饰用品上，如桌布、布艺沙发等。在绘制亚麻布时，要注意加一些花纹点缀，因为亚麻布一般有装饰的效果，其布纹的褶皱可以稍显硬一些。

· 亚麻布示范图

绘制亚麻桌布时，要表现出布面铺在桌上并垂坠下来的转折感，布纹可通过加一些甩线来表示。

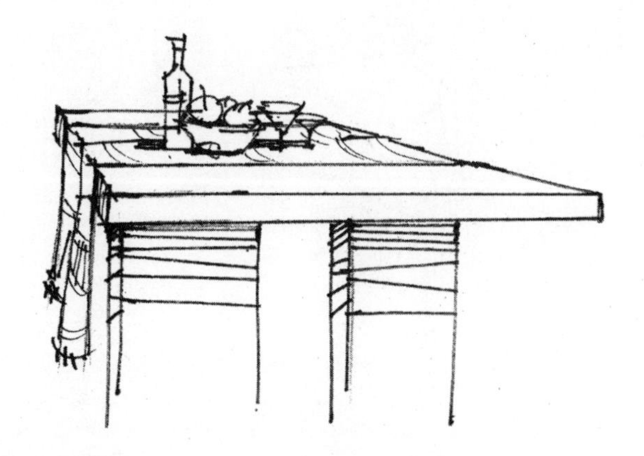

· 亚麻布制家具示范图

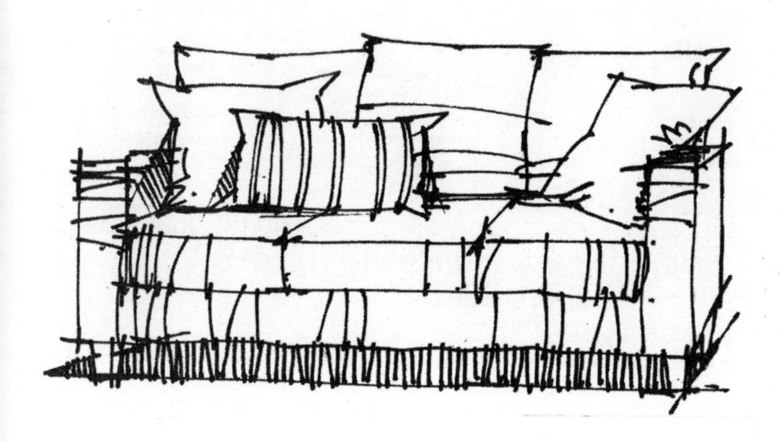

3.5.2 皮革

皮革是经脱毛等物理、化学加工所得到的不易腐烂的动物皮，其表面有一种特殊的粒面层，具有自然的粒纹和光泽，手感舒适。

一些皮质沙发在表面上一般绷着钉扣，所以在绘画时，要注意画出每一个皮质菱格之间凹凸不平的质感。钉扣的绘制也要遵循透视的规律。

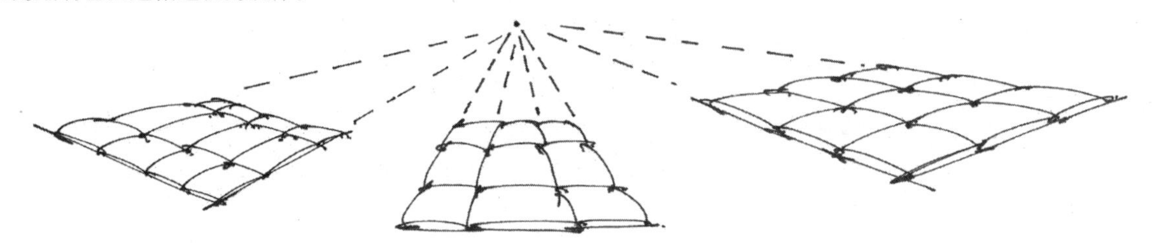

皮革一般用在沙发等家具用品上。沙发等组合家具一般在客厅或者会议室里，是比较醒目的陈设之一。在绘制时，应该充分表达沙发的质感和体积感，在款式方面要时尚、大方。

· 皮革示范图

3.5.3 窗帘与床单

窗帘、床单类的布制品，一般质地较为柔软，要注意画出其褶皱纹理。在绘制褶皱时，下笔要轻，可运用甩线或曲线的绘画手法来绘制。

· 窗帘与床单示范图

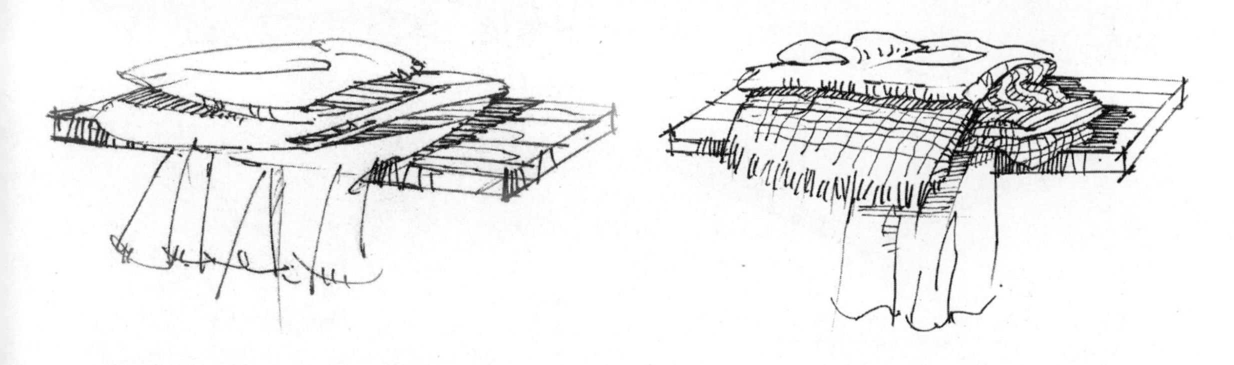

窗帘的绘制较为简单，确定好窗帘的大致形态，接着在窗帘形状内，从上到下用轻线拉出部分褶皱即可，也可加上部分阴影。

在床单的绘制中，要注意在床单中还有床垫的形状存在。绘制床单时，要时刻注意透视，不能显得床单下面凹凸不平；在表达床单转折的褶皱时，用笔要轻，一定要从上到下进行绘制。

错误画法：床单的褶皱表现得太过生硬，没有床单该有的柔软性

正确画法

· 床单示范图

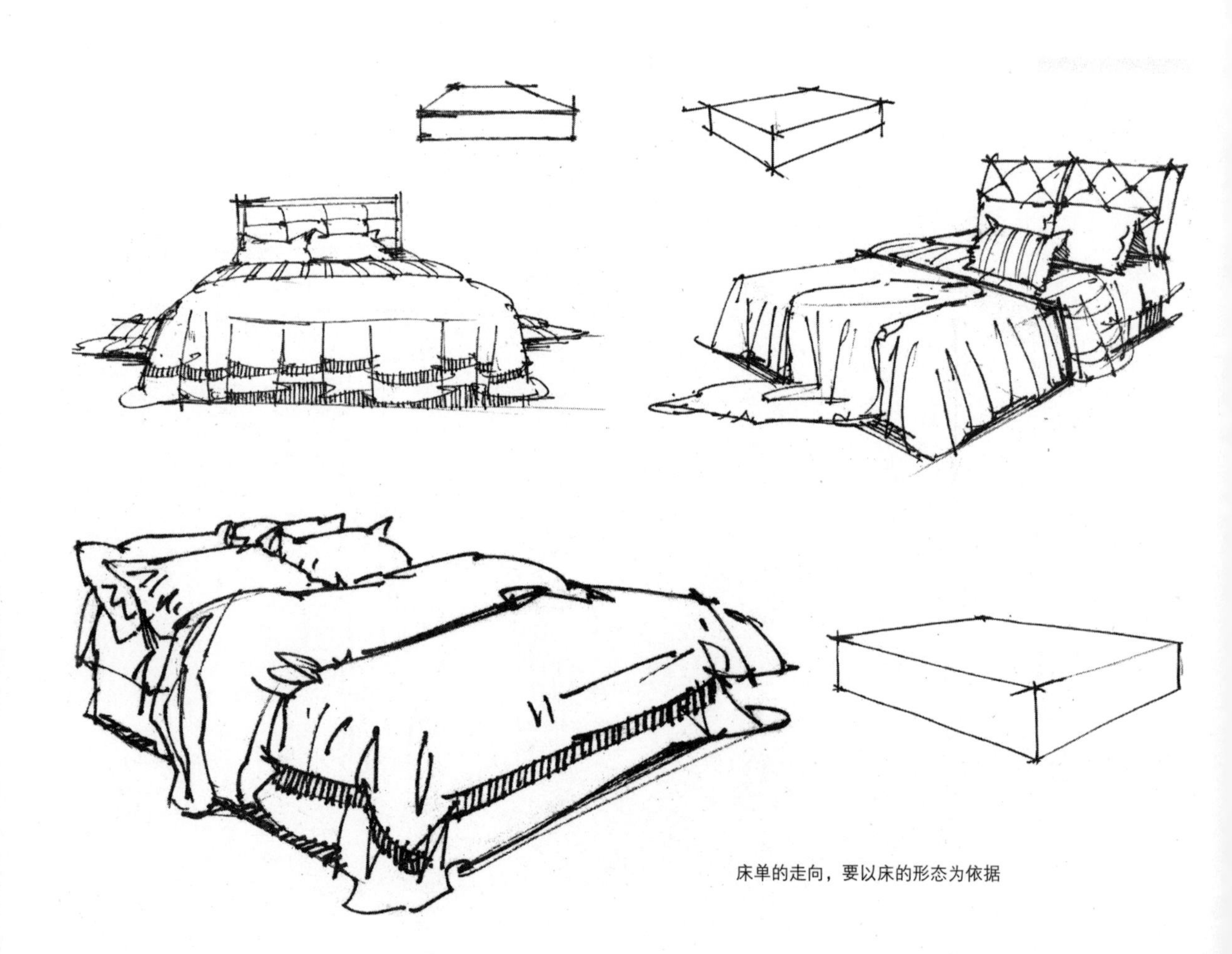

床单的走向，要以床的形态为依据

布艺的形态有很多，可结合窗帘和床单的画法绘制不同的布艺。

3.6 藤制材质表现

在绘制藤制家具时，要把握好造型。因为藤制制品的纹理较多，所以绘制时要懂得取舍，要有韵律感，避免过多刻画而表现出生硬和死板的效果。

在绘制藤制材质之前，我们要先了解藤编织品的构造。藤制的家具一般是由树藤编制而成的，藤制品的绘制，可以先从练习藤编纹理入手。

· 藤制材质示意图

了解了藤制物品的纹理绘制，就可以更好地绘制藤制物品了。

要注意，藤制品往往是按照一定的规律来排列的，在线条的把握上应注意按照物品本身的结构来细致刻画和表达，通过线条排列的多少来体现其虚实感。

· 藤制物品示范图1　　· 藤制物品示范图2

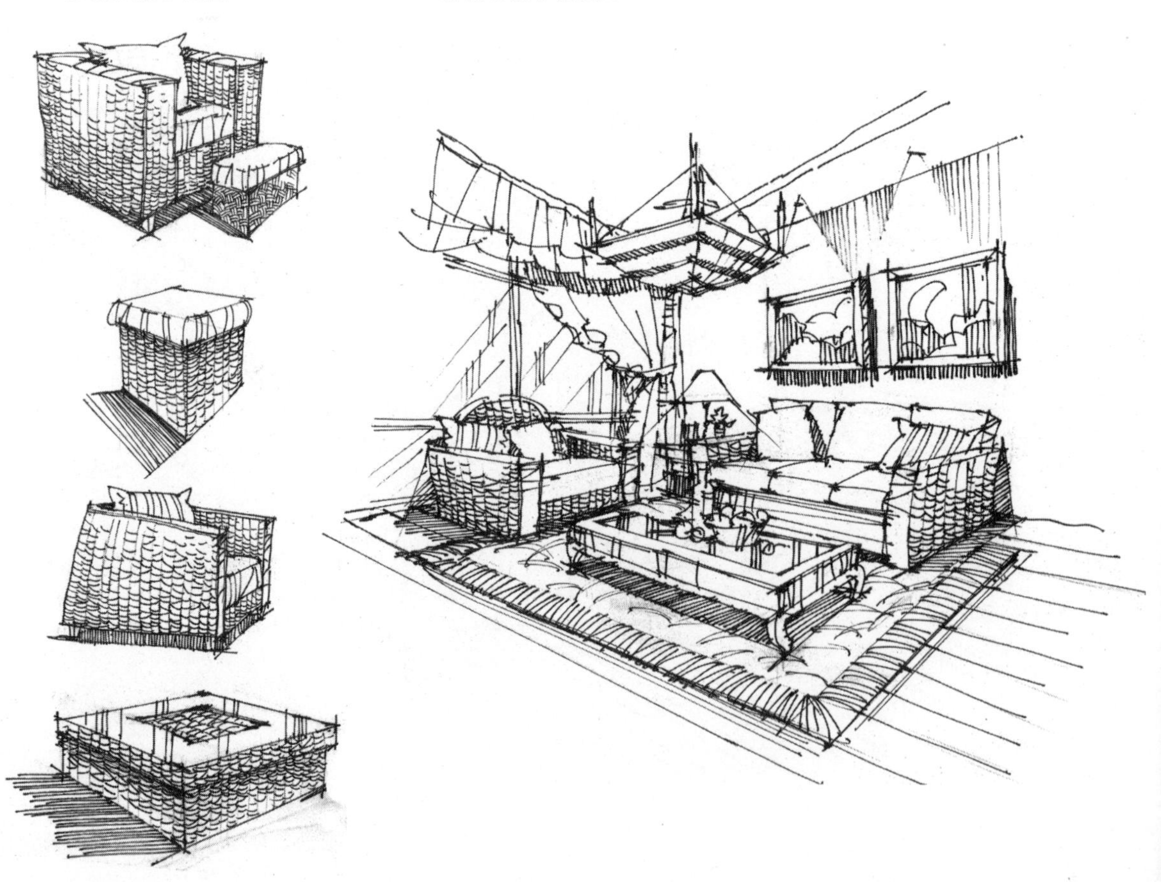

第 4 章

室内空间透视关系

4.1 透视

4.1.1 透视的基本概念

透视指在平面空间或者曲面空间上描绘物体空间关系的方法或者技术。透视具有科学性质，是用来描绘物体空间关系的一种表达方法。

在日常生活中，我们看到的人和物的形象，有远近、高低、大小、长短等不同，这是由于距离和方向的不同在视觉中引起的不同反应，这种现象就称为透视。研究透视的基本画法和基本规律，以及在绘画中如何应用的学科，就称为“透视学”。

最初研究透视是采取通过一块透明的平面去看景物的方法，将所见景物准确描绘在这块平面上，借此研究在一定空间内的景物状态。随后逐步根据透视的一定原理，用简单的线条来表现物体的空间位置、轮廓和投影。

在西方古典绘画透视学研究中，是假想在画者和被画物体之间有一面玻璃，固定画者眼睛的位置，然后连接物体的结构关键点与眼睛，从而形成直线，相交于假想的玻璃平面，在玻璃上相交的各个点的位置就是要画的三维物体在二维平面上的点的位置。

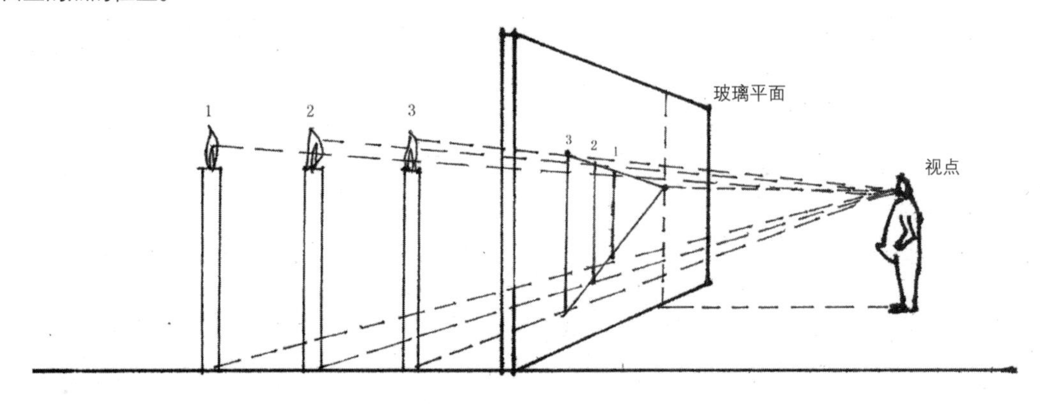

4.1.2 透视的重要性

在手绘表达中，透视是非常重要的，是画面中必不可少的因素。

一个刚刚进入美术院校学画不久的初学者，往往会从实践中得到一些透视知识，如近大远小，圆柱体的正圆顶面在画中要画成椭圆形，正方形在画面中要画成平行四边形等。但只有这一点初步的感性认识是不够的，在真正绘画时要表现的物体是如此之多，形态复杂多样，只凭近大远小这样的口诀不能彻底解决透视中出现的所有问题。

比如，近者要大到多大的程度，远者要小到什么程度，这些问题深入分析起来并不那么简单。即使绘画技巧熟练的画家，若不细心对待，也会出现透视错误。透视关系到画中人与人、人与物、物与物等方面的关系问题。如果不掌握科学的透视技法以表达画面的主体思想，对画面的空间、主次、远近、虚实等关系就不容易处理好，从而失去了画面的艺术性、完整性。在绘画时必须理性地根据科学的法则来掌握透视的变化规律，以能够准确地在画纸上表现空间的立体感、空间感。

从实际的场景和著名画家的绘画中，我们可以初步了解透视。

圣玛利亚感恩修道院透视解析

达·芬奇《最后的晚餐》透视解析

4.1.3 透视的空间分类

1.一维空间

一维空间是指只由一条线内的点所组成的空间。直线上有无数个点，实际上就是一维空间，它只有长度，没有宽度和高度，但这个一维空间是无限小的。可理解为点动成线，点是没有面积与体积的物体。

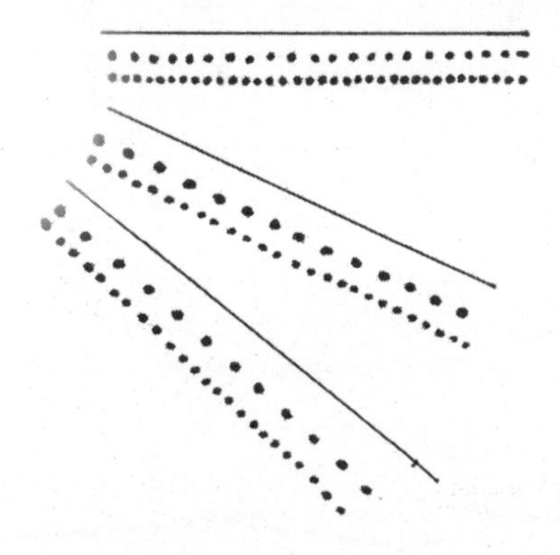

2.二维空间

二维空间指的是由自由的线组合而成的具有长度、宽度、面积的平面。

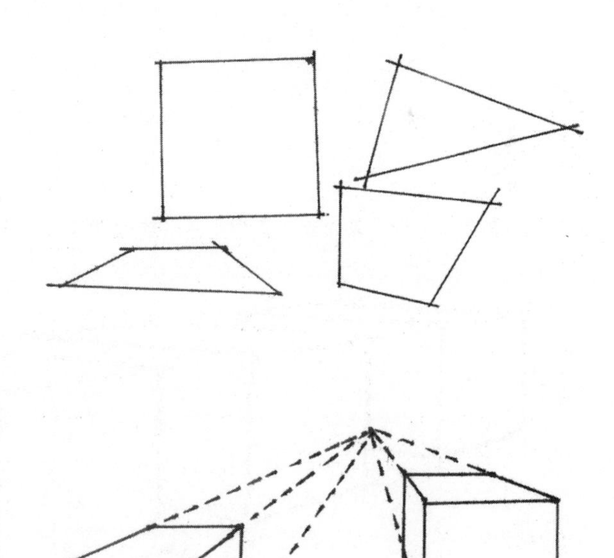

3.三维空间

长、宽、高组合而成“三维空间”。三维即前后、上下、左右。三维空间能够容纳二维空间。

4.1.4 透视的分类

1.消逝透视

消逝透视是指物体由于受到远近距离的影响，所造成的清晰度和明暗对比因距离的增加而逐渐模糊的现象。

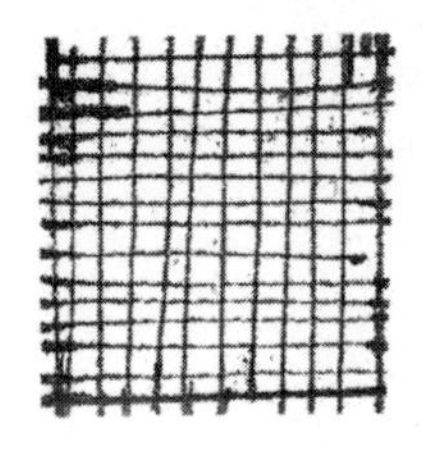
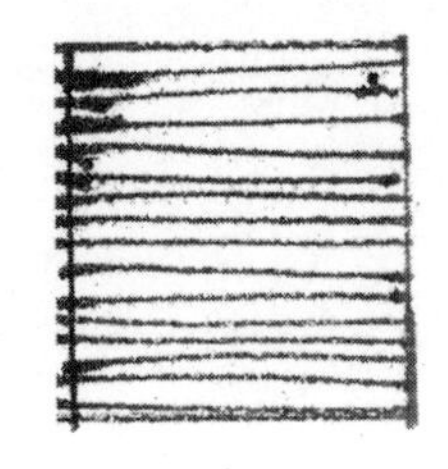
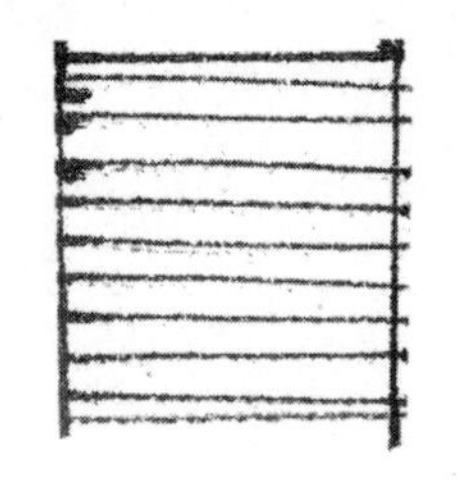
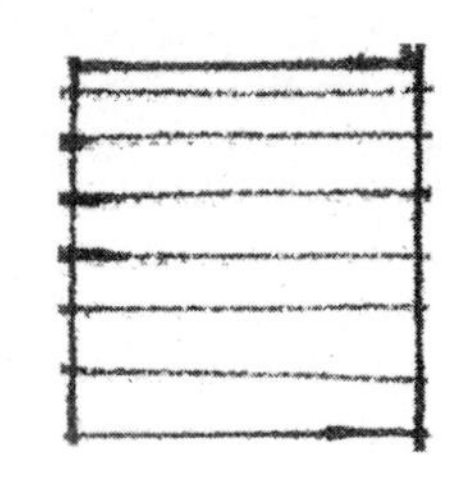

2.线透视

确定透视线主要有3种方法。

第1种：近大远小法，将远的物体画得比近处的物体小。

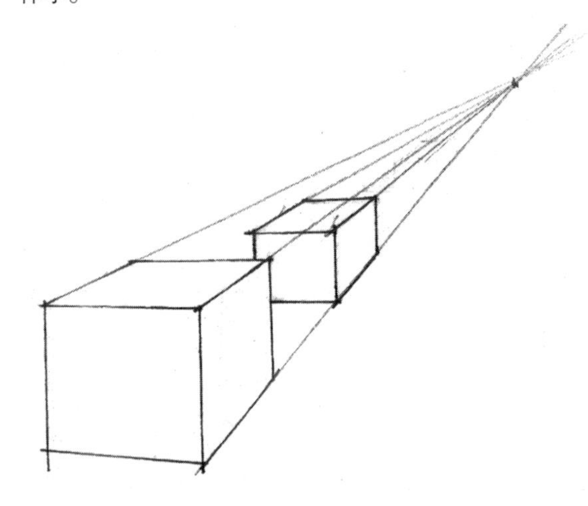

第2种：重叠法，前景物体在后景物体之上。

· 立体图形

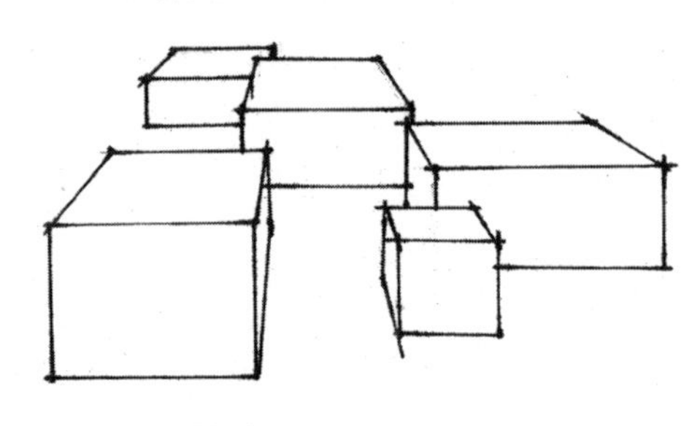

· 平面图形

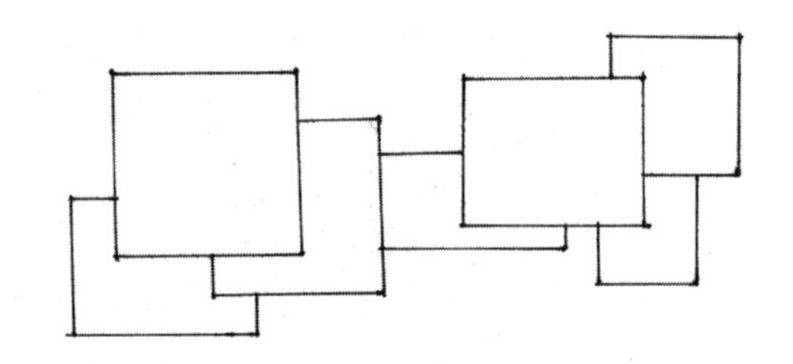

第3种：纵透视，将平面上离视者远的物体画在离视者近的物体上面。

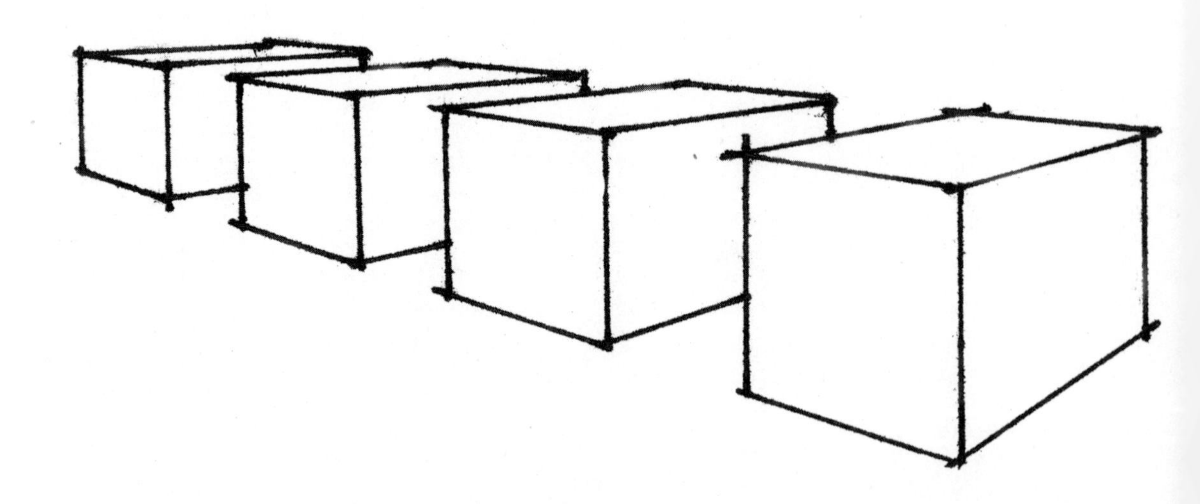

4.1.5 透视的基本术语

在学习透视之前，应该了解透视中常用的专业术语，并了解透视的基本理论。

视点（目点）：人的视线所在物体上的任意一点。

视平线：指与人眼等高的一条水平线。

视中线：视者视线水平引向画面视平线的中心视线。

视线：过视点向景物上的任意一点，并相交于视平线的连接线。

视角：视点与任意两条视线之间的夹角。

视域：眼睛所能看到的空间范围。

视高：绘图者平视时，视点垂直距离基面的高度，在画面表示则是视平线与基面的距离。

视距：视点至画面中心（心点）的垂直距离。

画面：绘图者用来表现物体的媒介面，一般垂直于地面，平行于绘图者。

基面：与画面垂直的地平面，即景物的放置平面。一般指绘图者所站的地面。

基线：画面垂直于基面产生的交线。

心点：视中线与画面垂直的交接点。

灭点：透视线的消失点。

灭线（变线）：与画面不平行的直线无限远伸，连接视点和物体，最终消失在灭点上。

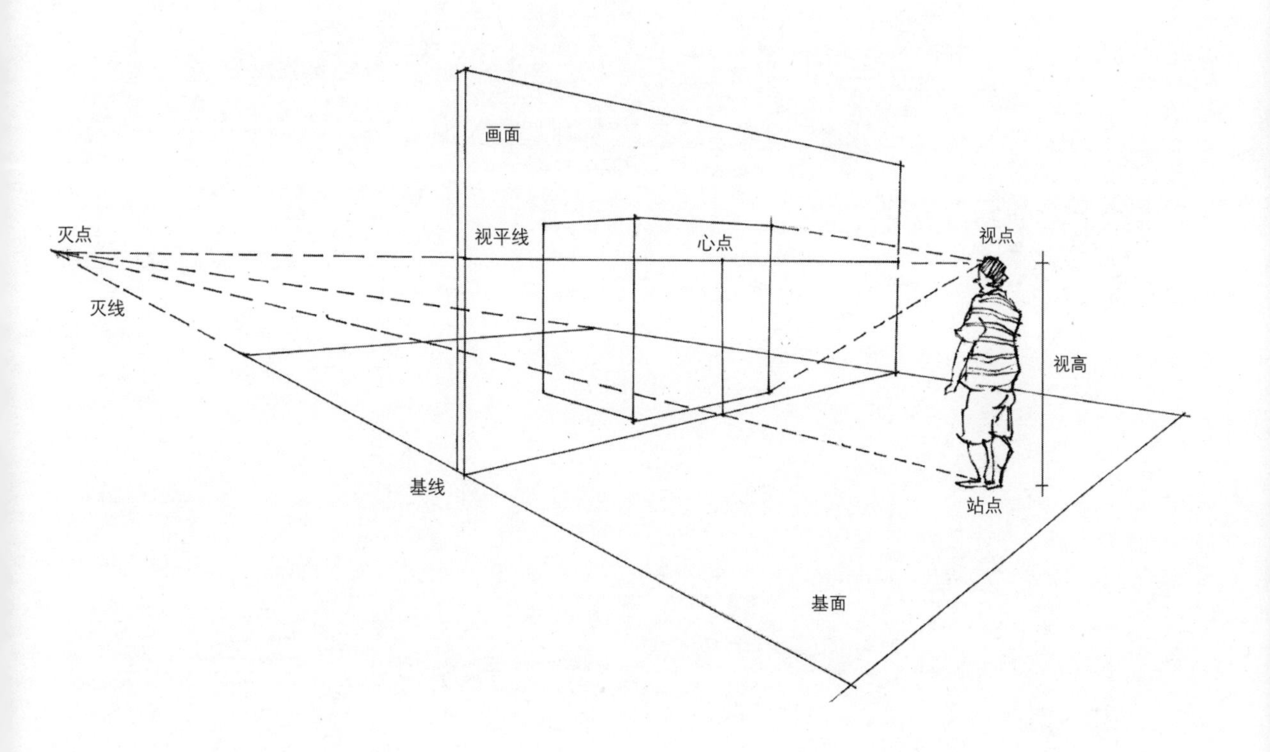

4.2 一点透视

4.2.1 一点透视讲解

所谓“一点透视”，就是“一点平行透视”的简称，也有很多人称之为“平行透视”。一点透视图具有明显的限定条件，就是空间内相邻的结构线必须是垂直关系，并且其结构面必定与画面呈绝对平行的关系。一点透视是学习室内透视图的基础。

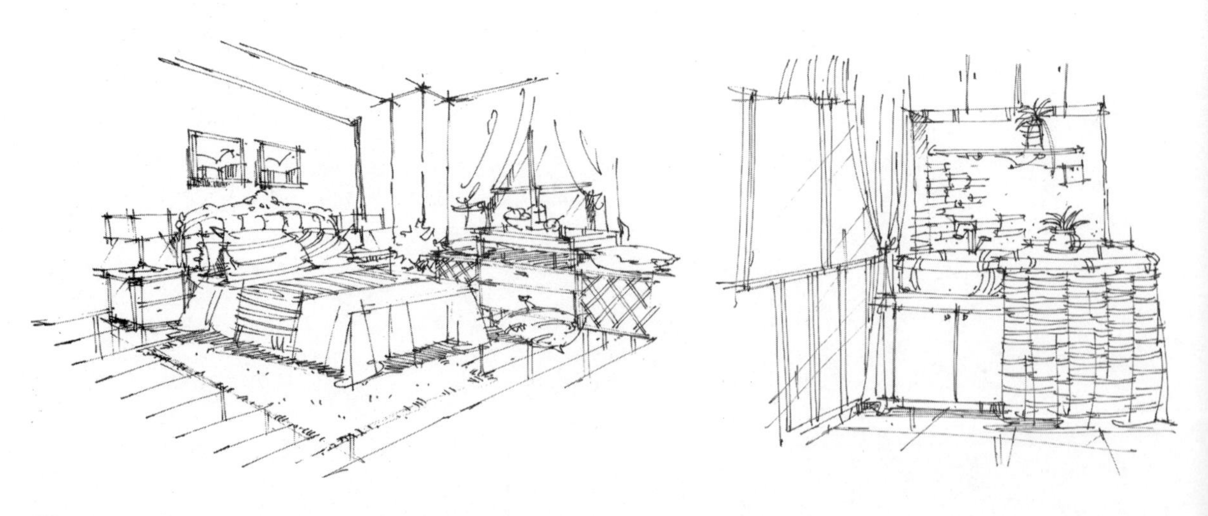

1.什么是一点透视

以正方体为例，正方体的底边与视平线保持平行，与之相邻的竖线保持垂直，其他透视线均射向灭点。且视平线上灭点只能有一个，这就是一点透视。

设立一个正方形在一个基面上，并在视点与正方体之间放置一块透明玻璃，我们称之为画面。通过下面的例子可以初步理解什么称为一点透视。

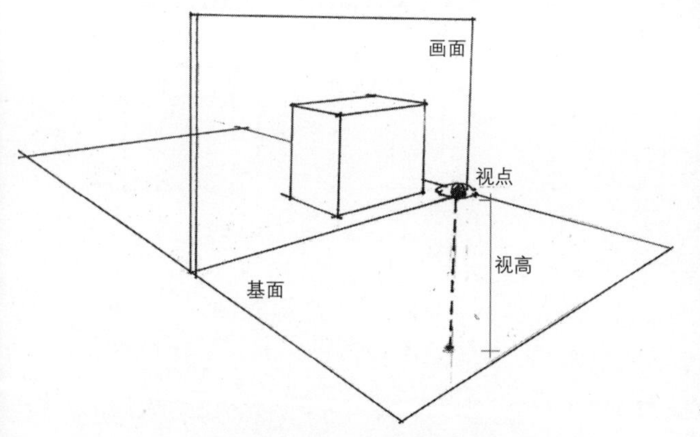

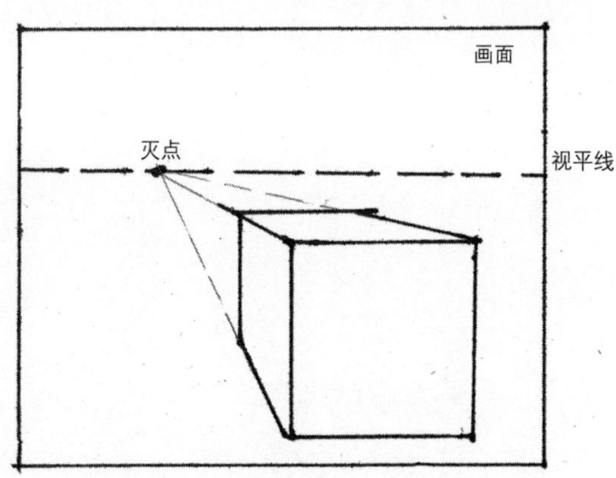

以正方体为例，我们来做一点透视绘画的示范。

（1）确定一条视平线及其上边的灭点*M*。

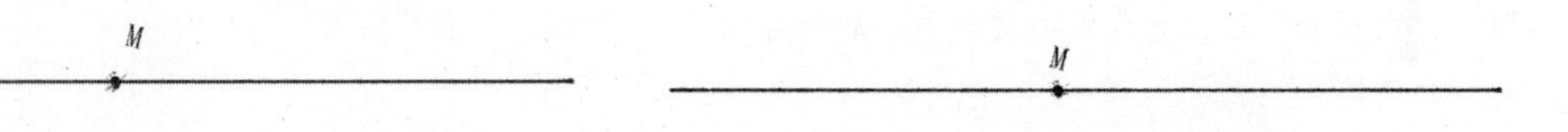

（2）绘制一个平面正方形。

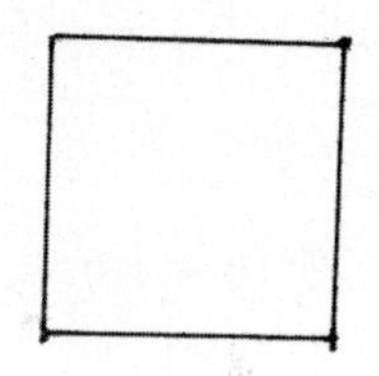

（3）将正方形边上的4个点与灭点*M*连接。

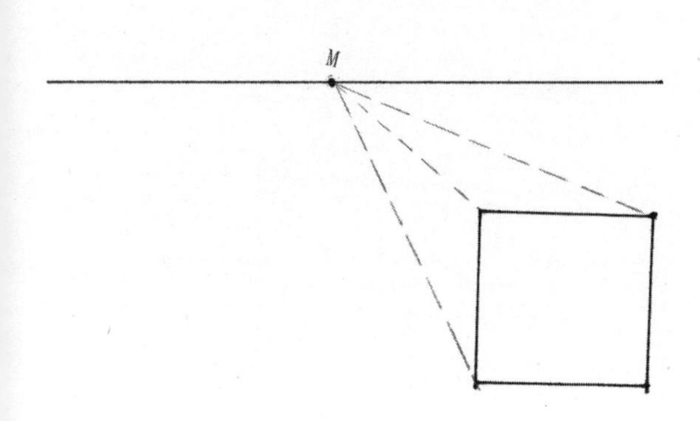

（4）确定正方形的深度，然后绘制竖线，接着去除多余的辅助线。

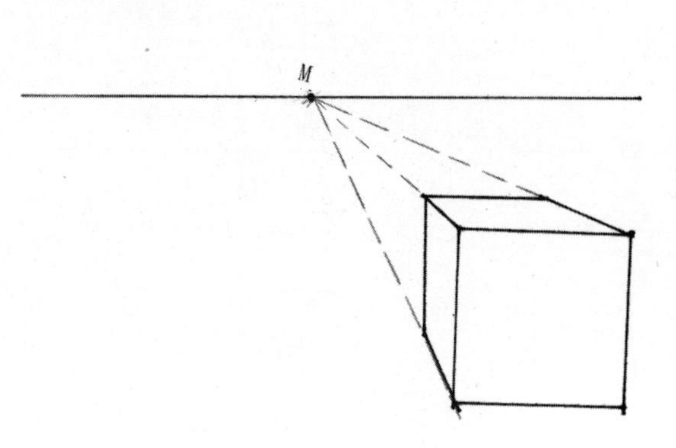

2.一点透视的基本特征

不论视点在基面的任何位置，灭点有且只能有一个。

在一点透视图中，物体始终有一个平行画面的正面正对我们，水平的线保持水平，竖直的线依然竖直。

通过一点透视的正方体可以知道，在一点透视中只有3种方向的线：绝对垂直的线、绝对水平的线、连接灭点的线。

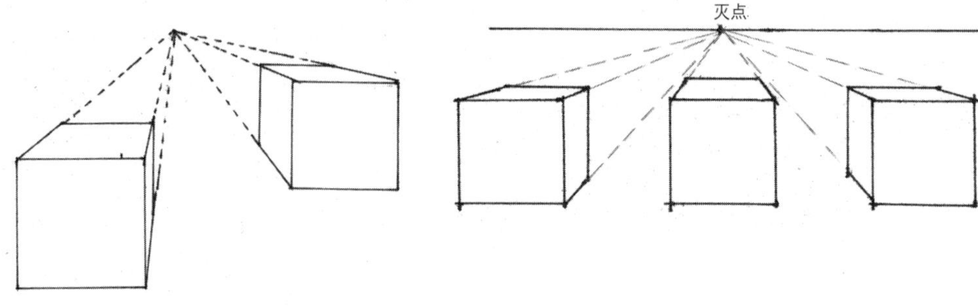

3.一点透视的视角

以各个不同角度的正方体为例，设置L为视平线，M为视线灭点，然后画出各个不同角度的正方体。

以视平线为基准：在灭点上的正方体只能看到一个正面（序号1）。在视平线上其他部位的正方体，能看到两个面，侧面和正面（序号2、3）。正方体上边线或者下边线与视平线重合的，则侧面与正面的夹角为180°（序号4、5）。

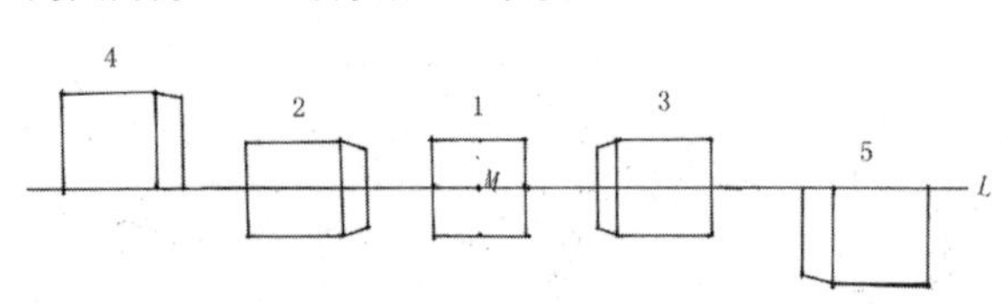

以视垂线为基准：在视垂线上的正方体，有且只能看到两个面，即侧面与正面（序号1、2）。正方体与视垂线水平的边与视垂线重合，则侧面与正面的夹角为180°（序号3、4）。

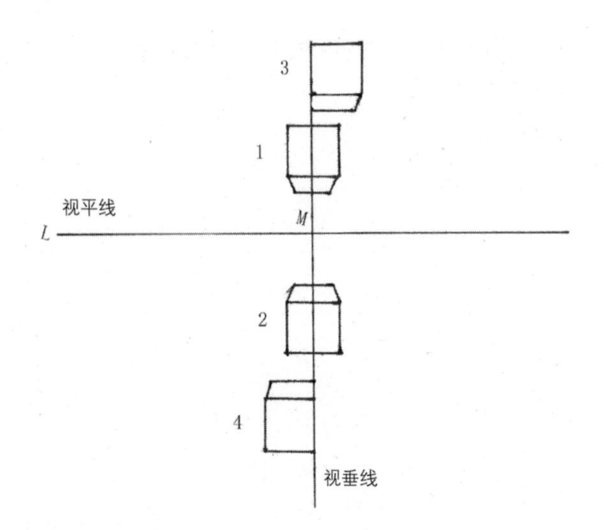

以灭点M基准，且正方体不在视垂线与视平线之上：在视平线上方的正方体，能见到正面、侧面、底面。在视平线下方的正方体，能见到正面、侧面、顶面。

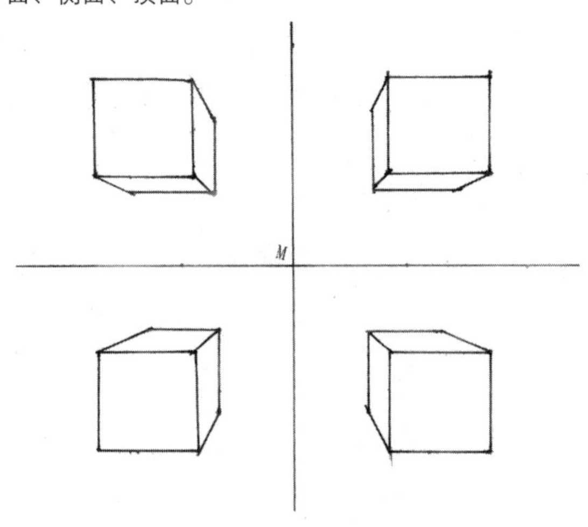

距离灭点M越远，则透视面越宽。

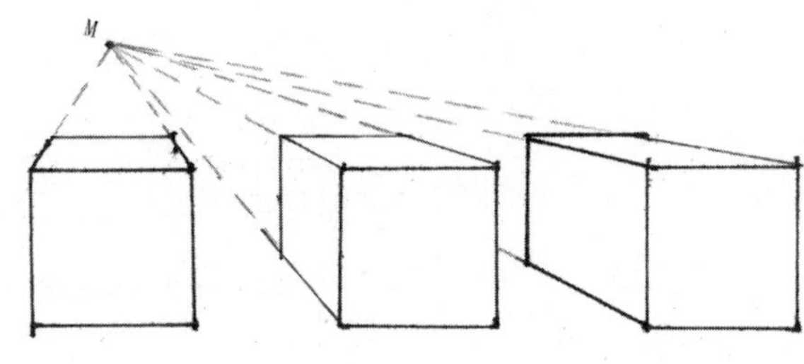

4.2.2 一点透视空间训练

透视感是练习好整体透视的基础，要想准确表达画面的空间感，将不同形态的物体绘制在一个有透视的空间内，并准确表达物体透视变化后的一些透视线，这就需要大量的基础练习和对透视技法的了解。要如何将那些形体复杂的物体组合在透视空间里呢？下面来进行简单的透视空间感的练习。

1.空间正方体练习

设立一个灭点，绘制距离灭点不同的正方体，并注意遮挡关系。

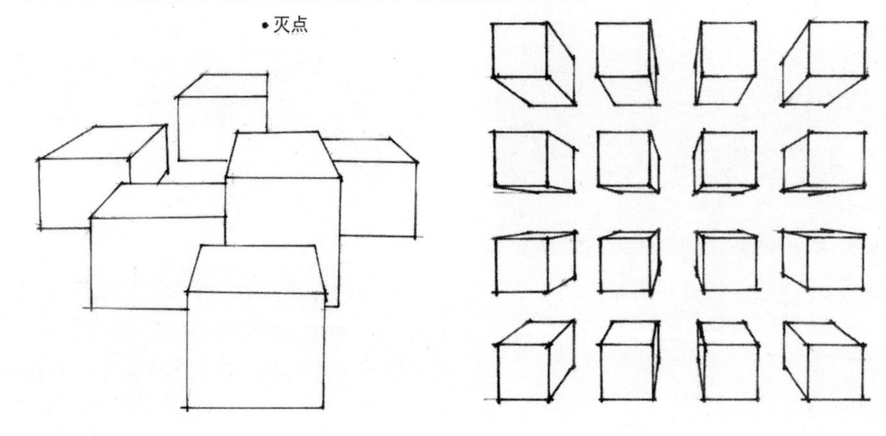

2.室内透视线练习

（1）绘制一个矩形，在矩形中间靠下的位置画出视平线和灭点。

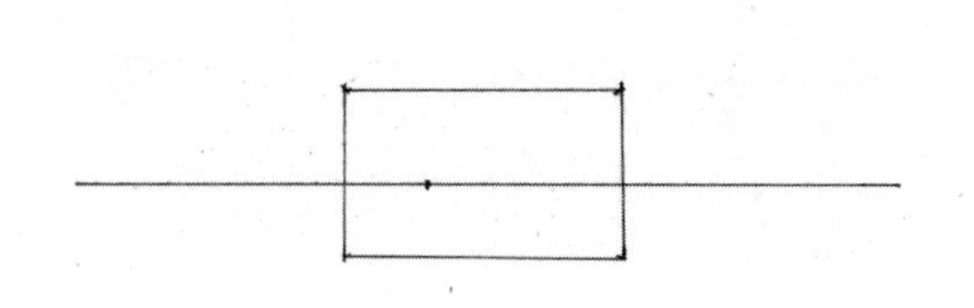

（2）从灭点连接矩形四角，绘制出空间的四面。

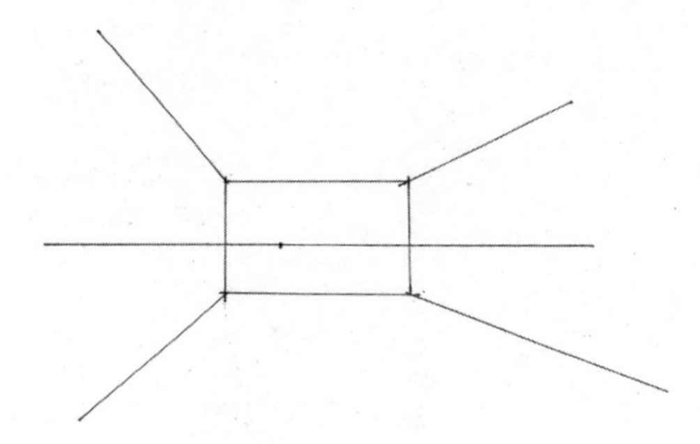

（3）从灭点出发绘制放射的透视线。

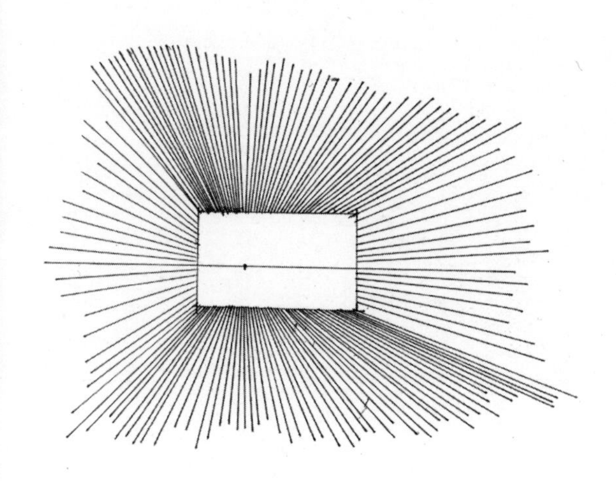

（4）绘制水平排线与垂直排线，注意近疏远密的关系。

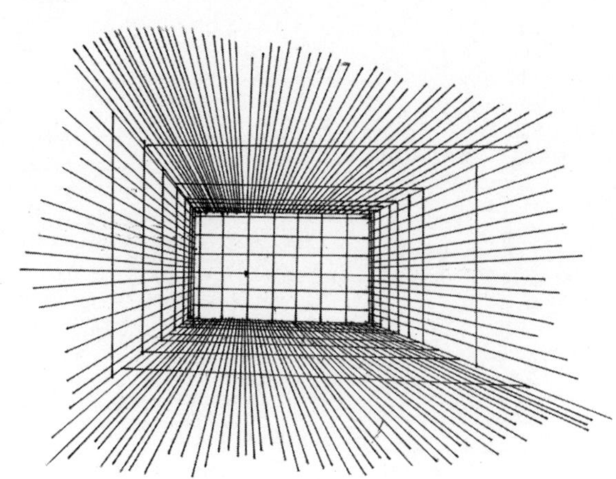

3.室内中的一点透视

可以根据效果图，用体块总结出家具的轮廓，分析其在一点透视空间中的透视效果。

分析空间中家具的摆放位置，绘制家具阴影矩形。

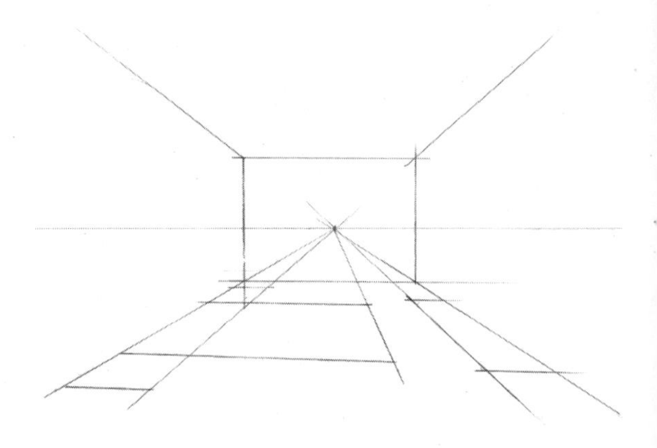

根据家具的高，分析家具的立体矩形轮廓。

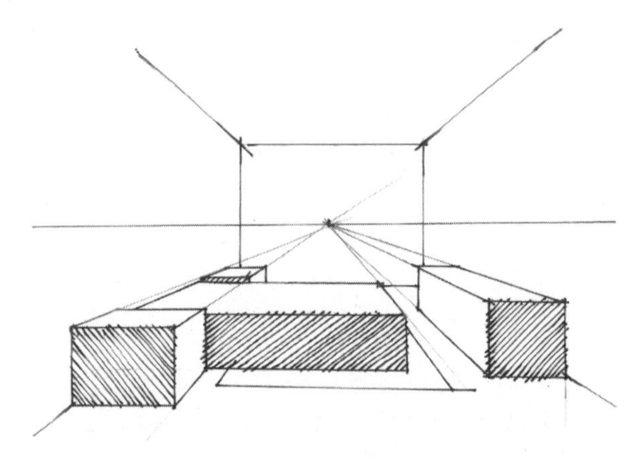

在进行透视分析和绘制的时候要注意以下问题。

基准面是一个自由确立的虚拟的面，一般将它确立为画面中视点正对的那个墙面。

视平线过高或者过低都会影响画面的整体效果。绘制时要注意，视平线在房高的中心或者偏下（房高2700~3000mm，人高1600mm）为正常的视平线位置。

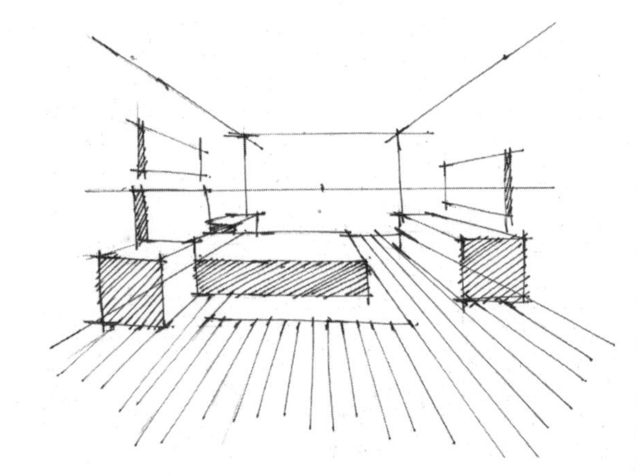

视平线过高，则空间成为俯视视角，这样难以测出空间高度。

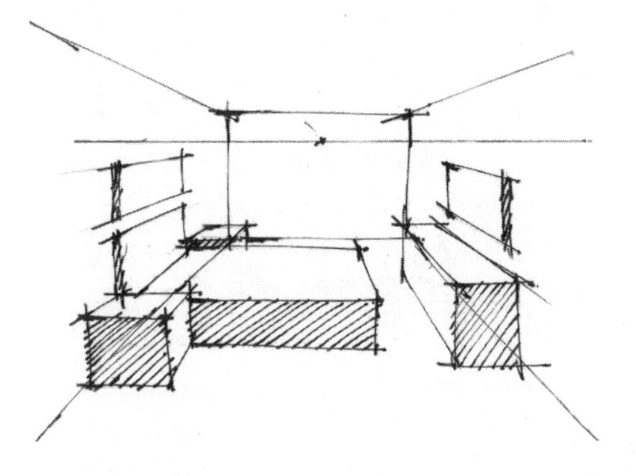

视平线过低，则空间中的物体“粘”在一起，难以展示出空间的透视效果和物体的细部。

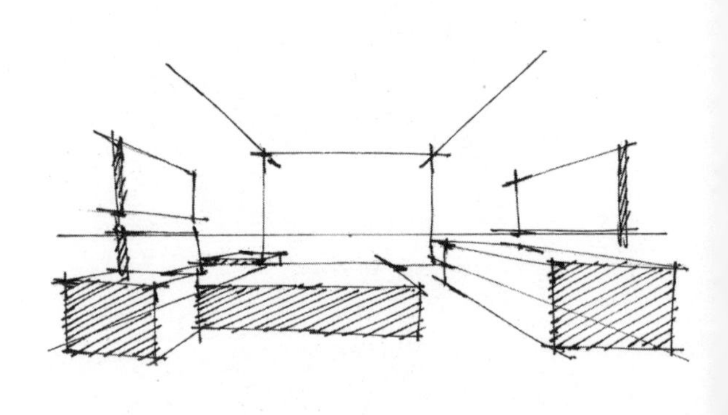

4.3 两点透视

4.3.1 两点透视讲解

两点透视又称成角透视，在透视中只有垂直线与画面平行，除垂直的线条外其他线条均向两个方向不同程度地倾斜，有两个灭点，并且两个灭点在同一条视平线上。两点透视是透视图中较为常见的一种表现手法，它能够更加充分地表现画面的真实性。

1.什么是两点透视

两点透视，顾名思义，是在视平线上有两个灭点。下面用正方体的透视来讲述两点透视的画法。

一点透视在画面效果中必定会有一个面正对我们。

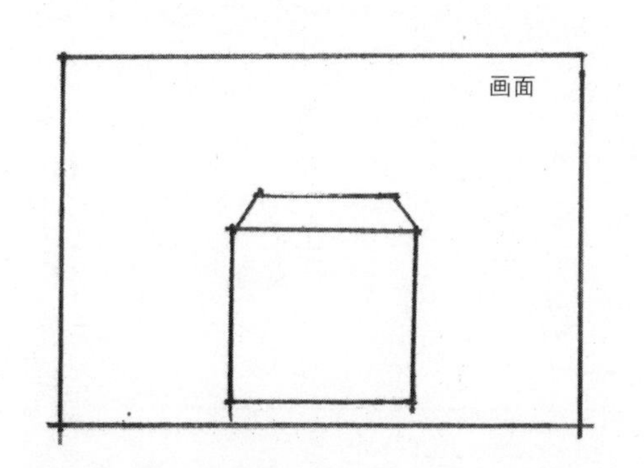

两点透视中，我们通常不在物体的正面，而是与物体形成一定角度，所以我们所观察的面就有了一定的变化。

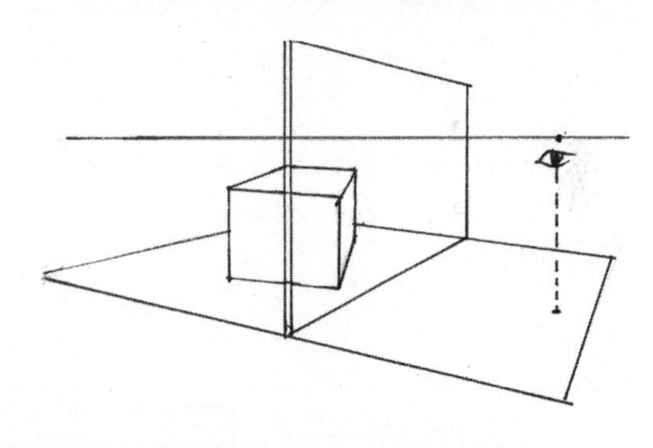

在画面中可以看到垂直的边仍旧垂直，而水平方向的线条都分别向左右两边的灭点倾斜，消失于灭点上。

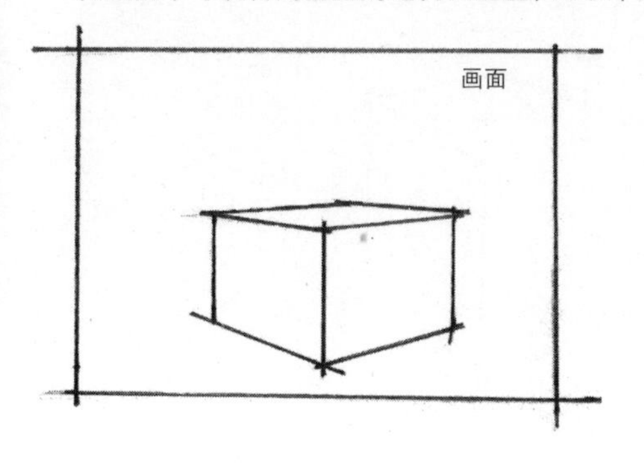

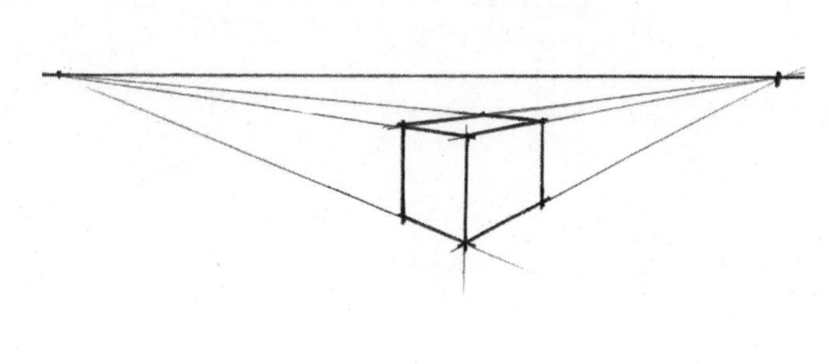

2.两点透视的视角

在手绘透视图中，因为所表现的物体和场景中所需要表现的重点不同，所以在绘制透视图时所选的角度也不一样。下面以正方体为例，分析其在两点透视下3种角度的不同特征。

第1种：设置一条视平线，并在两端设立两个灭点：*vb*和*vp*。在两个灭点正中的心点上绘制视垂线，并在视垂线上设立正方体的垂直边。此时两个立面距离灭点距离相等，正方体两条下边与视平线所成的角度为45°，角*a*等于角*b*。

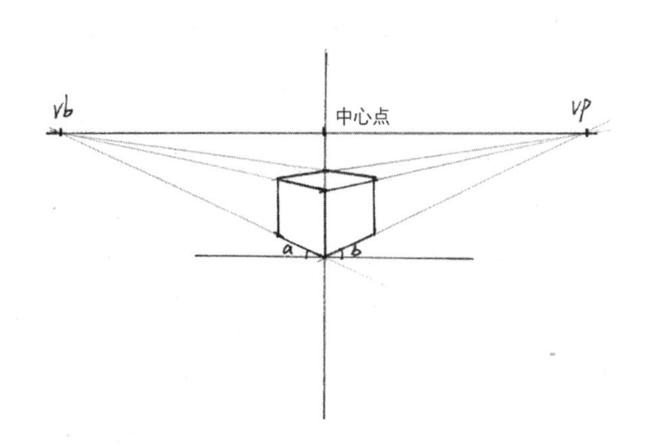

第2种：在靠近*vb*的位置以同样的方法绘制正方体，可以看出靠近*vb*一边的透视面斜度更大，看上去稍窄，另一面反之，角*a*大于角*b*。而在靠近*vp*的位置绘制的正方体与靠近*vb*的正方体情况相反，角*b*大于角*a*。

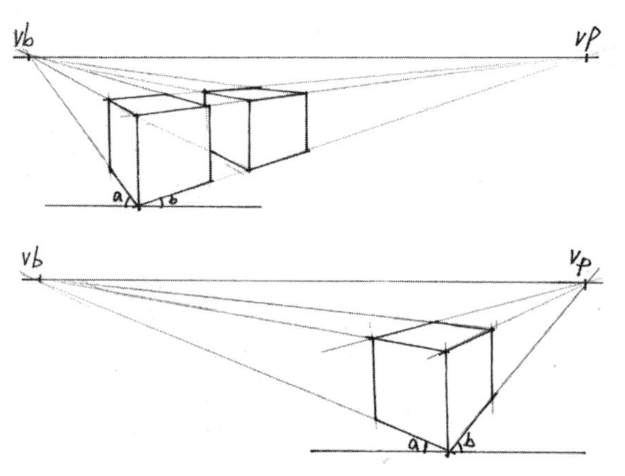

第3种：假设图中正方体两条下边所成的角度大于90°，绘制一个正方体。可看出两条下边与画面视平线的夹角较小，给人以在画面后方的视觉效果。

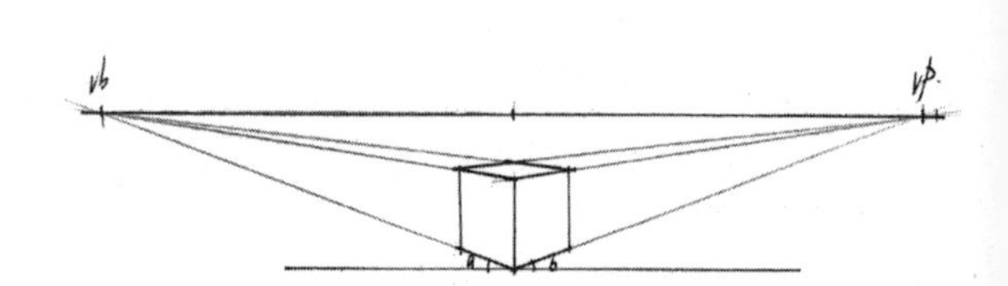

将上面的3种视角特征在同一幅图中表现出来。在绘制透视图时，要将空间内众多物体的前后关系相互协调好，处理好物体与物体的相邻关系。

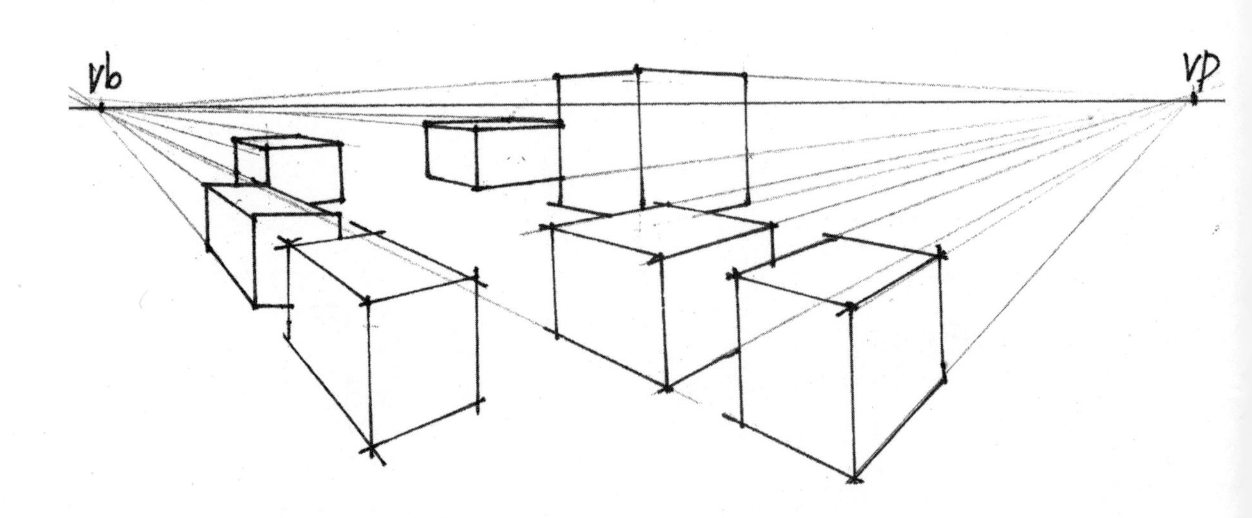

4.3.2 两点透视空间训练

1.两点透视45° 角练习

将纸面上各个空间位置的正方体绘制出来，在绘制时时刻注意不同角度下正方体的透视变化，从而不断提升自己的透视感受能力，最终达到能独立判断透视关系的正确与否。

在一张画纸中设立统一的灭点，绘制不同大小的正方体。

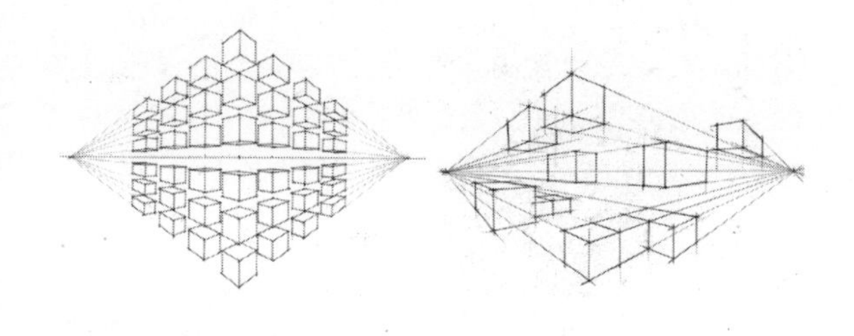

2.两点透视室内空间练习

练习时可利用照片或者透视图，经过体块分析，练习两点透视的规律。绘制时需要注意家具比例，提升对空间中透视的感受能力。

以两点透视的室内空间图为范例，介绍一下两点透视空间的绘制方法。

（1）绘制视平线，并设立两个灭点*vb*和*vp*，然后设定真高线。两点透视真高线即画面最远处的线，就是墙的转折线。在绘制的时候注意不要过长，以免没有位置画近处的物体。

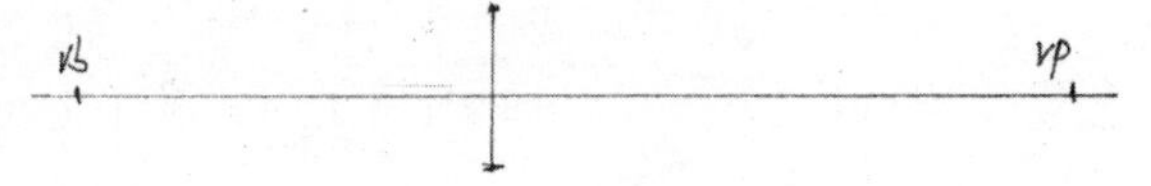

（2）由灭点向真高线的两端绘制直线，画出空间中的两面墙。

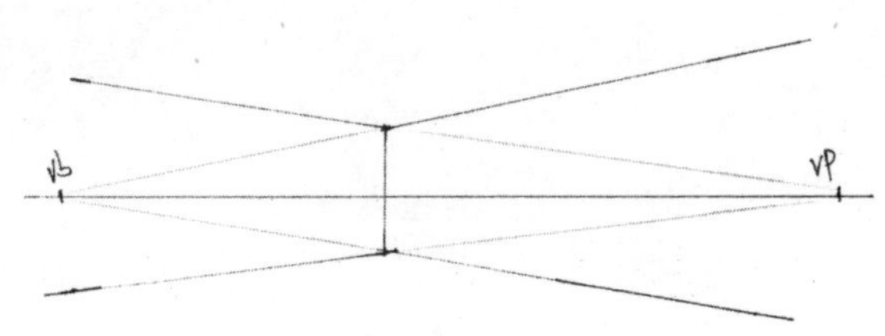

（3）将画面中的家具形状归纳为长方体，注意透视和各长方体间的遮挡关系。

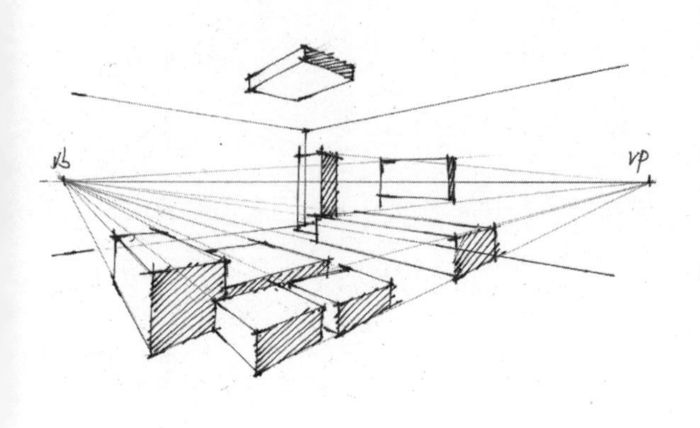

技巧与提示

在两点透视中灭点的位置很重要。一般情况下，两个灭点的位置要离真高线远一些，如果两个灭点的位置过近，画出来的画面会显得透视变形。

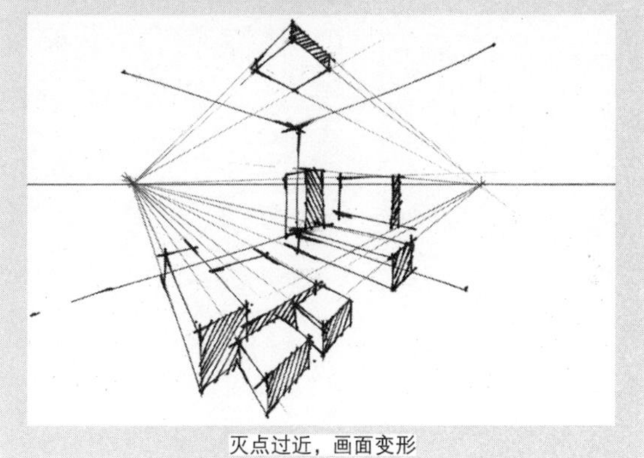

灭点过近，画面变形

4.4 微角透视

微角透视是介于一点透视与两点透视之间的一种透视视角。室内效果图中常用一点透视和两点透视。一点透视颇具端庄稳定的效果，但画面过于程式化；两点透视画面感觉较为生动自然，但是为了室内空间的展示只能看到空间内的两面墙，以致在画面中产生一种残缺不全的空间感。而微角透视将一点透视画面稍微改变，与两点透视结合，使透视空间内的墙面形成微小的交角，在形式上与一点透视雷同，但性质上则属于两点透视，兼具一点透视空间感强和两点透视画面生动的特点。

4.4.1 微角透视讲解

微角透视不同于一点透视与两点透视，它的视点处在空间的微斜方。

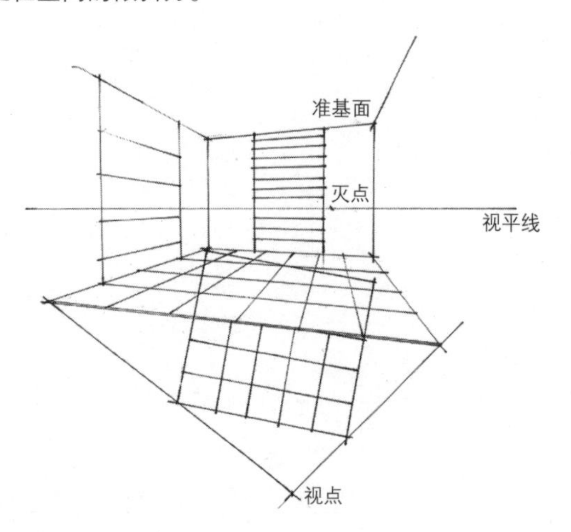

在微角透视中，其中一个灭点*vp*定位在准基面以内，另一个灭点*vb*则被定位在距离画面较远的位置。在微角透视中，没有水平的线条，但垂直的线条仍然垂直。

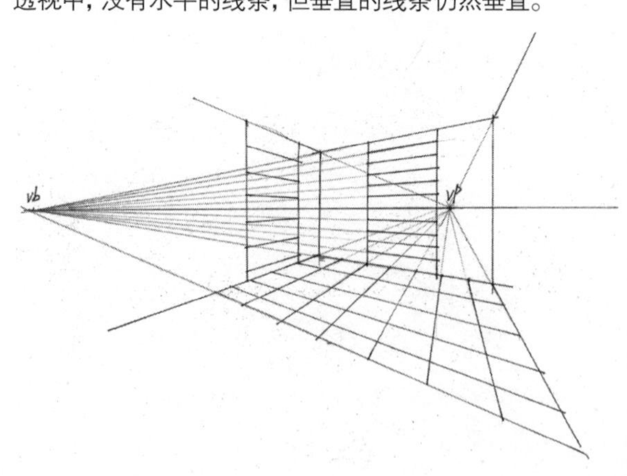

4.4.2 微角透视的画法

在正式画微角透视之前，应分析透视空间，确定室内空间各个物体的位置关系。

（1）确定视平线，并且绘制空间的矩形准基面。

（2）设置灭点*vp*，然后采用连接矩形准基面的方法绘制微角透视的准基面。微角透视空间中准基面的透视与一点透视有些细微的变化，切忌画成横平竖直的形态。

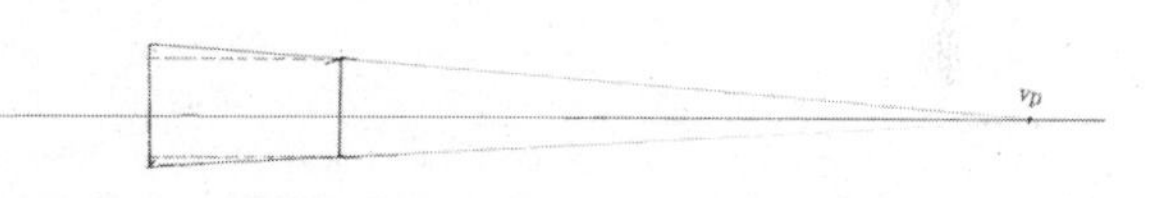

（3）设置灭点*vb*，注意灭点的位置一般处于靠近视点的一侧，然后由灭点*vb*连接准基面四角的方向绘制墙面的转折线。

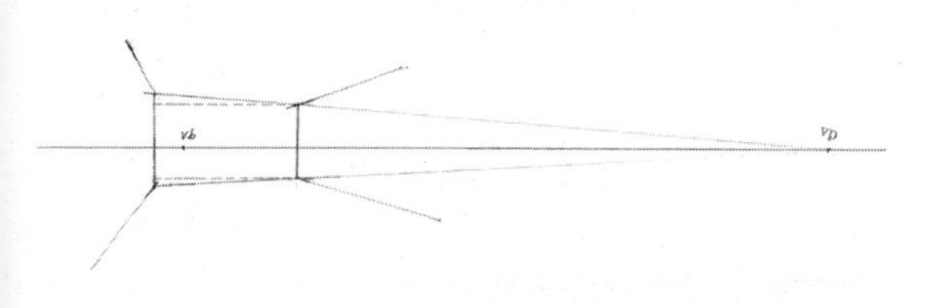

（4）分析家具的空间位置。连接灭点*vb*和*vp*绘制出家具的矩形阴影。

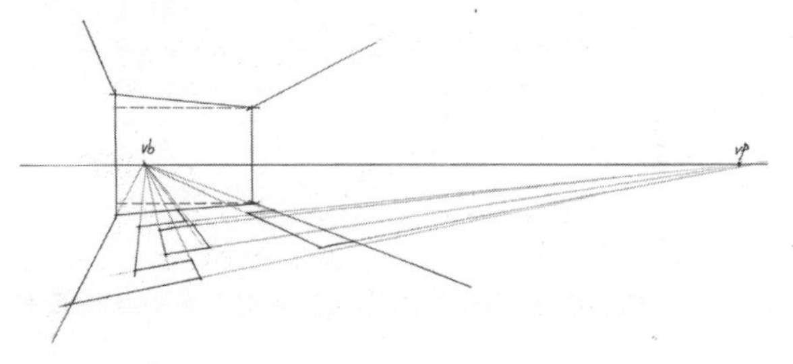

（5）根据灭点的方向绘制透视空间内的家具体块。

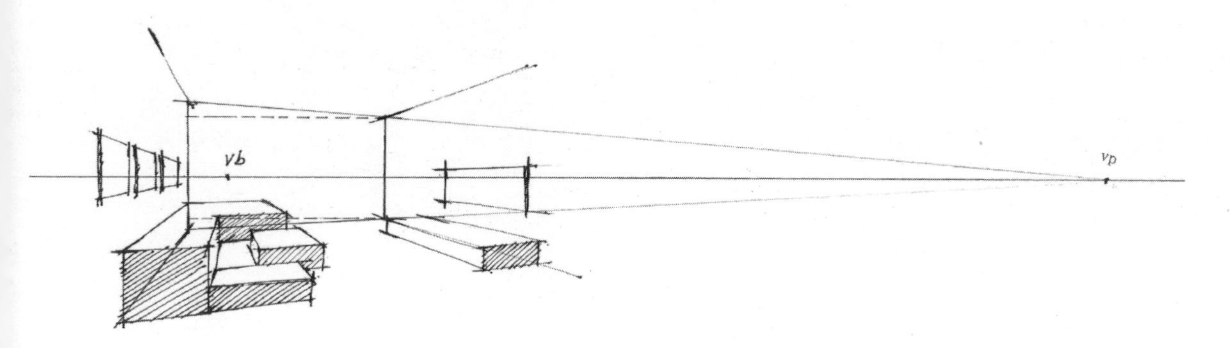

4.4.3 常见错误

第1点：没有明确一点透视和微角透视的区别。微角透视中应该是没有水平线的，要时刻注意线条的微微倾斜。

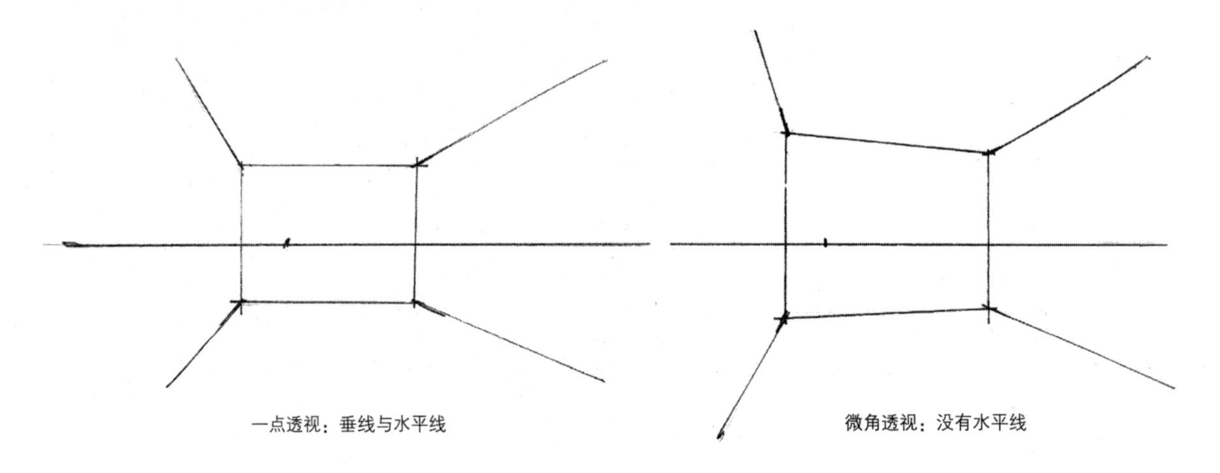

一点透视：垂线与水平线

微角透视：没有水平线

第2点：灭点的绘制出错。两个灭点应设立在距离较远的部位，如果设立过近，会导致画面变形。

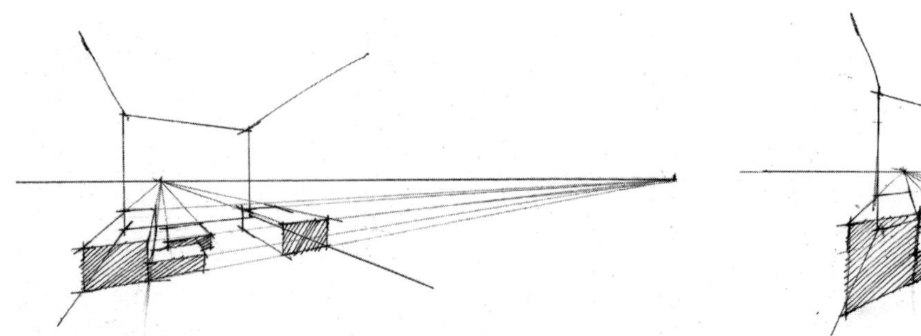

正确灭点的位置：灭点间距离较远，画面空间得当

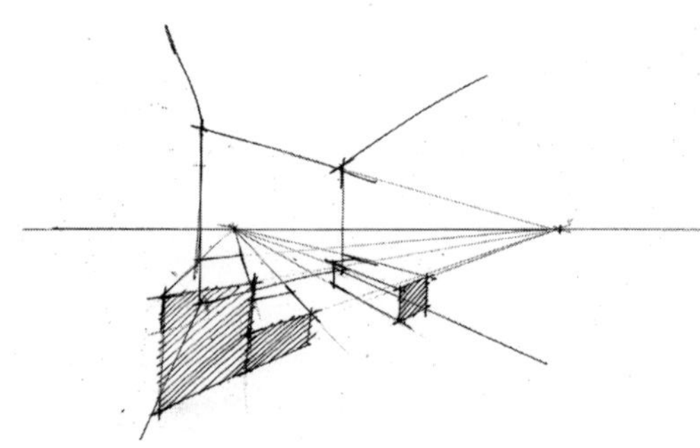

错误灭点的位置：灭点间距离较近，画面空间变形

4.4.4 微角透视空间训练

可以通过微角透视空间练习加深对微角透视的理解，从而增强自己的透视感知能力。

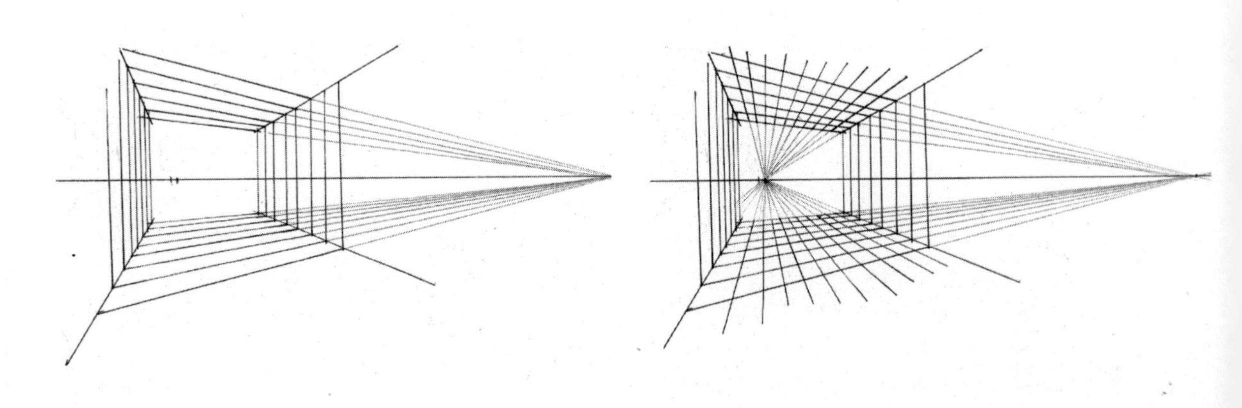

4.5 室内复合透视

室内空间中，家具和配饰的种类繁多，根据室内设计的需要，家具的摆放往往不会中规中矩地根据一点透视或者两点透视摆放，因此需要将前面所介绍的3种透视结合运用。

4.5.1 复合透视讲解

在绘制复合透视时，要注意结合一点透视与两点透视的特点，并联系前面所学的透视知识，活学活用，举一反三地应用在各种不同的室内空间当中。在复合透视中，可以根据各种不同透视的特性来进行绘制，下面介绍复合透视的画法。

（1）分析画面的透视类型，绘制室内空间的透视框架。

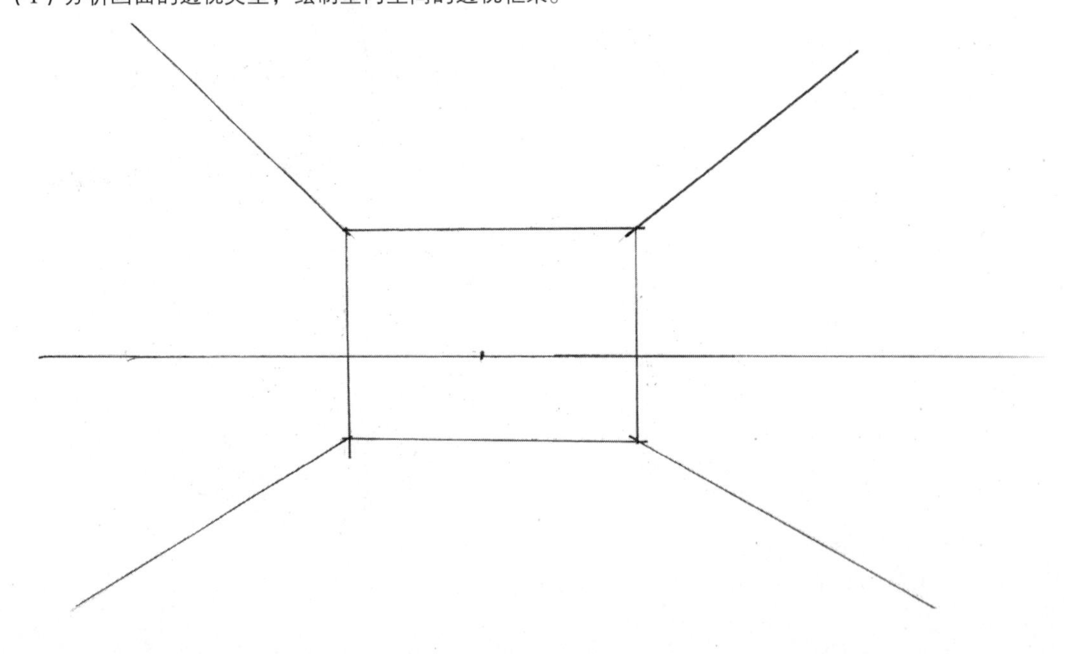

（2）分析透视图空间中的家具摆放位置，设置灭点1、2、3，并根据透视绘制家具的矩形阴影。

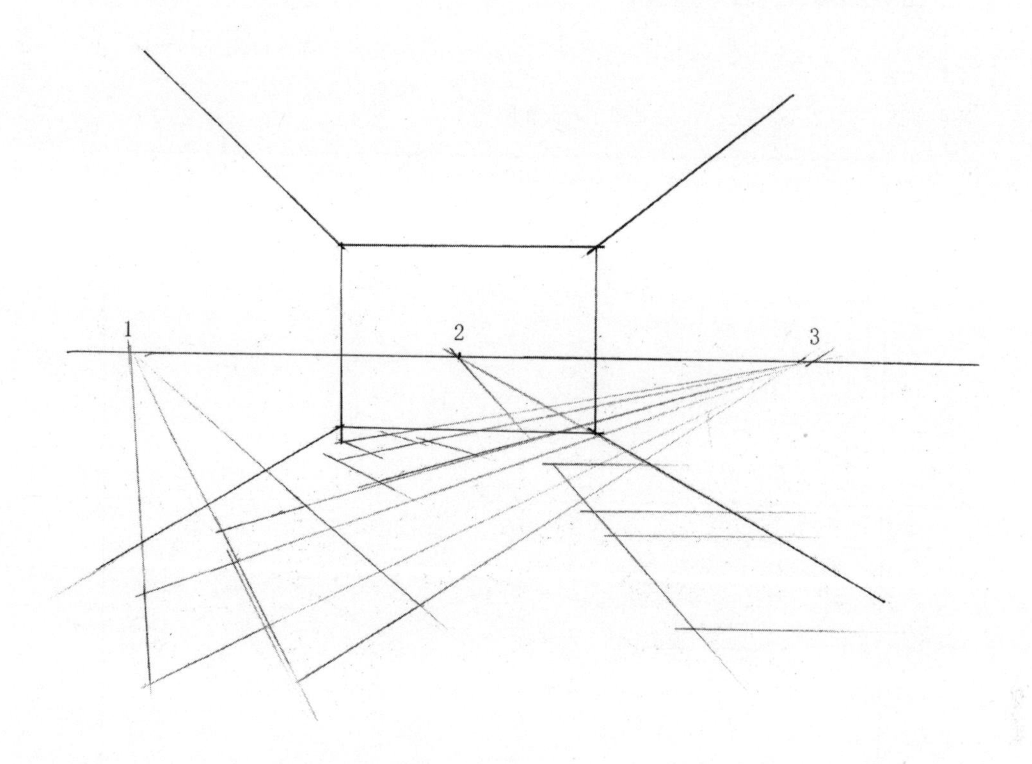

（3）确定家具的高，并连接灭点，绘制家具长方体轮廓。

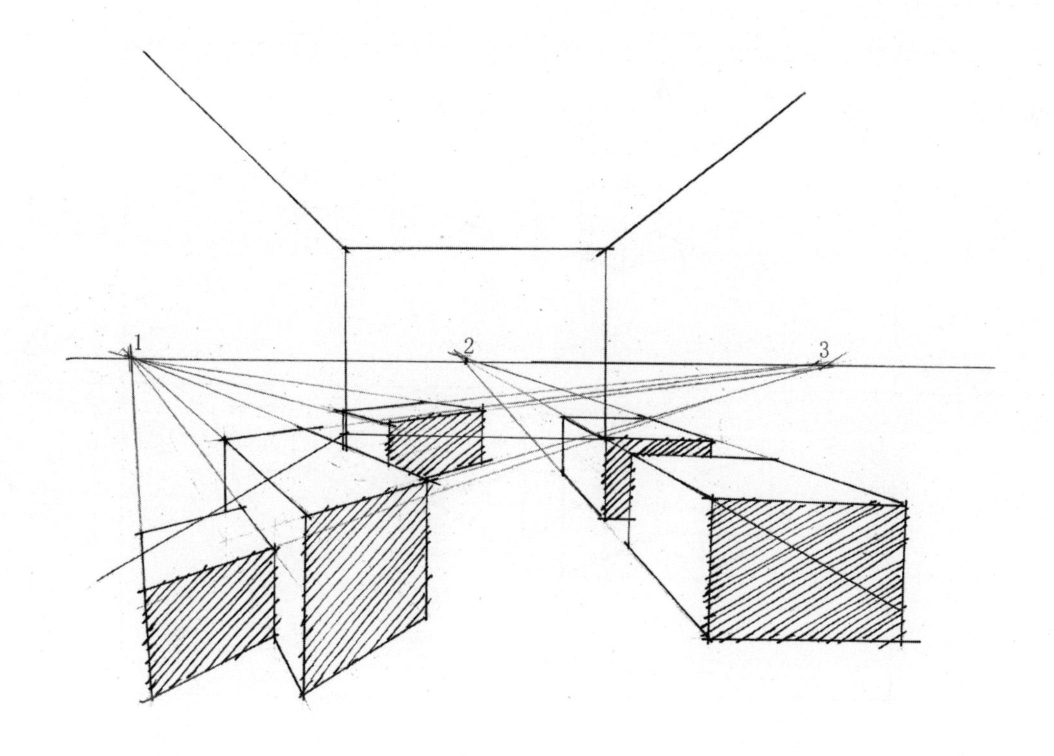

4.5.2 复合透视空间训练

1.方形练习

设置一条视平线，并设置不同的灭点，绘制多个方形轮廓。

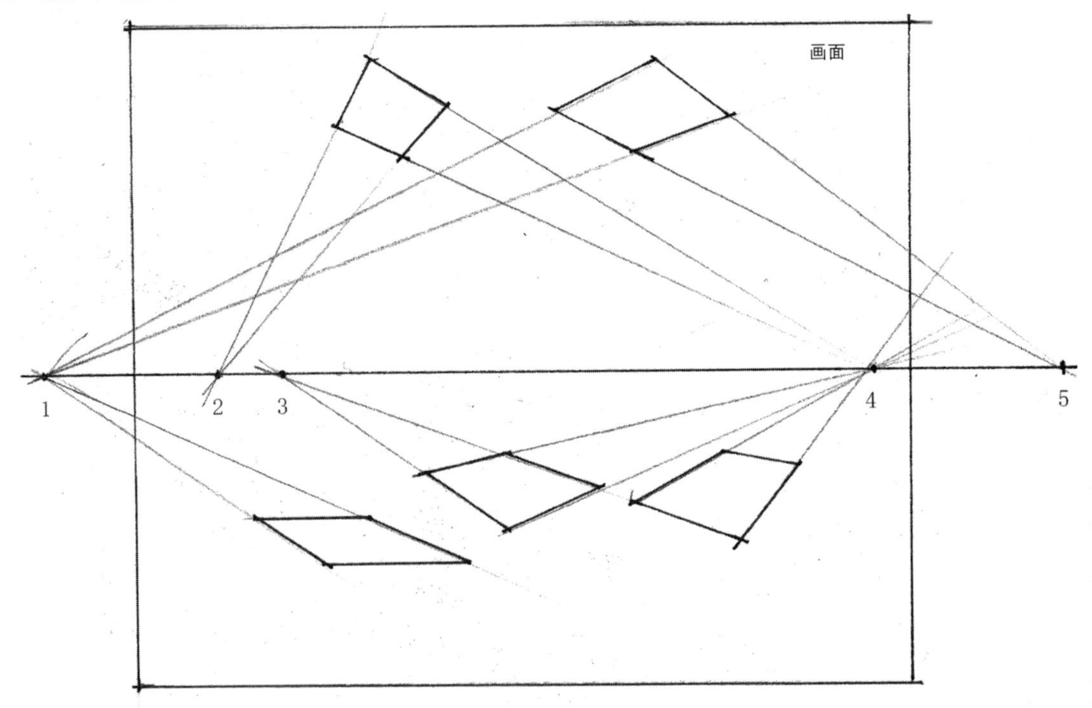

2.空间练习

在空间透视内绘制长方体。

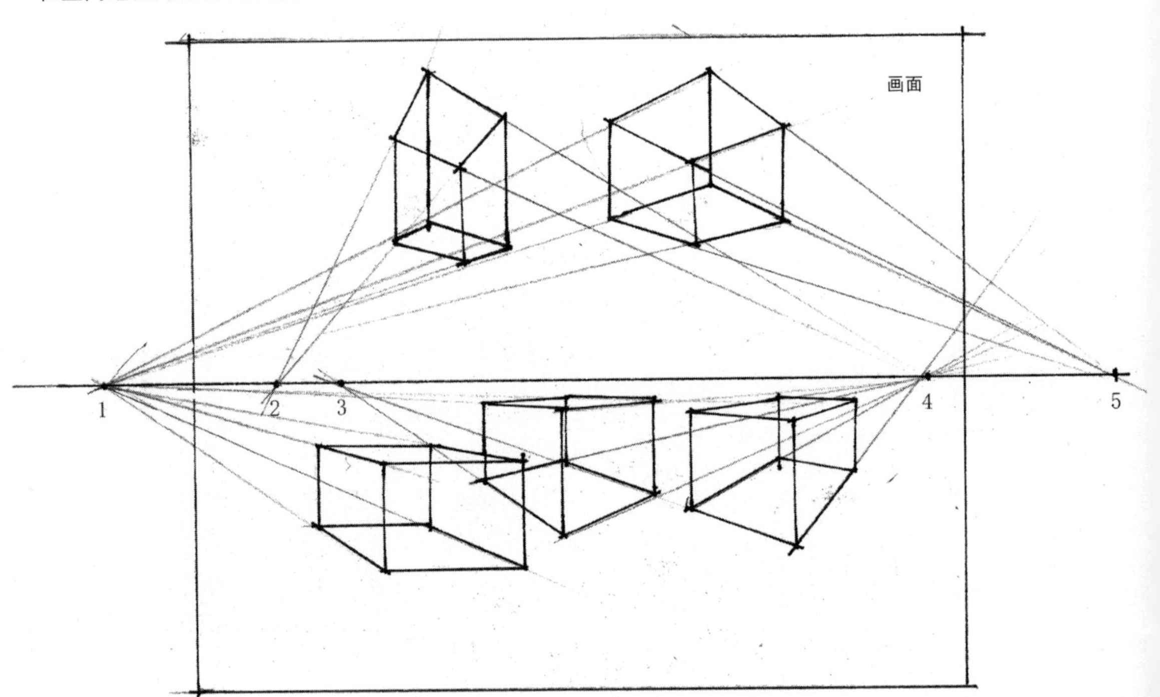

第 5 章

室内常见单体家具表现

5.1 沙发的画法

5.1.1 沙发的体块构造

将沙发拆开进行分析可以发现，看似复杂的沙发，其实是由几个简单的基本方块形体组合而成的。通过右图可以看出，沙发的各个部分都是由简单的方形体块所构成的。在绘制沙发的时候，要时刻注意每个部分的块面透视关系。

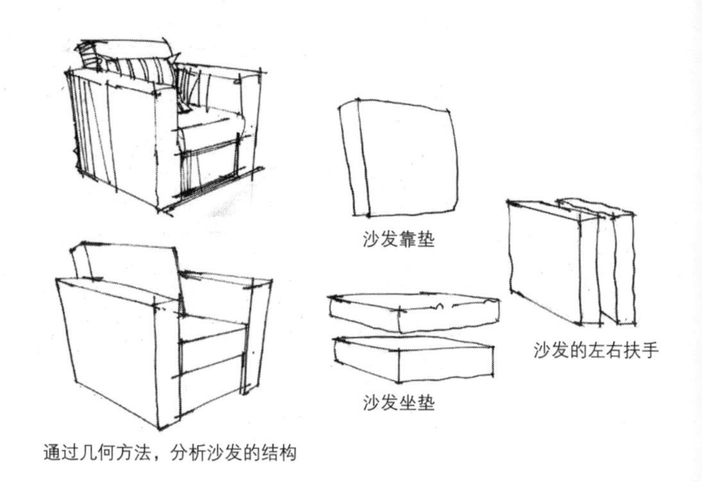

通过几何方法，分析沙发的结构

5.1.2 沙发的尺寸

在室内空间中，沙发的种类多种多样。用不同的风格设计出来的沙发的尺寸也略有差异。家具设计最主要的依据是人体尺度，如人在坐着时小腿的高度、大腿的长度及上身的活动范围。这些都与沙发尺寸有着密切的关系，所以沙发的尺寸是根据人体工程学确定的。

在这里，一般把沙发归纳为单人式、双人式、三人式和四人式。通过下面的介绍，大家可以了解每种沙发的尺寸规定。

单人沙发：深度850~900mm；坐高350~420mm；背高700~900mm；长度800~900mm。

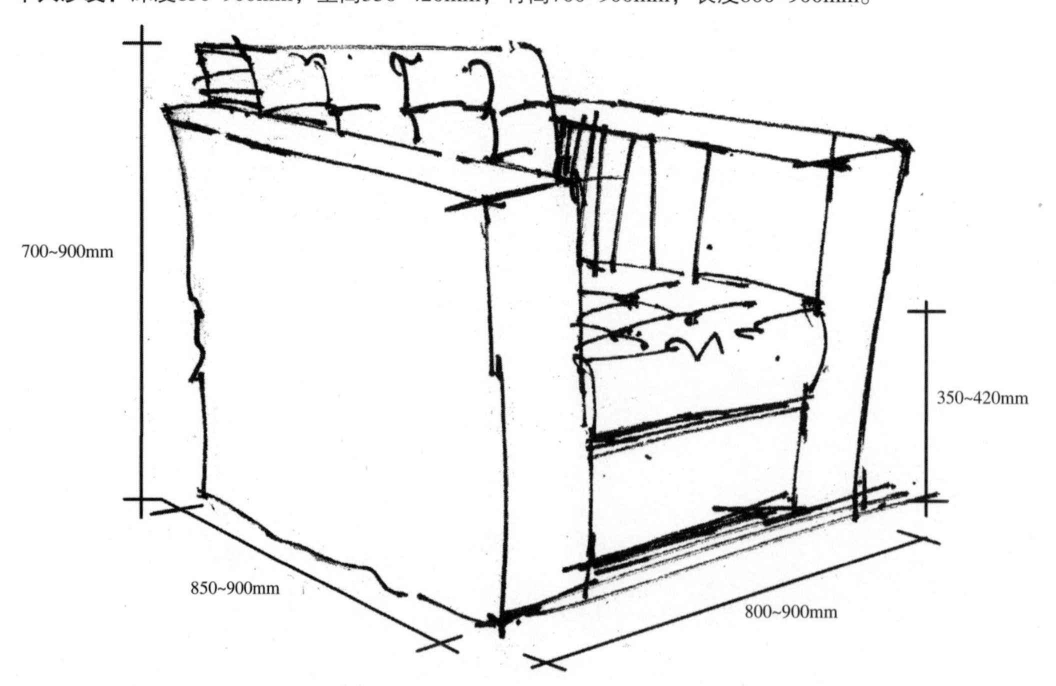

双人沙发：深度800~900mm；坐高350~420mm；背高700~900mm；长度1200~1500mm。

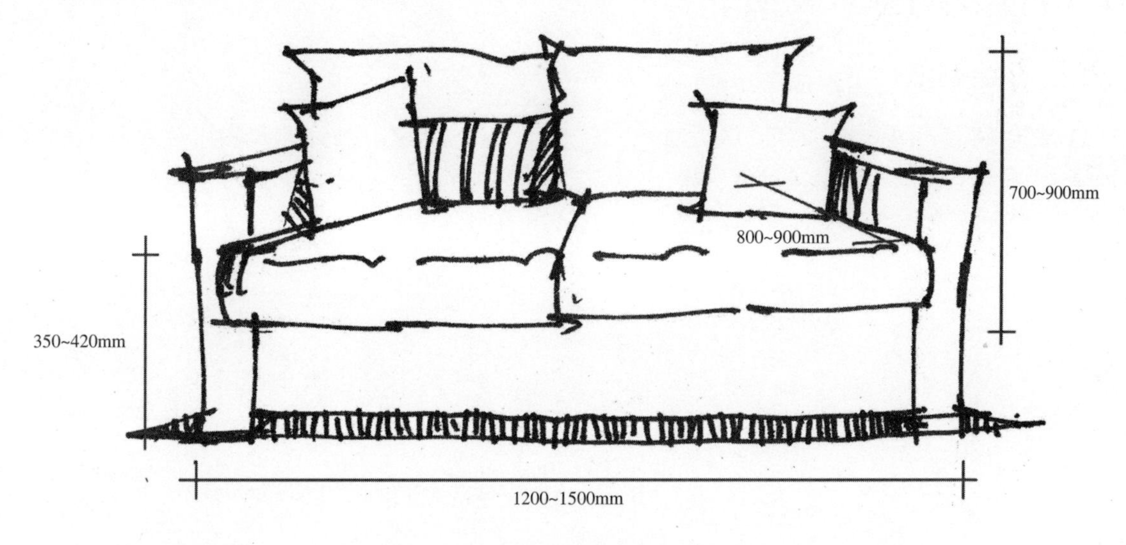

三人沙发：深度800~900mm；坐高350~420mm；背高700~900mm；长度1750~1960mm。

四人沙发：深度800~900mm；坐高350~420mm；背高700~900mm；长度2320~2520mm。

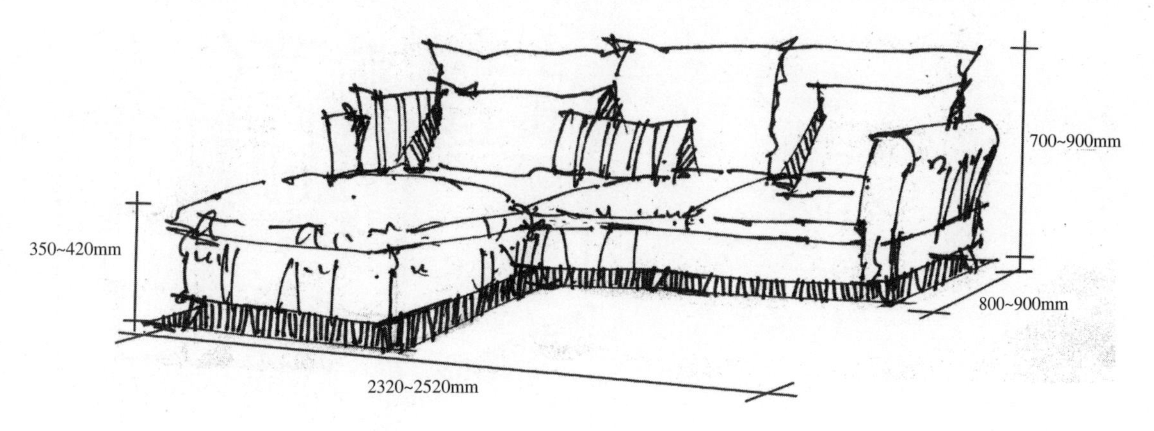

5.1.3 沙发的基本画法

1.阴影绘制法

(1) 设定视平线，并确定其上的灭点M。注意一个画面中只能有一条视平线，一点透视只有一个灭点。

（2）确定沙发的长度和深度，绘制出沙发的方形投影。

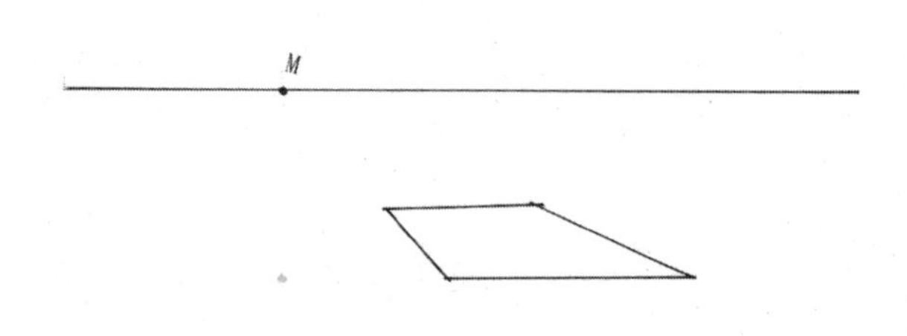

（3）将之前绘制的方形投影连接灭点，并根据沙发的高度画出长方体的轮廓。

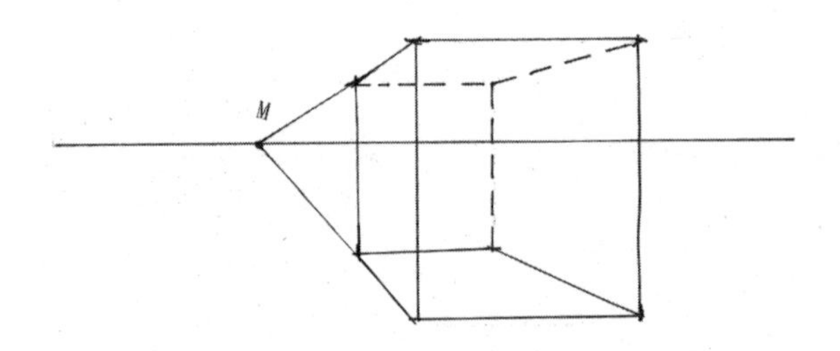

（4）根据沙发细部的比例和造型，准确地画出各个部位结构的连接状态。

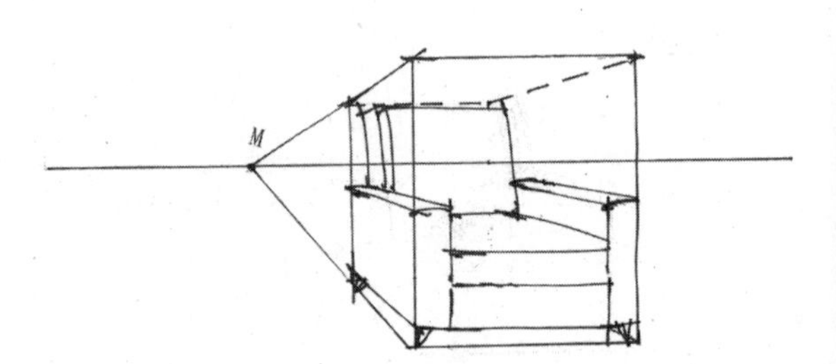

（5）擦去多余的辅助线，然后添加沙发的细节，加强明暗效果。

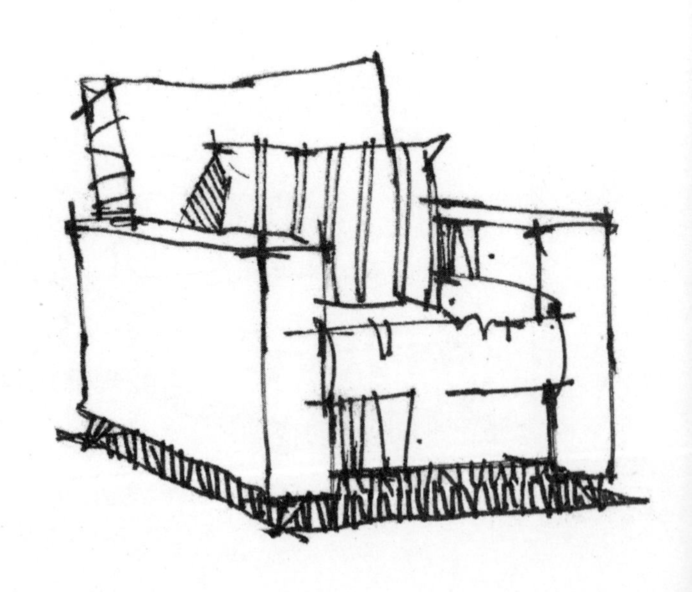

2.长方体绘制法

（1）先把沙发归纳为一个简单的长方体。

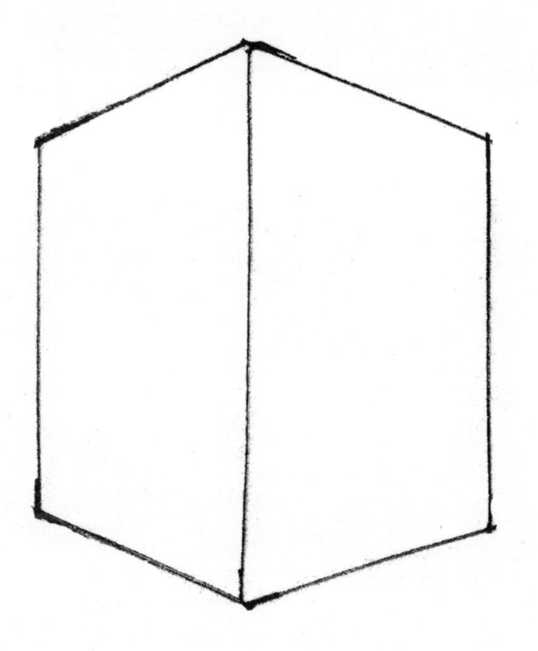

（2）在长方体里画出沙发的结构和比例关系，注意透视关系。

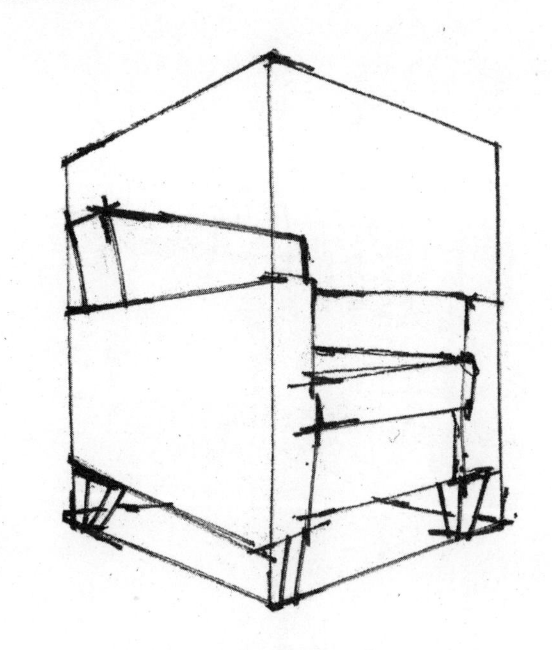

（3）细致地刻画出沙发的细节。

（4）加强沙发的明暗关系，增强视觉效果。

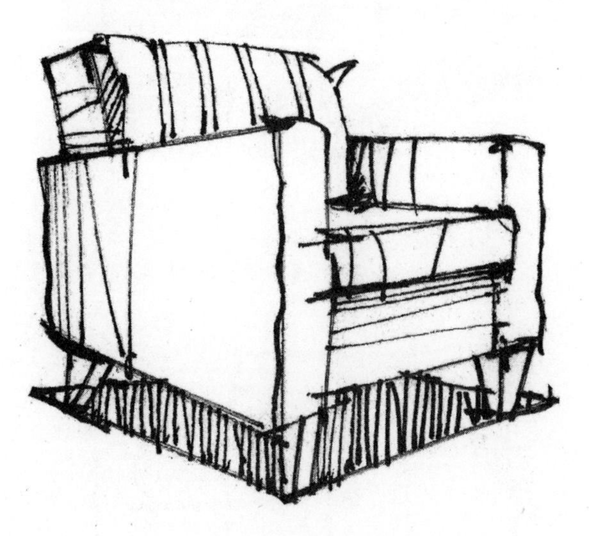

技巧与提示

当处理其他样式的沙发造型时，上面介绍的沙发绘制方法也同样适用。

3.视平线的绘制

在绘制沙发时，首先要确定沙发的透视角度。透视角度有3种：平视角度、俯视角度、仰视角度。下面把3种不同的透视角度展示出来，供大家在绘制家具时参考。

·平视角度

在这种情况下，视平线一般在沙发上，只能看到沙发的前面和侧面。

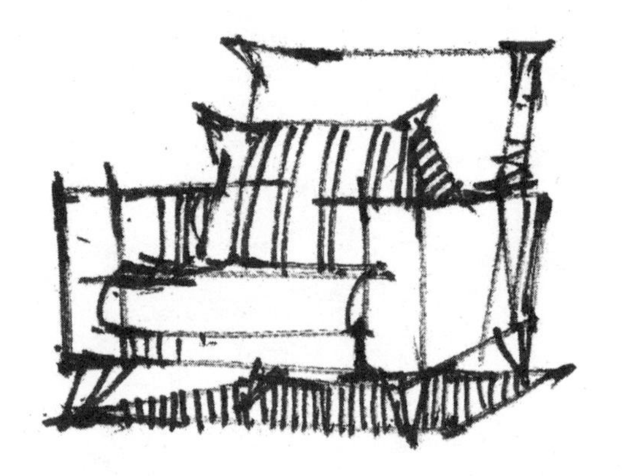

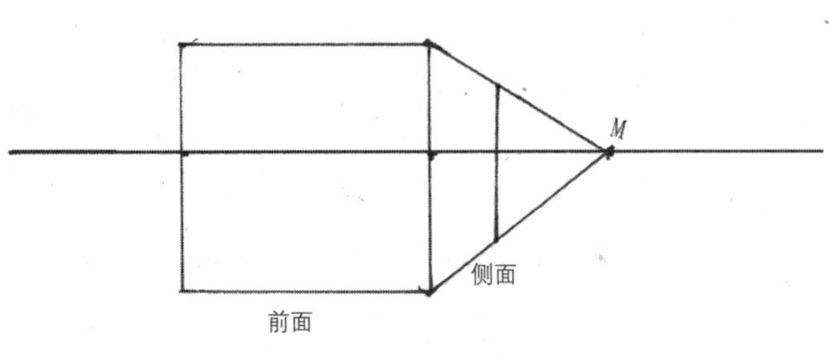

·俯视角度

在这种情况下，视平线一般在沙发的上方，能看见沙发的侧面、前面和顶面。

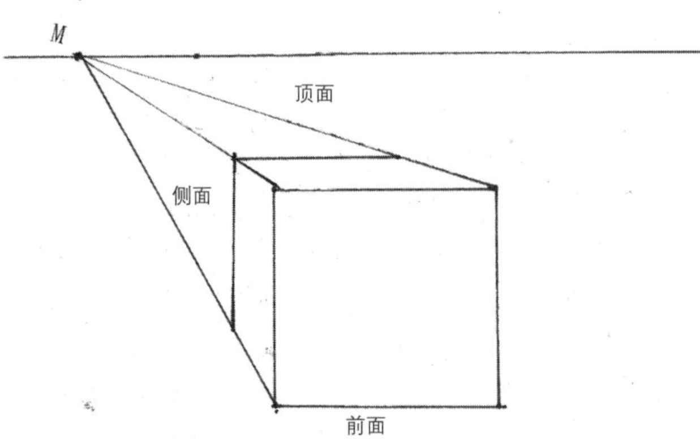

·仰视角度

这种情况在室内透视图中很少运用，只能看见沙发的底面、前面和侧面，视平线处在沙发的下方。

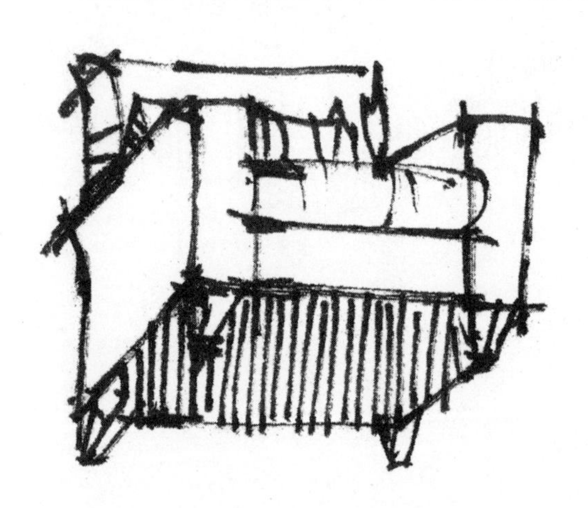

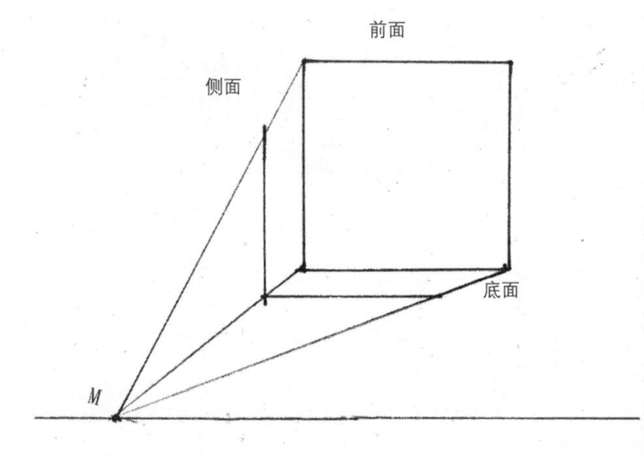

5.1.4 单人沙发的画法

1.一点透视法

(1)先画出视平线，并在视平行线上设立灭点M。

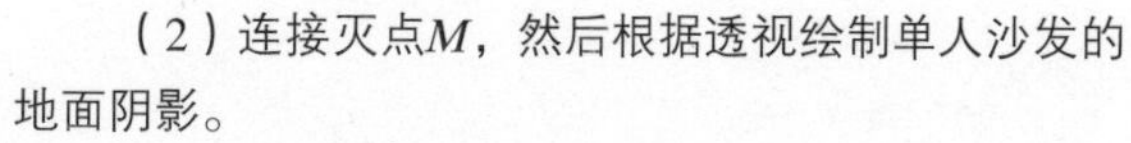

(2)连接灭点M，然后根据透视绘制单人沙发的地面阴影。

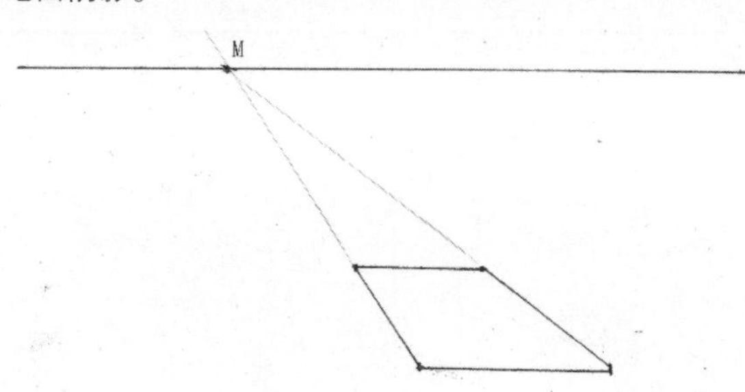

(3)在方形阴影上根据沙发的高度绘制沙发的长方体轮廓。

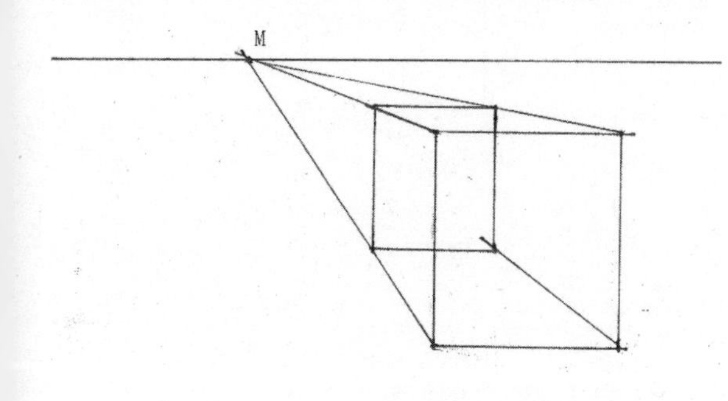

(4)在长方体轮廓里画出沙发的结构和比例关系，要注意透视关系。

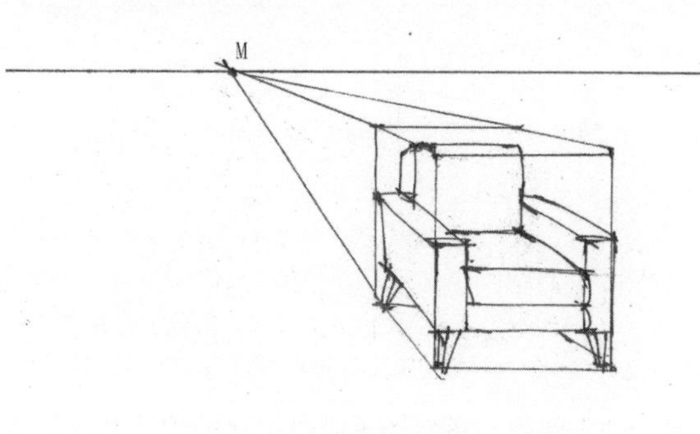

(5)刻画沙发的结构和细节。沙发的材质较为柔软，绘制时用线要柔和，不能太僵硬。

(6)加强沙发的明暗关系，增强视觉效果。

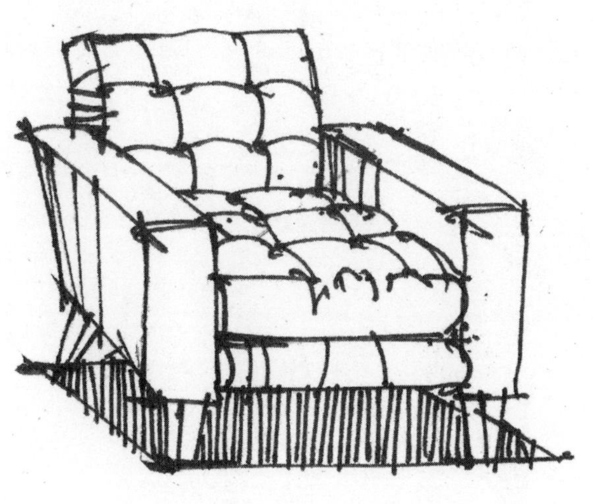

2.两点透视法

（1）先设立视平线，视平线的位置取决于人的视线。在这里将视平线确定在沙发上方。

（2）确定两个灭点M和N的位置。在两点透视原理中，涉及两个灭点的绘制，一般将其设立在视平线的两端。然后根据灭点的透视原理，绘制地面阴影。

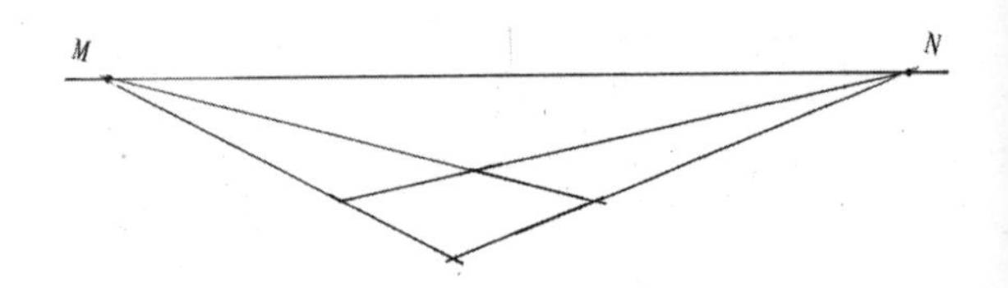

（3）根据沙发的高度比例确定方形的垂直线条。

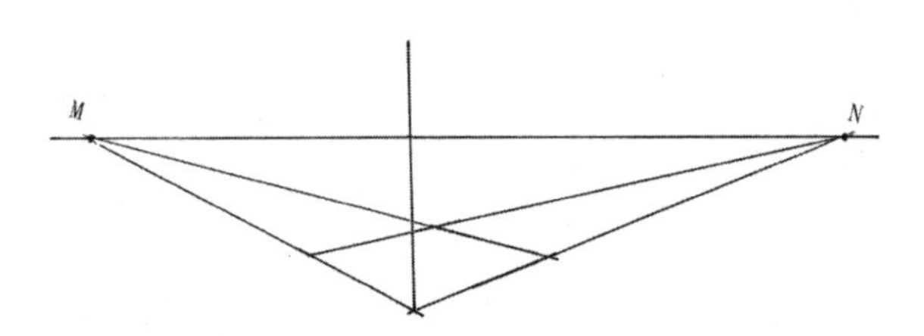

（4）通过连接透视的方法，绘制沙发的长方体轮廓。

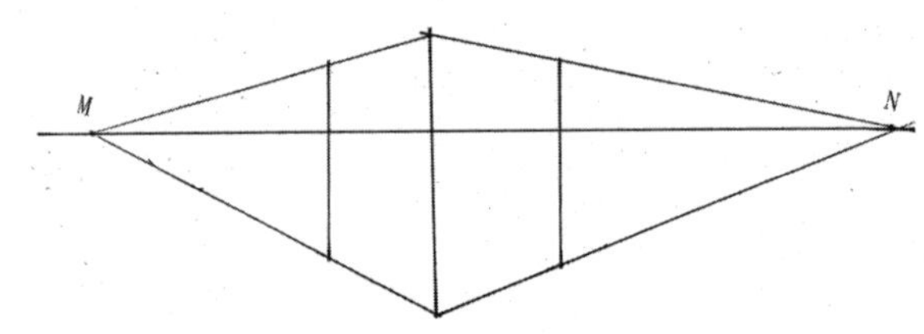

（5）在长方体轮廓里画出沙发的结构和比例关系，要注意透视关系。

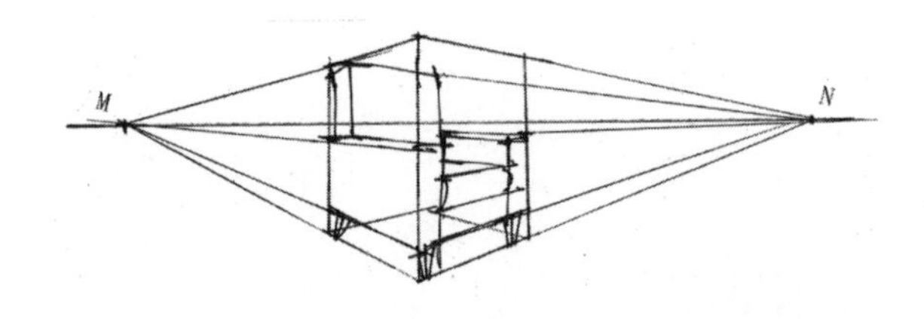

（6）刻画沙发的细节。

5.1.5 多人组合沙发的画法

1.一点透视法

（1）先设立视平线和其上的一个灭点的位置，在这里将视平线设立在多人沙发的上方。

（2）确定沙发的长和宽，根据阴影法绘制地面上的方形阴影，要注意透视关系。

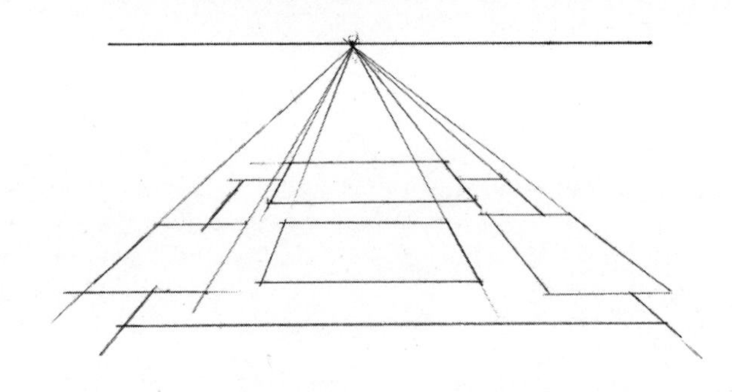

（3）在阴影上根据沙发的高度绘制出长方体轮廓。

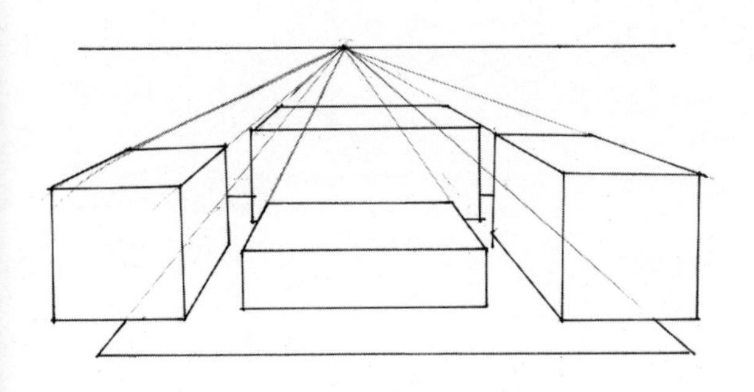

（4）在长方体轮廓中，画出沙发的结构和比例关系，要注意透视。

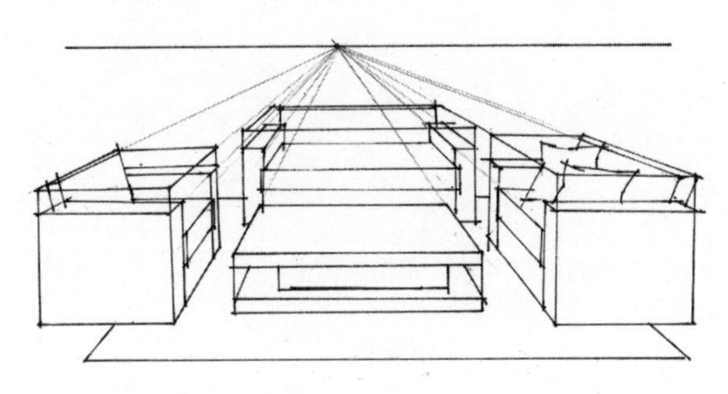

（5）刻画沙发的细节。

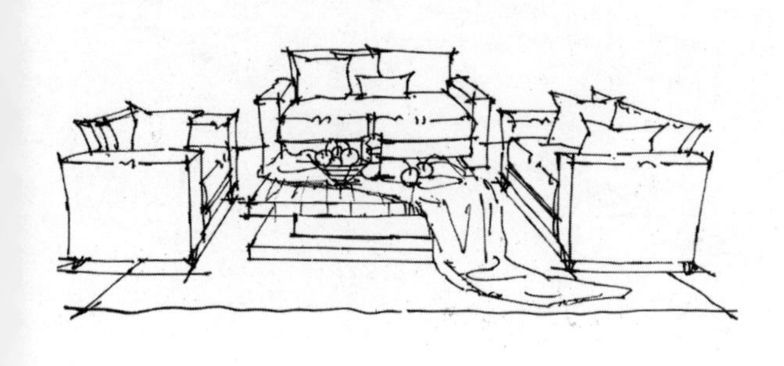

（6）添加阴影，加强明暗效果。

2.两点透视法

（1）先确定视平线和两个灭点的位置，在这里同样将视平线设置在沙发的上方，然后根据沙发的长宽比例绘制沙发的地面投影。

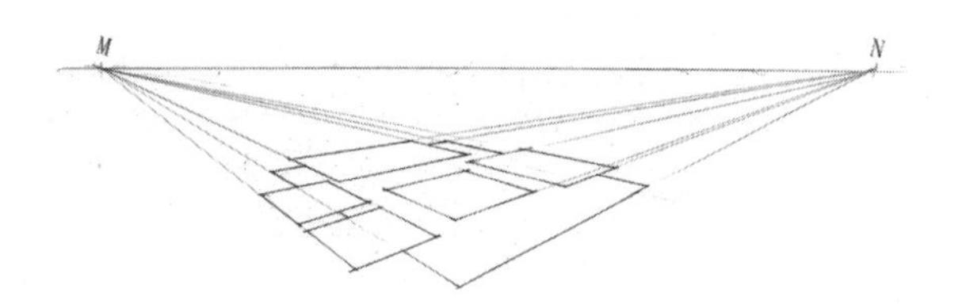

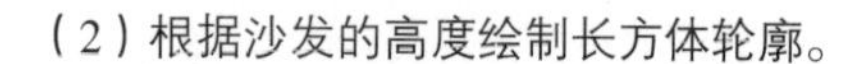

（2）根据沙发的高度绘制长方体轮廓。

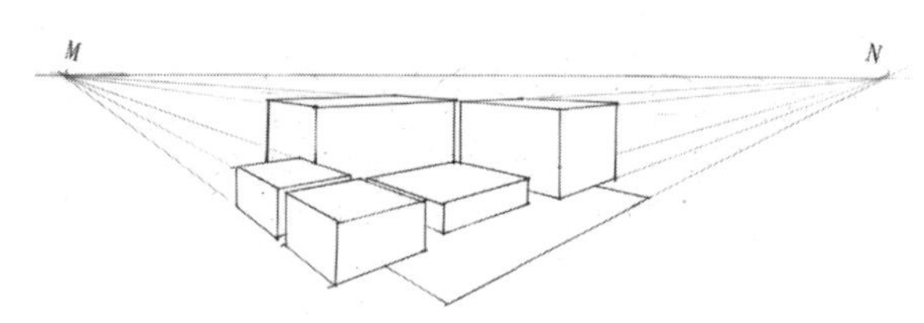

（3）根据沙发的比例和透视关系，在长方体内绘制沙发的结构。

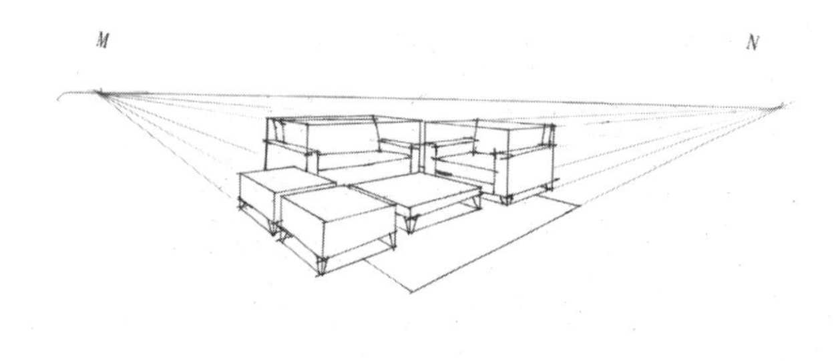

（4）去掉多余的线条，根据沙发的材质和细部，进行深入刻画。

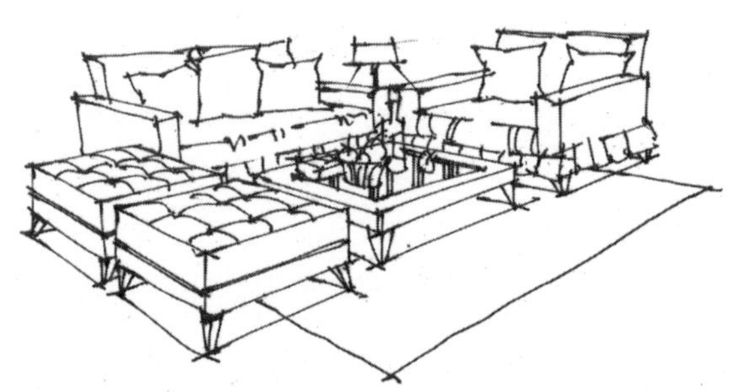

（5）添加阴影，完善画面。

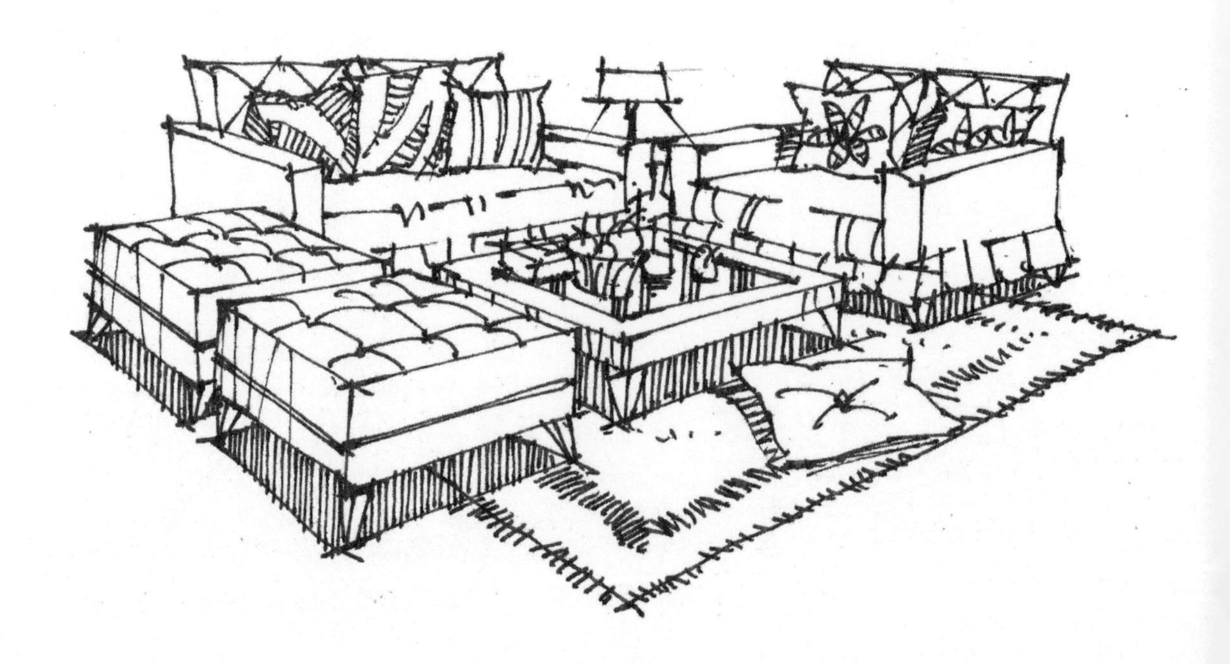

5.1.6 圆形沙发的画法

对圆形沙发进行几何分析，可以发现圆形沙发是由简单的圆柱体构成的。

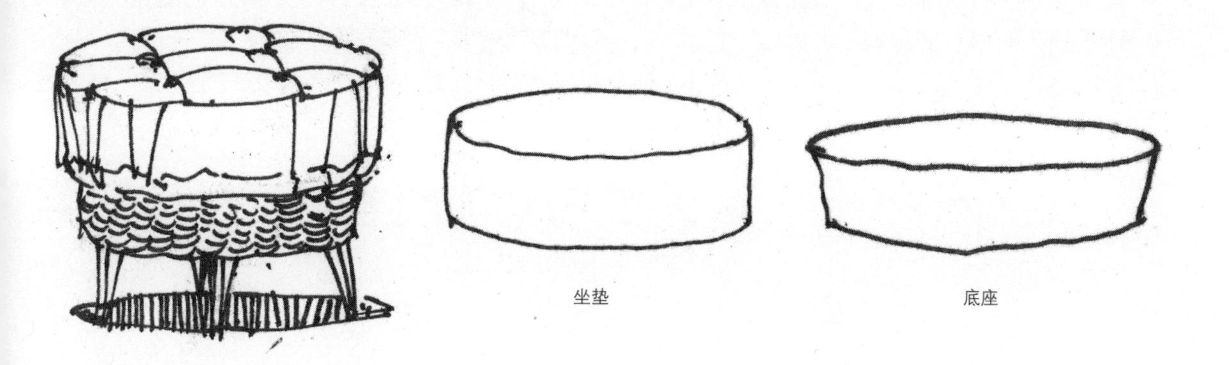

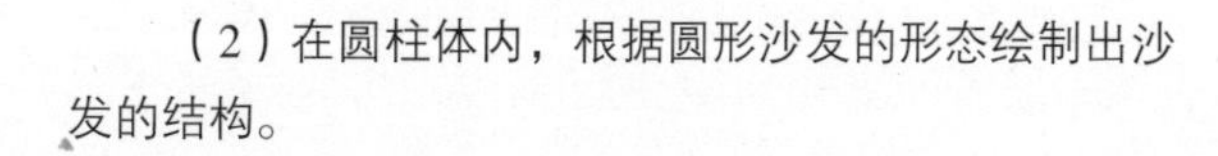

（1）绘制圆形沙发时可以先绘制出圆柱体。

（2）在圆柱体内，根据圆形沙发的形态绘制出沙发的结构。

（3）去掉多余的线条，用流畅的线条刻画沙发的细节。

5.1.7 转角沙发的画法

1.一点透视法

（1）先设立视平线和其上的灭点的位置，在这里同样将视平线设在转角沙发的上方。

（2）确定沙发的长和宽，然后根据阴影法绘制地面的方形阴影，要注意透视关系。

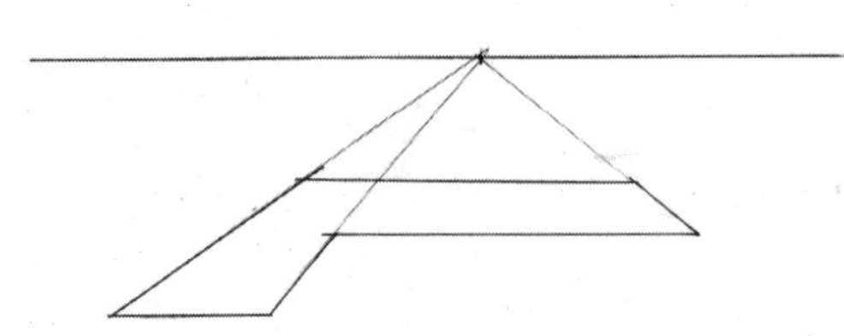

（3）在阴影上根据沙发的高度绘制出长方体轮廓。

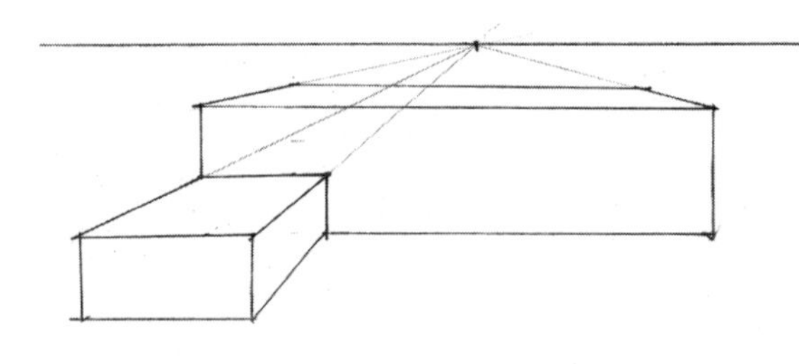

（4）在长方体轮廓中绘制出沙发的结构和比例关系，要注意透视。

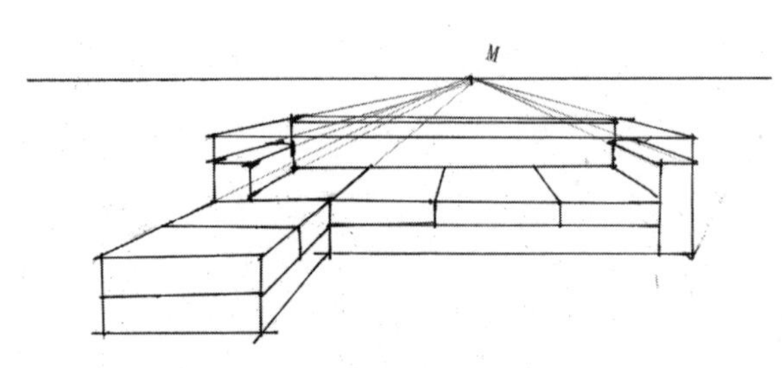

（5）刻画沙发的细节。

2.两点透视法

（1）确立视平线和两个灭点的位置，将视平线设置在沙发的上方。然后根据沙发的长宽比例绘制沙发的地面投影。

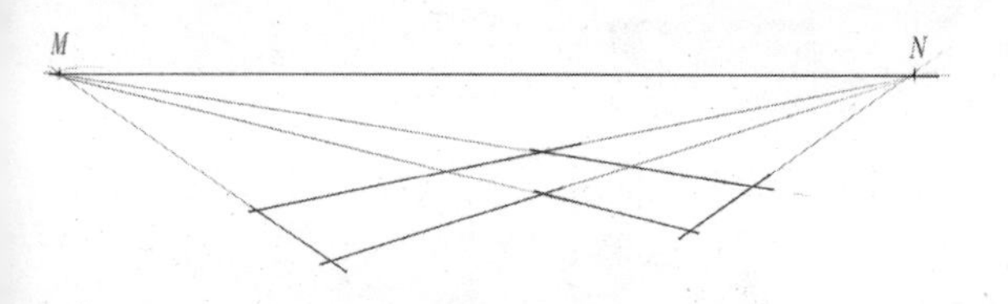

（2）根据沙发的高度绘制长方体轮廓。

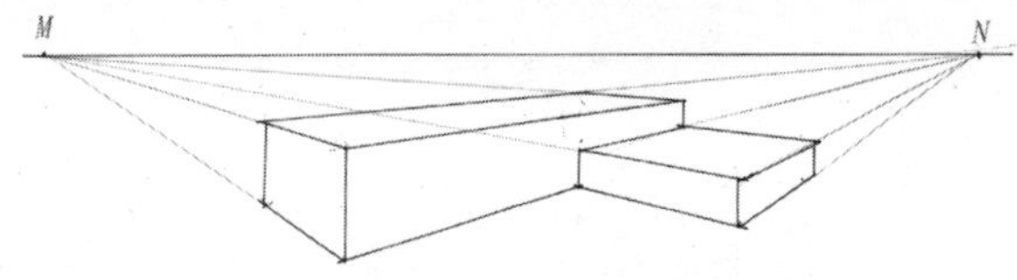

（3）在长方体轮廓内，根据沙发的比例及透视关系绘制出沙发的结构。

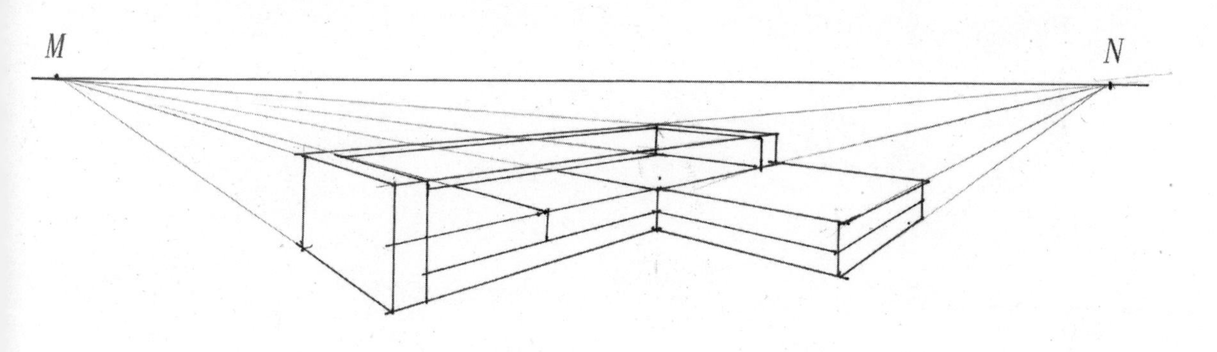

（4）去掉多余的线条，根据沙发的材质和细部进行深入刻画。

5.1.8 ▌沙发线稿图例▌

· 单人沙发

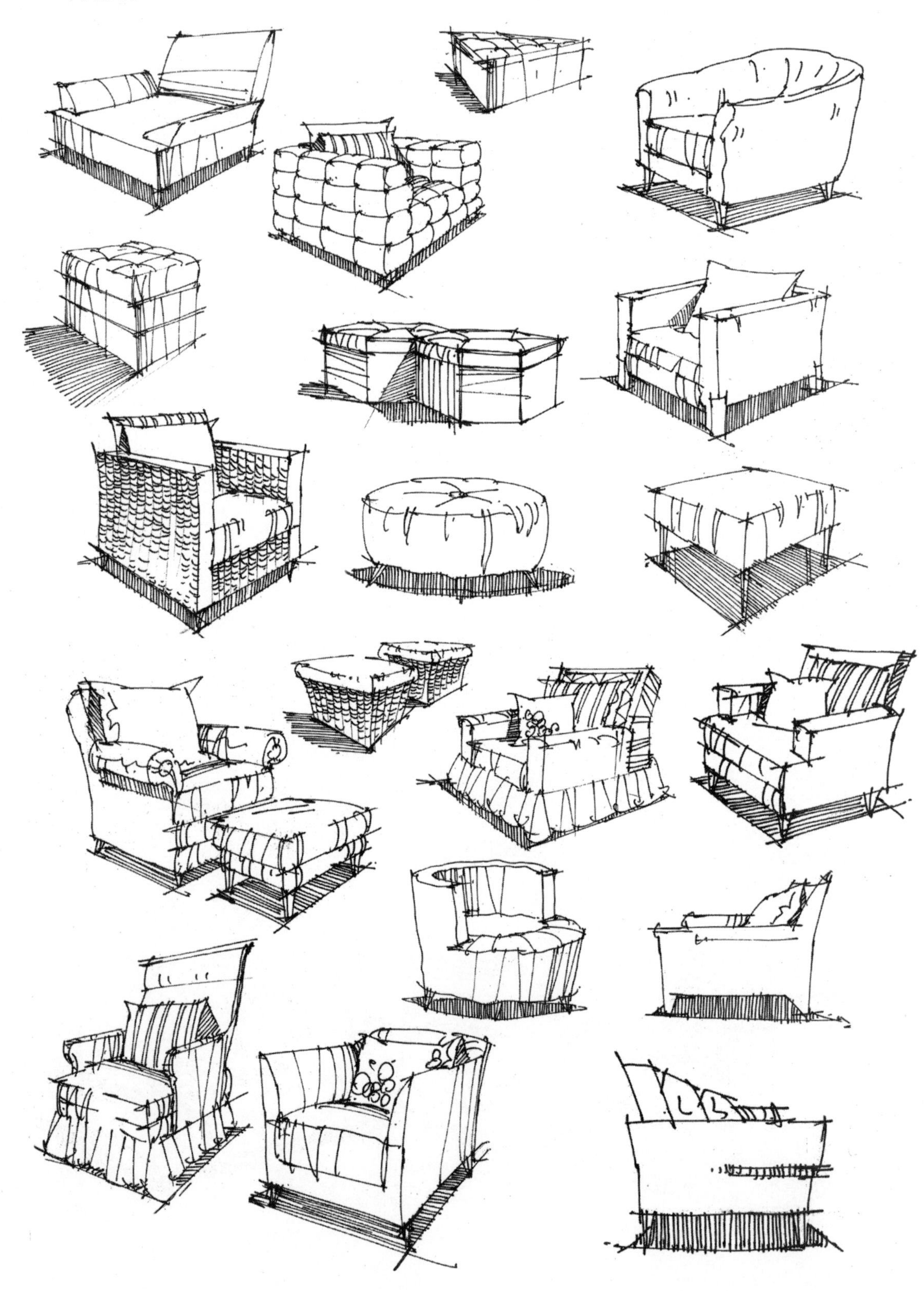

· 双人沙发

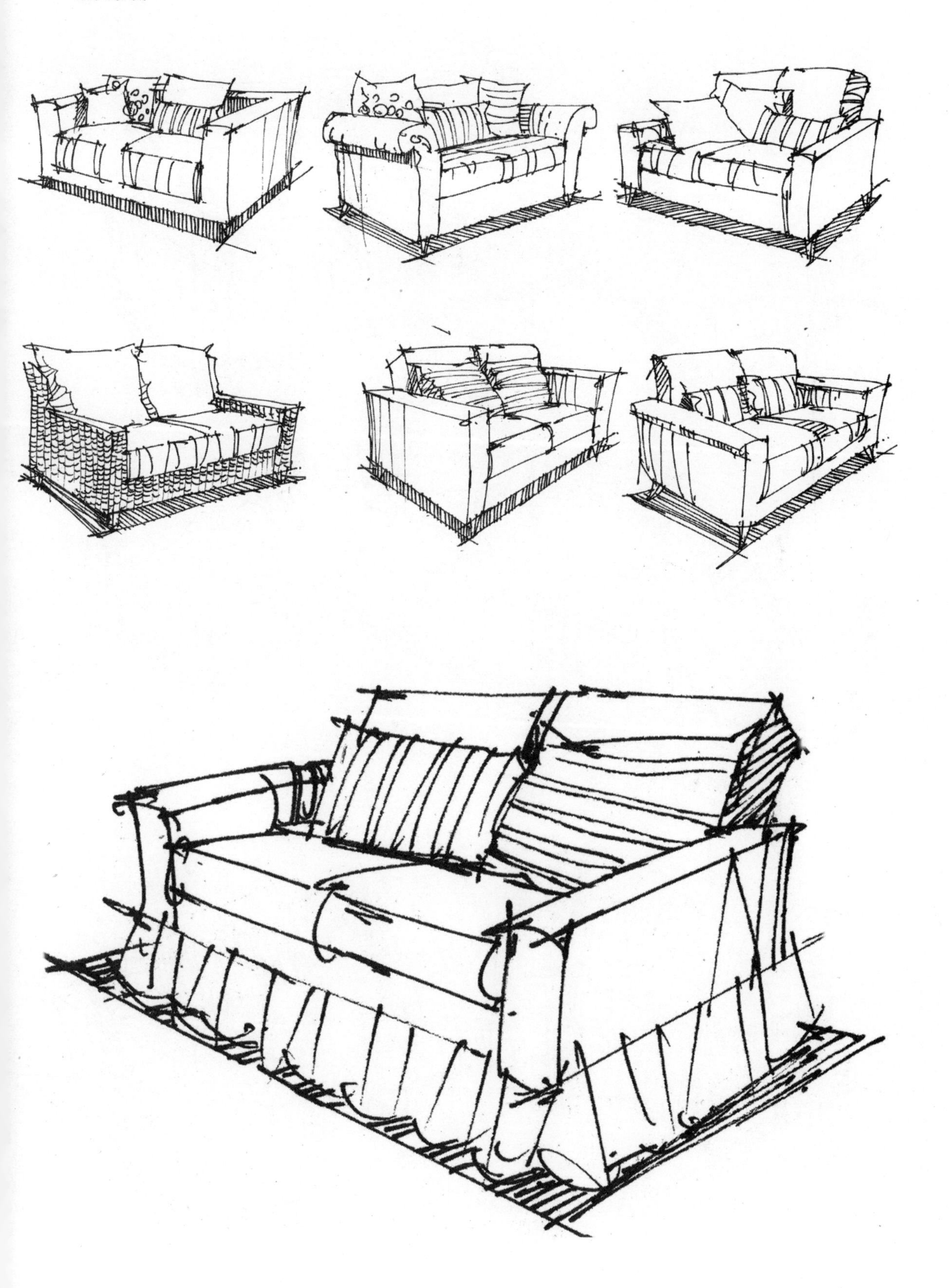

· 转角沙发

· 组合沙发

5.2 椅子的画法

5.2.1 椅子的体块构造

通过右侧的示意图可以看出，椅子与沙发一样是由几何体构成的。在绘制一些复杂的家具形体时，我们很容易被形体的外部结构所迷惑，导致在绘制过程中出现比例或透视的表现不当。出现这类问题是因为我们对家具的几何形体构造理解得还不够透彻。

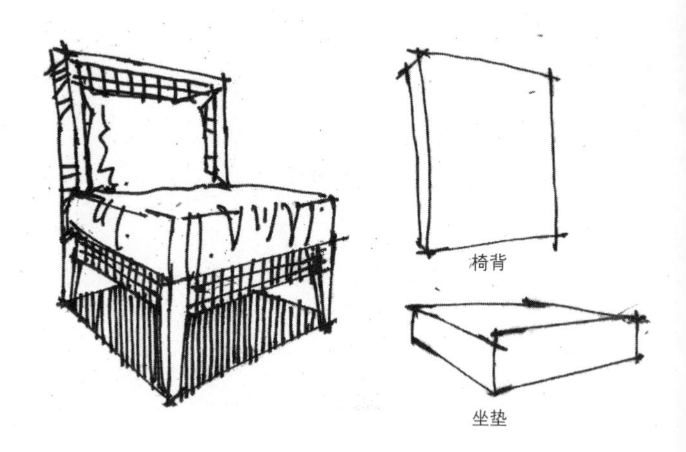

5.2.2 椅子的尺寸

在室内空间中，椅子的种类多种多样。根据不同的使用目的，设计出来的椅子的尺寸也是略有差异的。下面举一些例子，方便大家学习。

竹凳与竹式凳：是指在家庭中常用的竹制小凳。其尺寸有大有小，常见的是240×180×240mm。

圆凳：这种凳子造型多样，曲线婀娜。其尺寸也有大有小。一般常见的圆凳的直径为500~600mm，而高度大多在500mm左右。

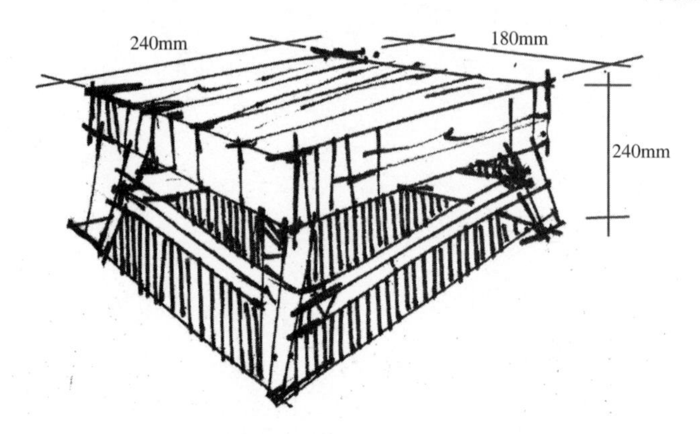

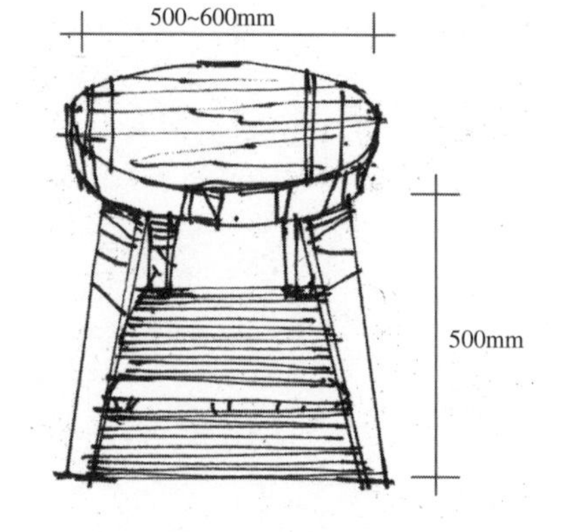

靠背椅：这是室内空间中常见的家具，坐深为380~420mm；坐宽不小于380mm；扶手高度为200~250mm。

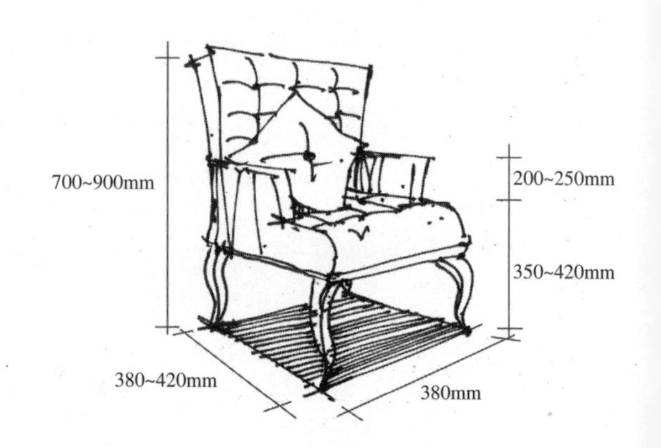

5.2.3 椅子的基本画法

1.阴影绘制法

（1）确定视平线和灭点，并绘制椅子的阴影。

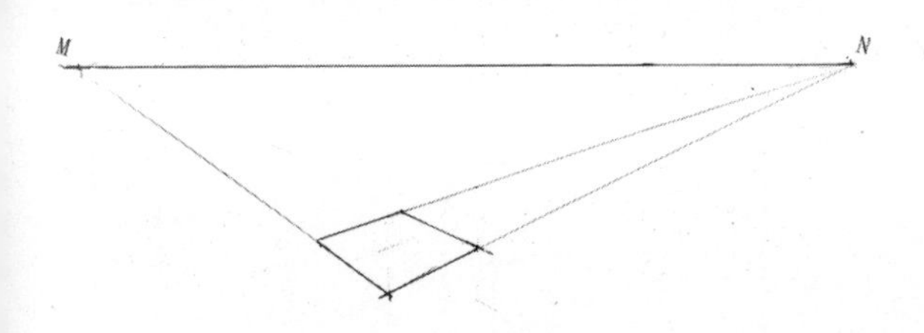

（2）依照椅背的高度，绘制长方体轮廓。

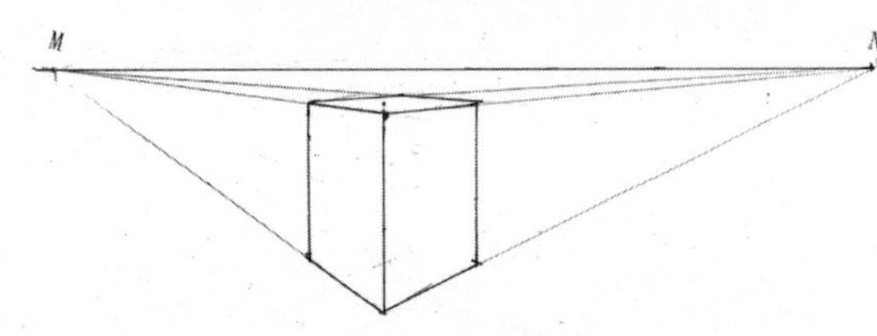

（3）在长方体轮廓内，根据椅子的造型比例、透视关系绘制其结构。

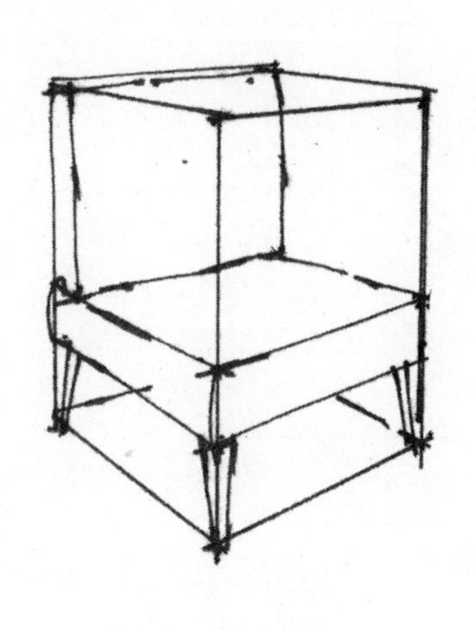

（4）根据椅子的材质刻画细部。由于椅垫较为柔软，所以线条可以柔和一些。

（5）刻画明暗关系，完成。

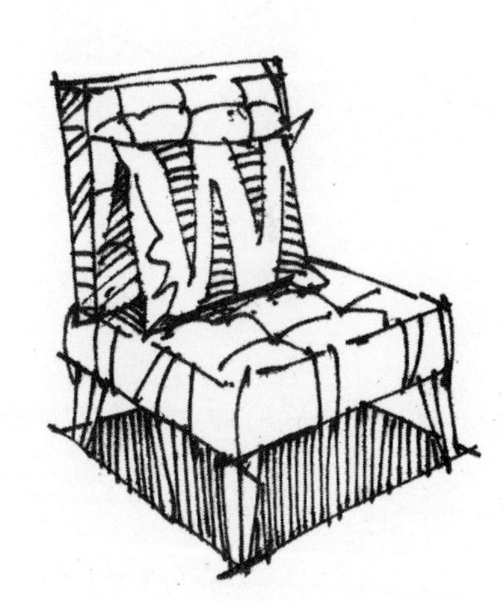

2.长方体绘制法

（1）依照椅子长、宽、高的比例，将椅子归纳为一个简单的长方体。

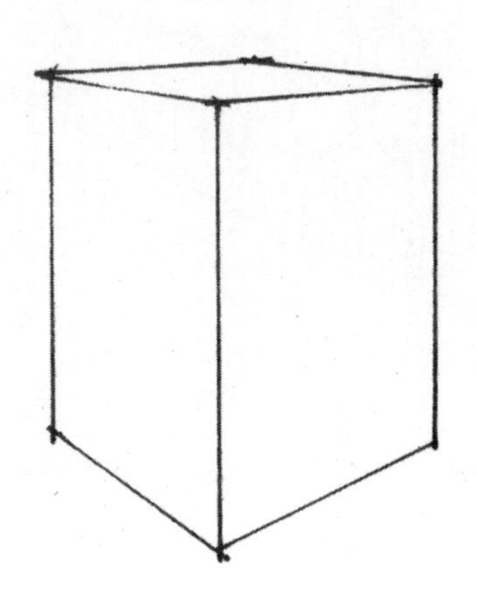

（2）在长方体里画出椅子的结构和比例关系。

（3）细致刻画椅子的细节。

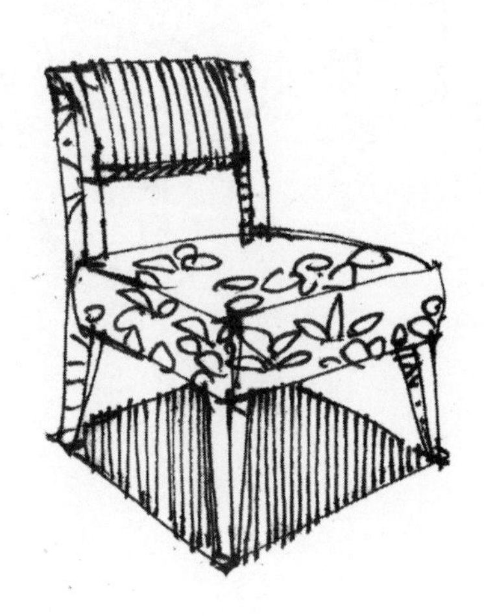

5.2.4 现代风格椅子的画法

现代风格是比较流行的一种风格，也称为功能主义，是工业社会的产物。现代风格的椅子讲究造型简单、大方、实用，并且富于个性化。

（1）可运用阴影绘制法，先绘制椅子的阴影。

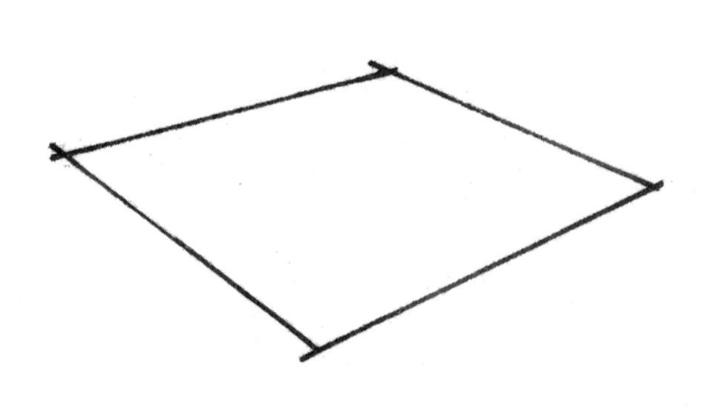

（2）根据椅子的高画出长方体。

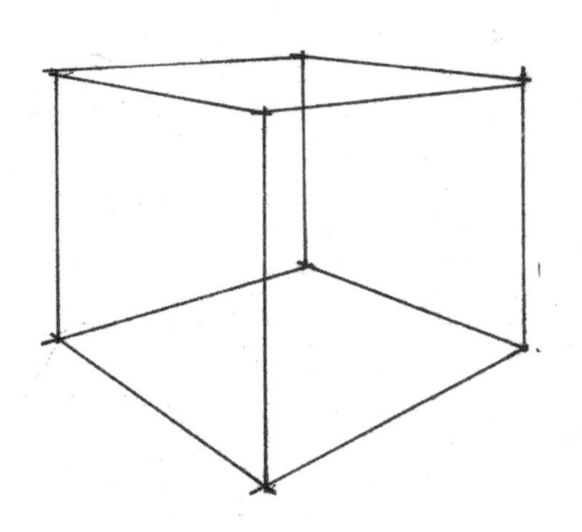

（3）在长方体内刻画椅子的结构和坐垫。

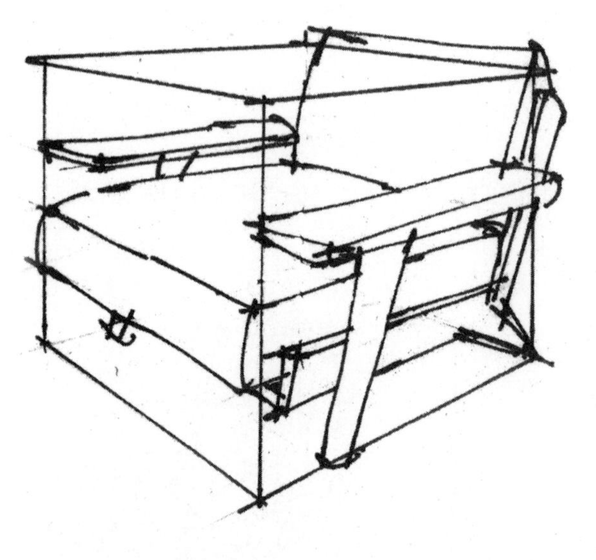

（4）细致刻画椅子并添加阴影。

5.2.5 欧式风格椅子的画法

欧式风格主要有法式风格、意大利风格、西班牙风格、英式风格、地中海风格、北欧风格等几大流派。在欧式风格家具中，柚木、桃花心木、樱花木、橡木都是常见的木种，欧式家具实质上就是采用名贵实木手工制作而成，并伴有弧形或者涡状雕刻装饰的家具。欧洲古典风格的家具一定要材质好才显得有气魄。

（1）先绘制出椅子的地面阴影，然后按照椅子的比例，绘制出长方体。

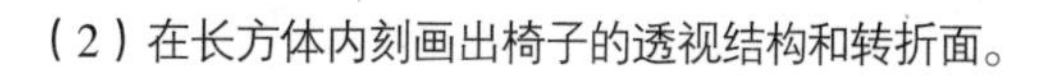
（2）在长方体内刻画出椅子的透视结构和转折面。

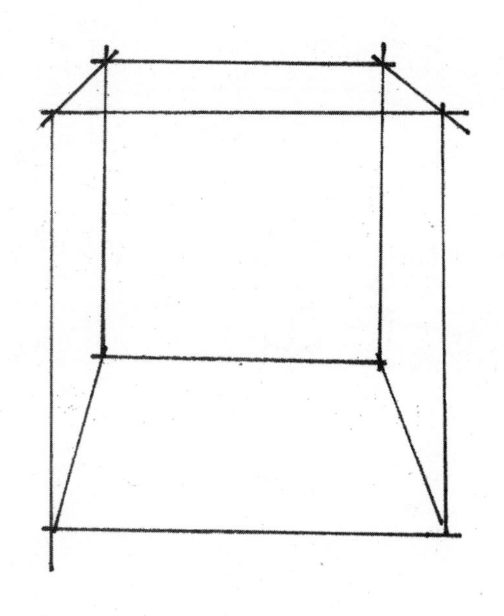

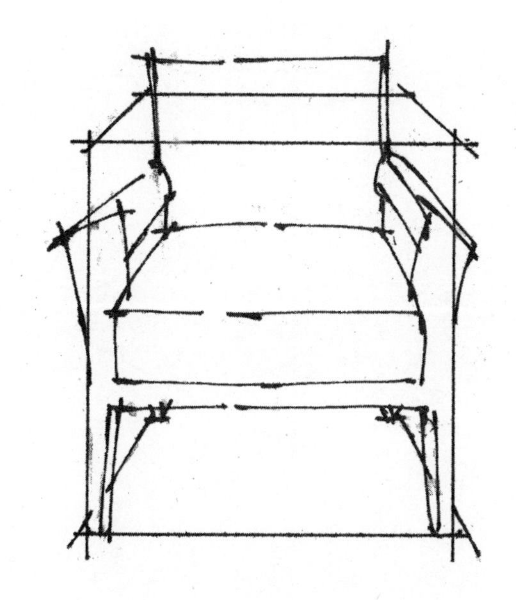

（3）刻画出椅子的材质。

（4）利用线条排列增加椅子的明暗关系。

5.2.6 中式风格椅子的画法

中国传统的家具设计融合了庄重、典雅的双重气质。中式风格更多地利用了后现代手法，把传统的家具结构通过现代的设计观念，重新设计组合以另一种民族特色的标志符号出现。中式椅子有很多种，如圈椅、交椅等。一般都以木结构为主，中式风格都会用比较对称的形式展现。

（1）按照阴影绘制法绘制出椅子的长方体轮廓。

（2）绘制出椅子的结构，注意椅子的透视。

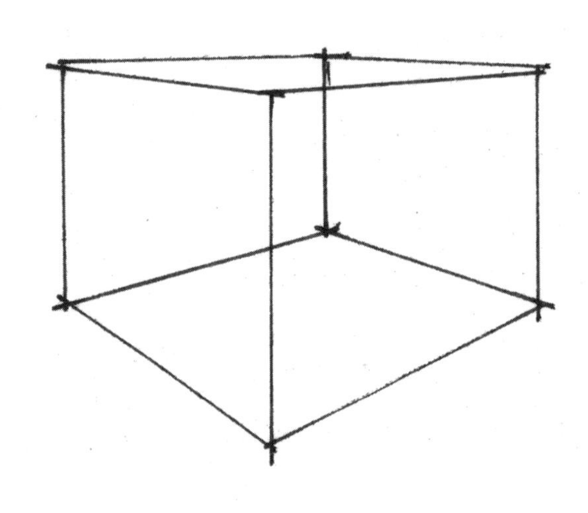

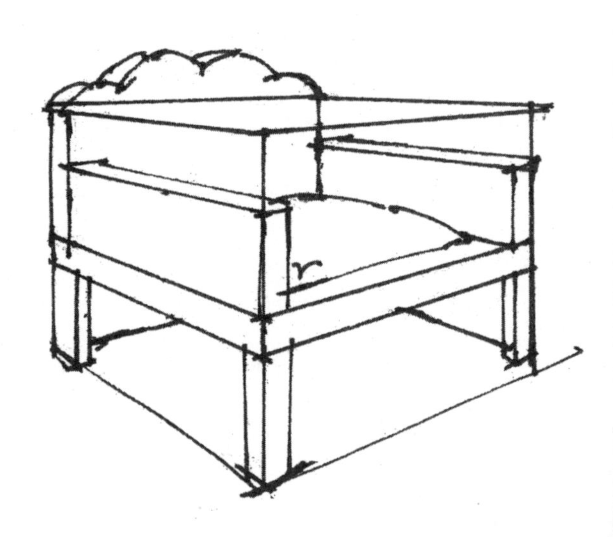

（3）去掉多余的线条，使画面更加干净、利落。然后用线条刻画出椅子的细节部分，接着添加中式的雕刻装饰。

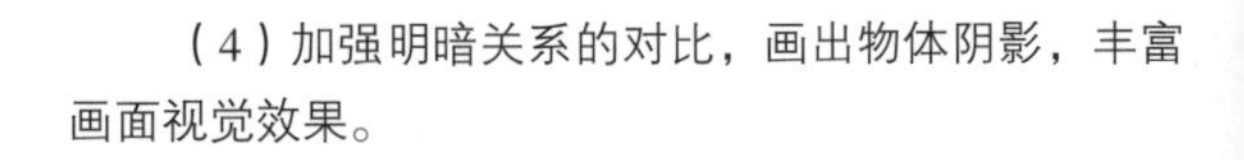

（4）加强明暗关系的对比，画出物体阴影，丰富画面视觉效果。

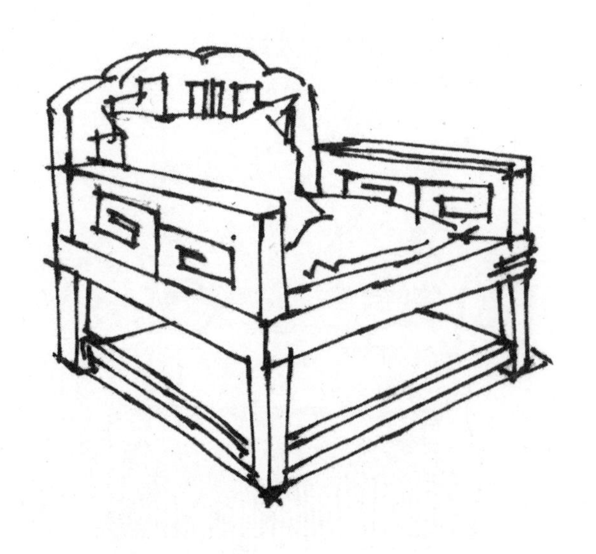

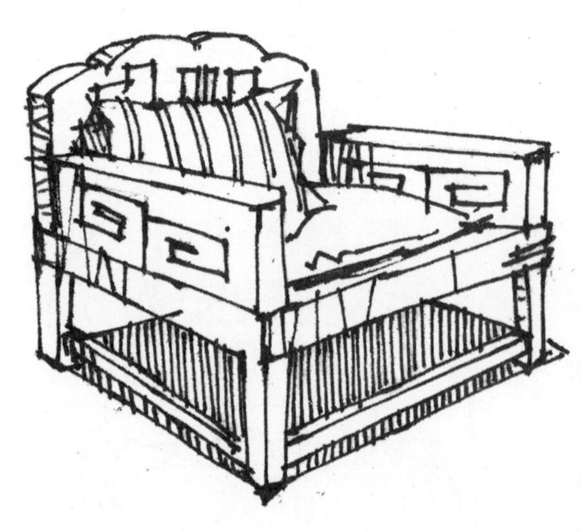

5.2.7 组合椅子的画法

在室内设计中，通常会出现几把椅子组合的情况，如在餐厅区会有餐桌组合，多把椅子围绕餐桌。椅子的组合形体结构复杂，所以我们画的每一笔都要注意透视，注重整体效果。

（1）根据透视与组合的形体位置画出地面投影。

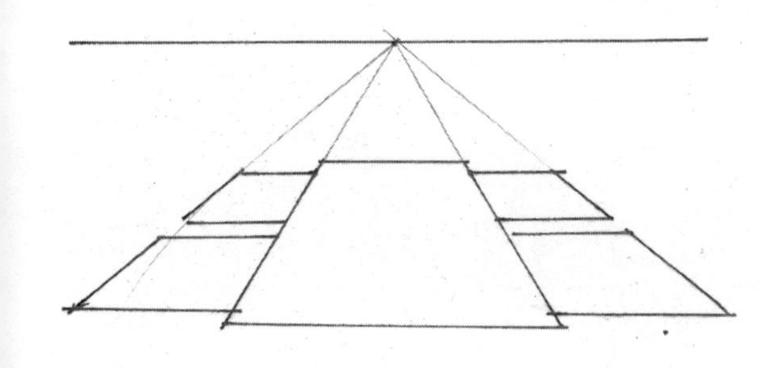

（2）确定家具的基本形体，根据结构依次画出餐椅转折面。

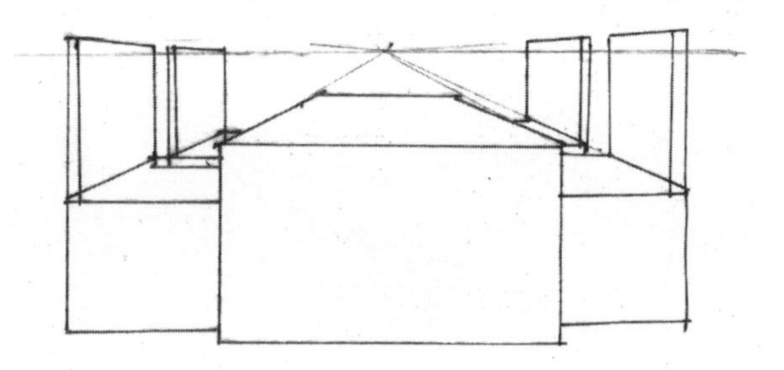

（3）深入刻画出餐椅的细部结构，注意透视和细小的转折面。

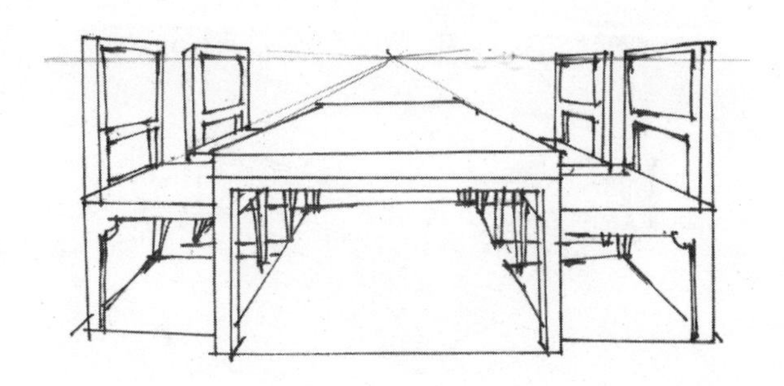

（4）去掉多余的线，强化黑白关系，画出物体投影。

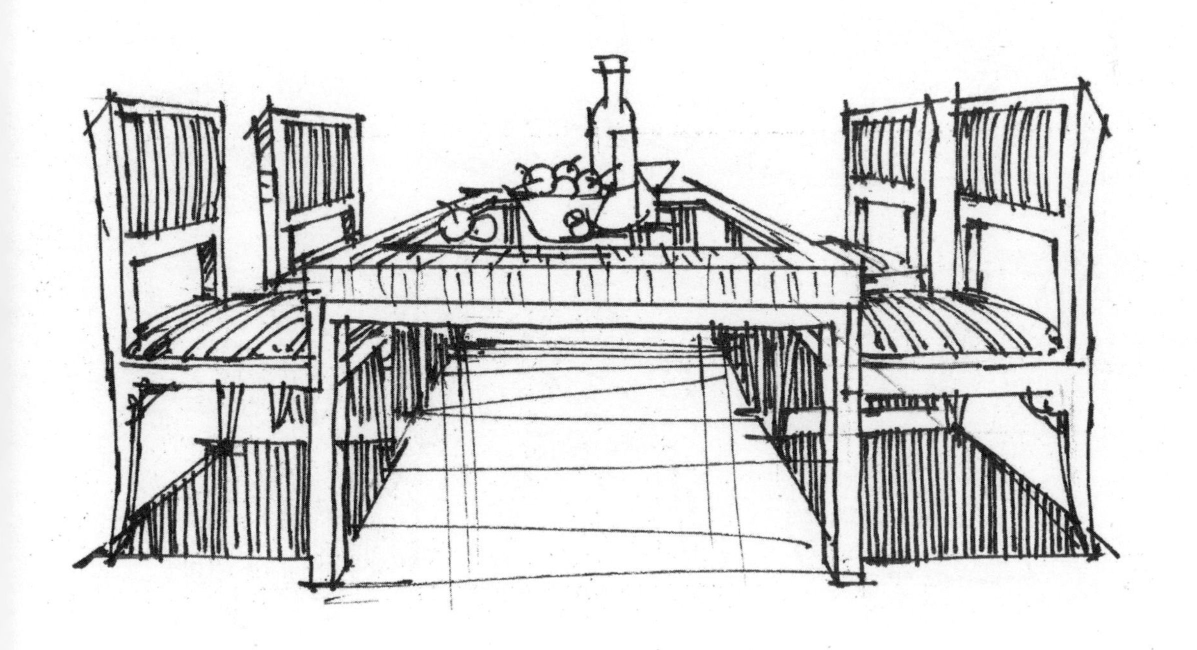

5.2.8 椅子线稿图例

· 现代风格椅子

· 欧式风格椅子

· 中式风格椅子

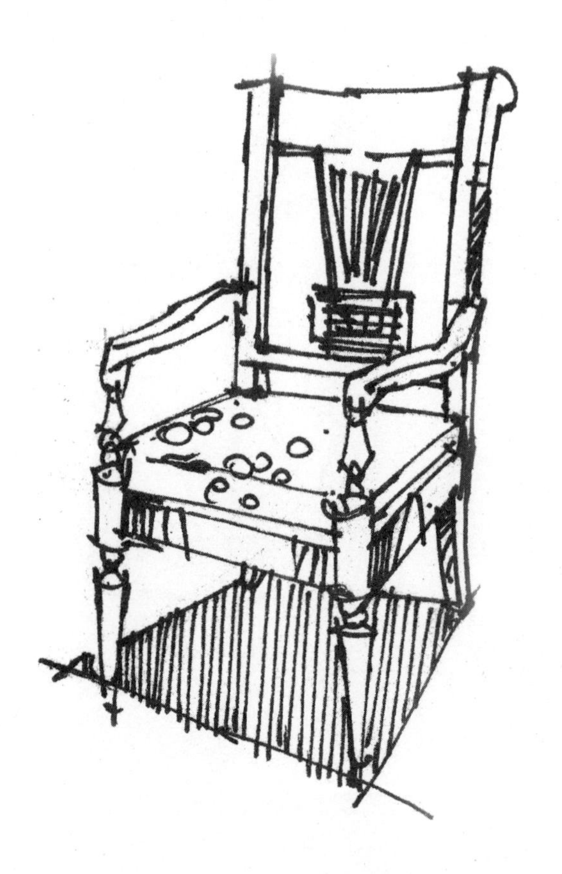

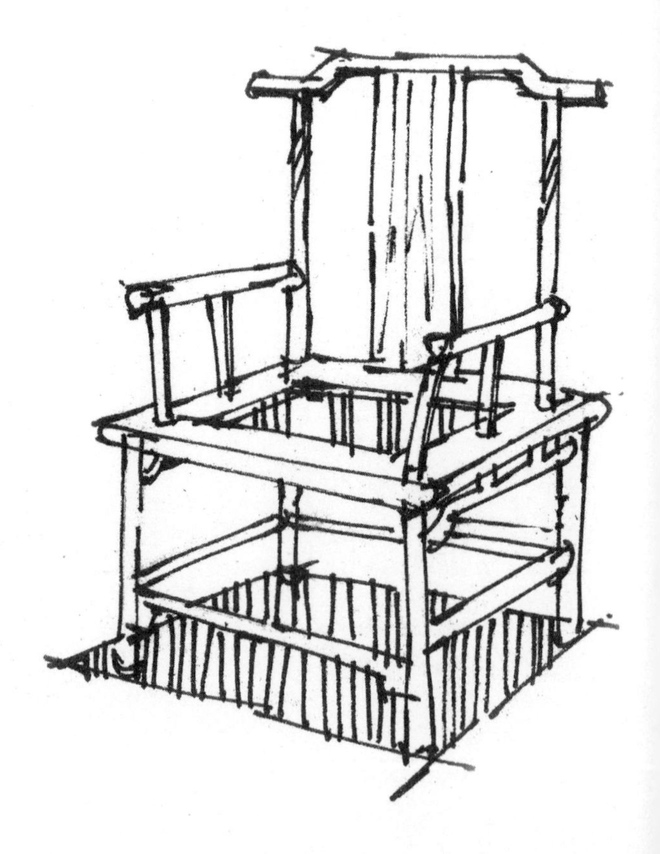

· 组合椅子

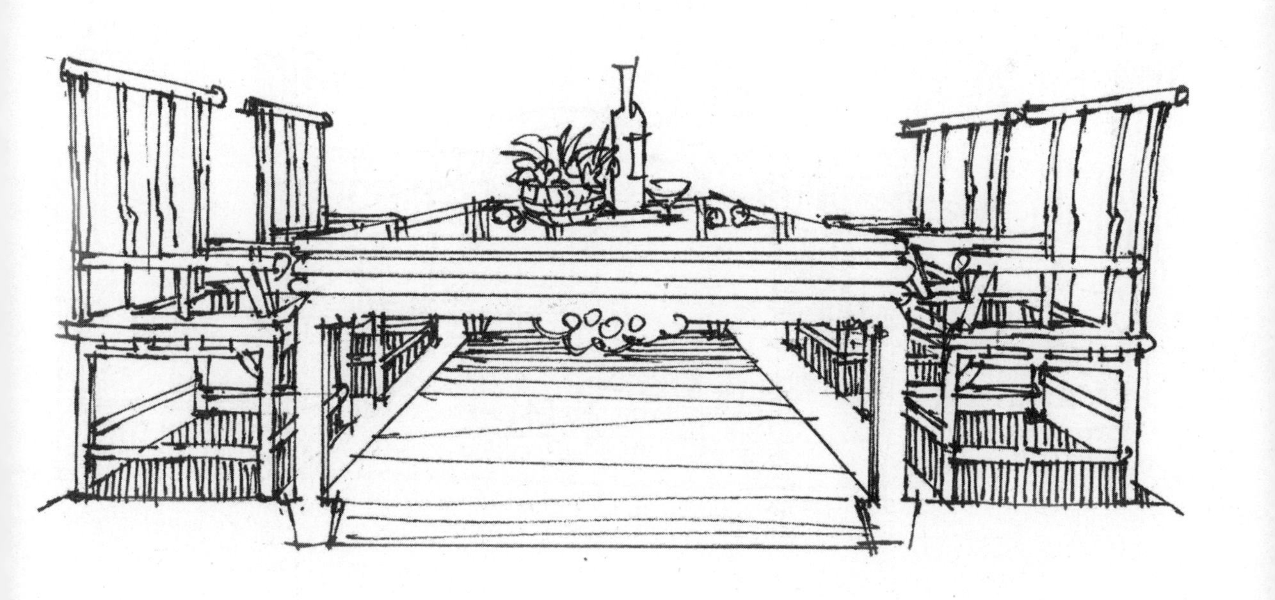

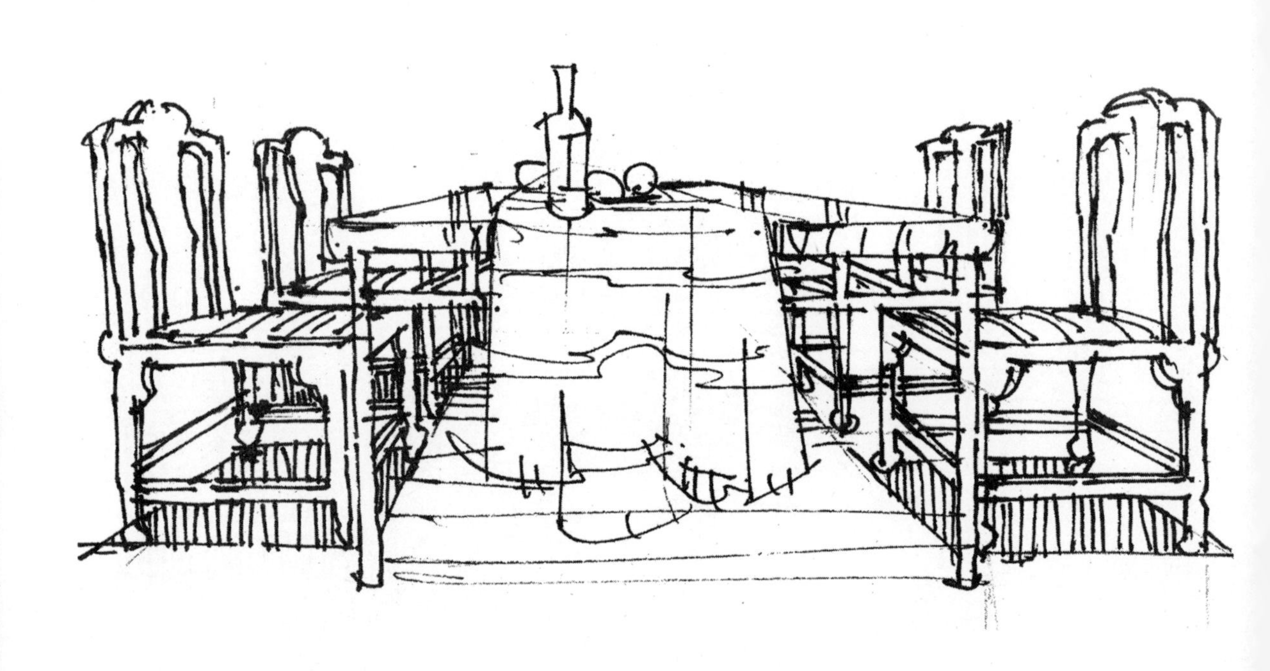

5.3 床体的画法

床是在卧室里的一个重要的表现主体，在绘制透视图时往往被塑造成空间的视觉中心，其造型多样，在表现时可适当地描绘床面的布质纹理，并添加不同的床上用品来提升其表现力。

在绘制床的时候要有几何观念，下面我们根据透视原理绘制出床的几何示意图。

我们可以通过示意图分析床的画法。

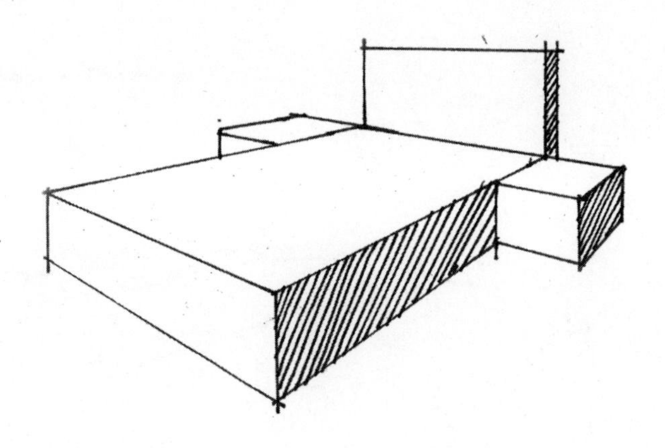

（1）首先确定视平线，在这里采用两点透视表现，然后确定床的长、宽、高的比例关系，绘制其在地面上的阴影。

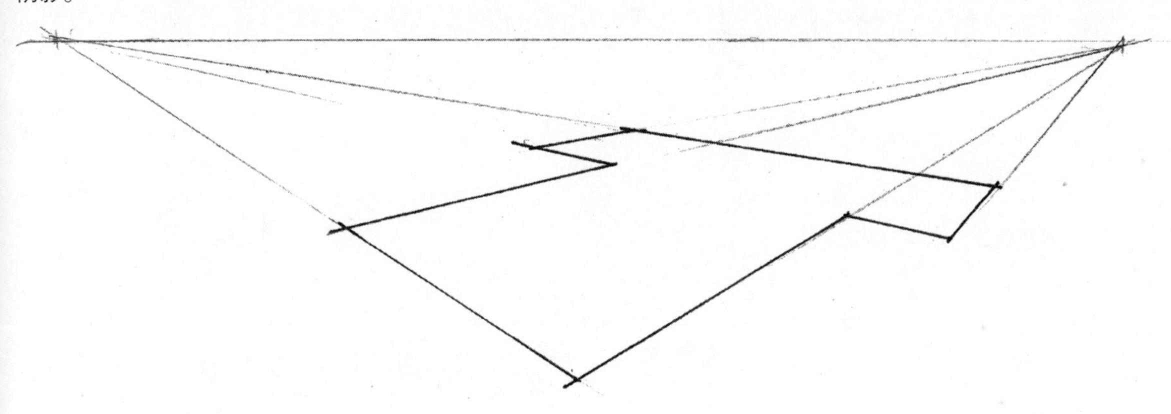

（2）根据其高度比例，绘制出长方体几何结构。

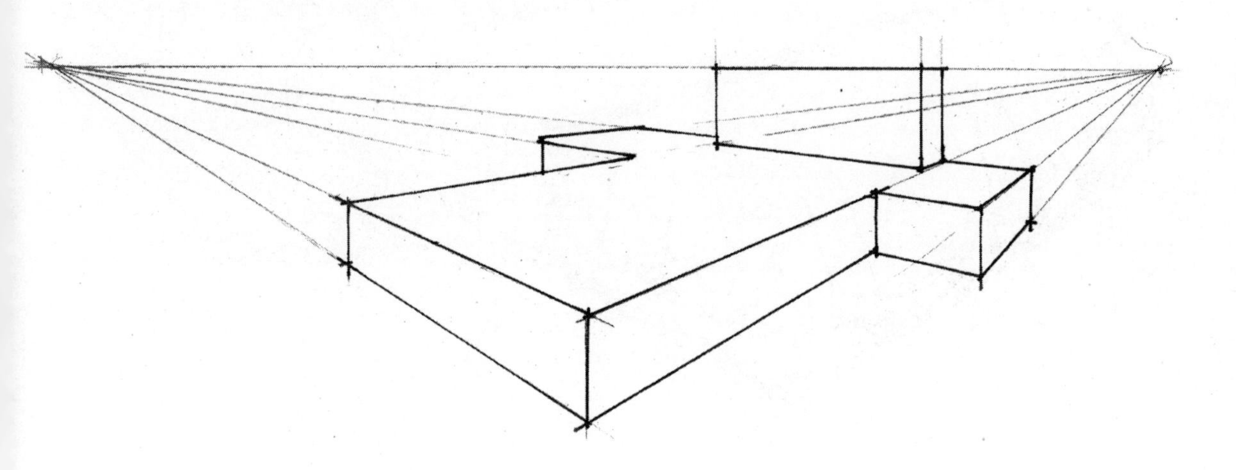

（3）可以在长方体上绘制靠枕，随后画出床单的纹理，注意对床单褶皱的处理，不能破坏几何雏形。然后根据透视画出床边左右两个床头柜和一些装饰品，在绘制两个床头柜时一定要注意透视关系。

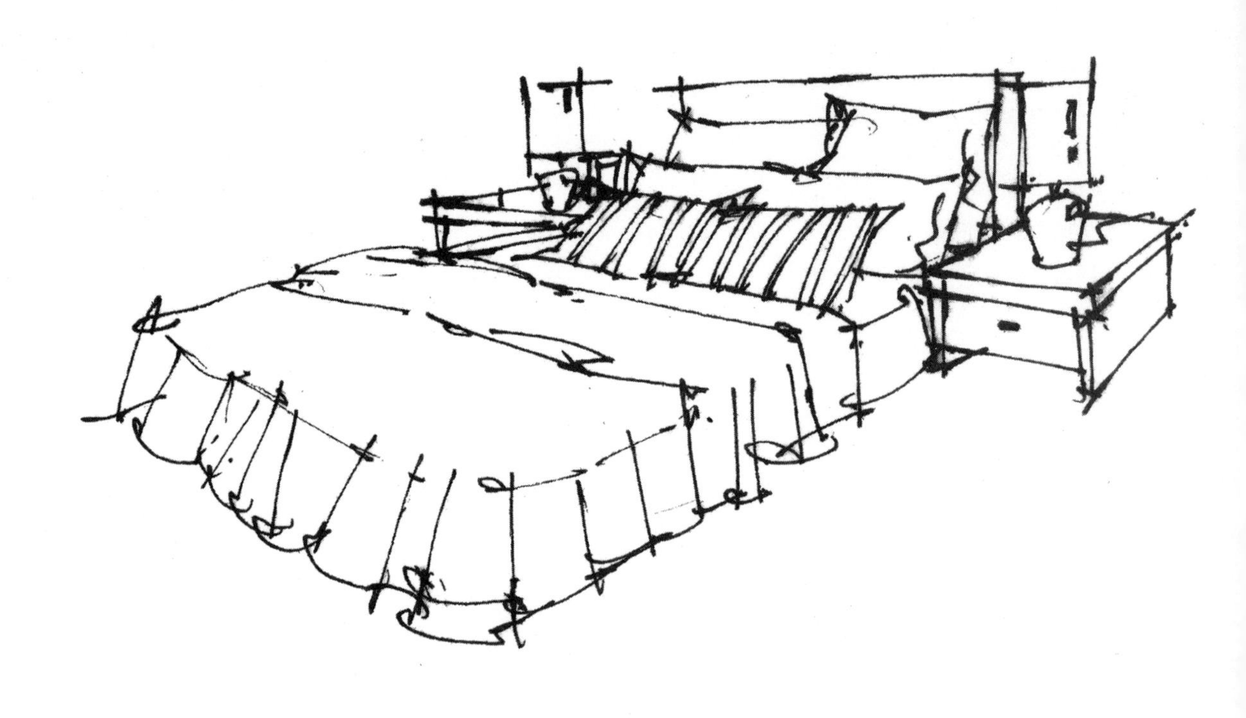

（4）完善细节，增强明暗关系。

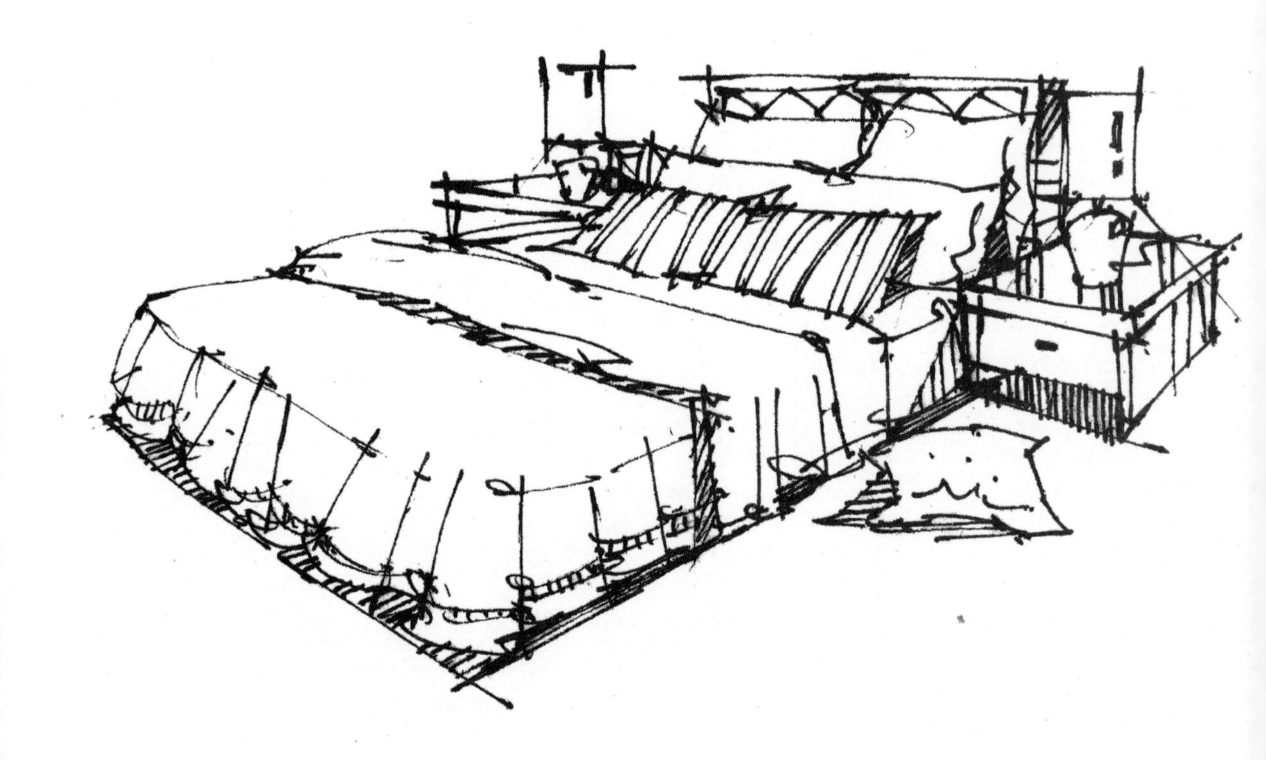

· 床体的练习

5.4 厨柜的画法

厨柜在厨房空间里面是一个重要的表现主体，往往会被塑造成空间的视觉中心，其风格造型各异，除主体绘制外也可以适当地描绘一些配饰以提升表现力。

（1）确定视平线和灭点，根据透视绘制厨柜的地面阴影，在阴影上根据厨柜的高绘制长方体轮廓。

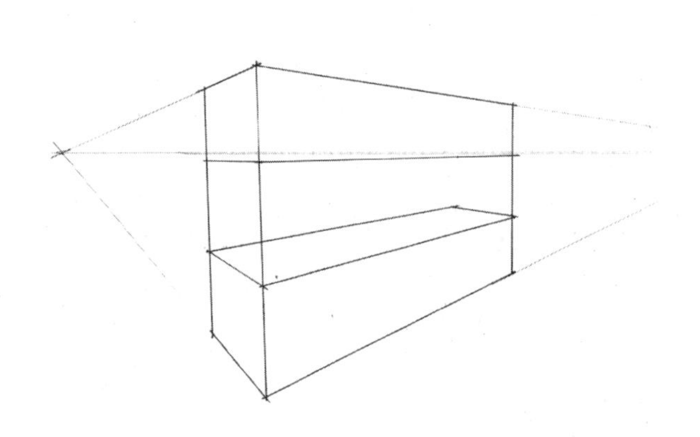

（2）根据厨柜的结构和比例刻画出结构，并去掉多余的线条，使画面更加干净。

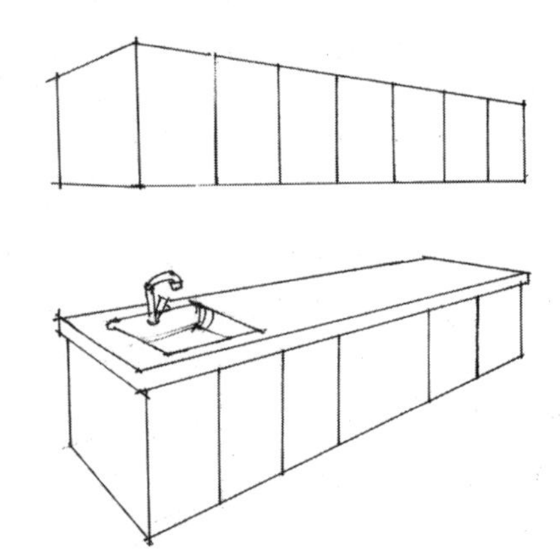

（3）用流畅利落的线条刻画出厨柜的细节及其配饰品，完善厨房空间的氛围。

第 6 章

室内常见配景表现

6.1 植物的画法

在现实生活中，植物的形态复杂多样，在绘制时不可能把所有树叶和枝干都非常细致地刻画出来，要学会概括，用线把树叶的外形画出来。注意绘画不要过于僵硬，因为植物的形态是非常自然的，所以在绘画的时候要注意不能过于死板。

6.1.1 植物种类划分

植物的种类多种多样，根据植物的形态和品种不同，可以把植物分为乔木、灌木、棕榈等。

乔木：是指树身高大的树木，树干和树冠有明显的区别。其枝干是自然生长的形式，在绘制时应该注意对枝干和分枝部位的处理。

灌木：是指那些没有明显的主干，呈丛生状态、比较矮小的树木。灌木的高度一般在6m以下，枝干一般在树叶中，不明显，并常常被修剪成各种不同的造型供人们观赏。

棕榈：属棕榈科长叶乔木，高可达到7m，通常栽种于庭院、路边及花坛之中，树势挺拔，叶色葱茏，适于四季观赏。棕榈植物以其特有的形态构成了热带植物的部分景观。

6.1.2 线条的概括方法

在透视图中，植物线条是非常富有弹性和生命力的，能体现植物的生长状态，通常用U形或者M形的线绘制。在画植物线条时，要注意不能刻板、拘谨，一定要轻松、自然。

正确示例：运线流畅，一气呵成　　错误示例：运线不连贯，棱角分明

U形植物线

M形植物线

1.水平垂直练习法

先绘制一条平行或者垂直的直线，然后沿着直线绘制植物线条。在进行植物线条练习时，需要注意线条的延展性和自然性，因为植物形态是自然生长并且不规则的。

2.圆形练习法

有了在直线上练习锯齿形植物线的基础之后，便可以进行围绕形的线条练习了，因为在植物的生长过程中，其顶端会形成一个类似于弧的形状，可以将其归纳为一个圆形。

在练习时，可徒手绘制一个圆，然后依照圆的形态练习锯齿形植物线。运线的过程中要注意线条的延展性，追求一种不规则的韵律感。

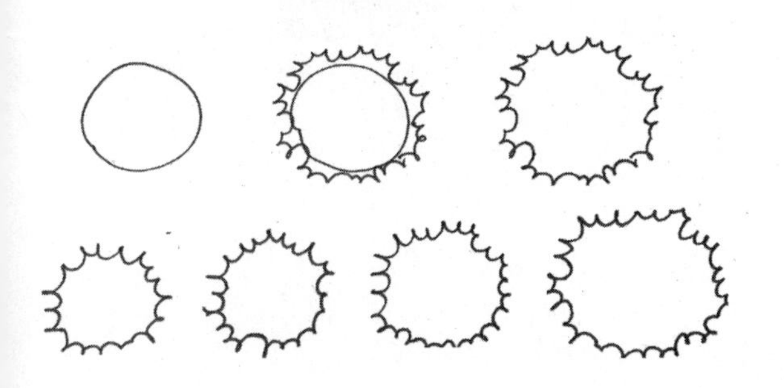

在绘制树冠时，要注意树冠的形态为圆弧形。

3.任意形练习法

在练习了直线形和圆形的锯齿形植物线之后，可以有意识地绘制不规则形态的植物线条。因为植物的生长是不规则的，没有特定的生长形态，在绘制时要注意植物起伏不定的自然节奏。

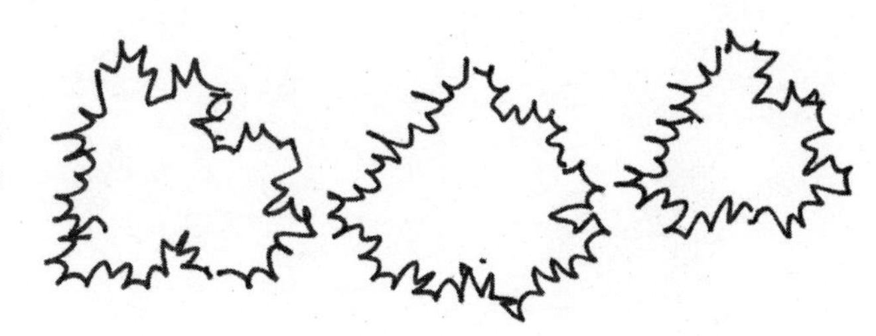

技巧与提示

在进行上面的练习时，一定要注意植物线条的流畅性。

6.1.3 植物的画法

1.乔木的画法

乔木树身高大，有从根部生长的独立树干，树冠和树干有明显的区别，其形态可分为三角状、圆球状、多球组合状等。

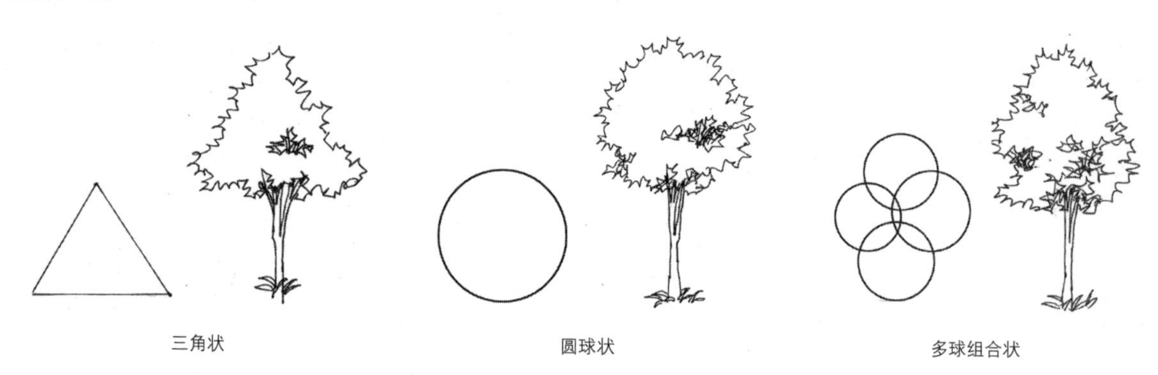

绘制树干：绘制树干时应注意线条不要太直，要流畅、自然，做到小曲大直，切记不能刻画得太过僵硬。

绘制树枝：树干还有很多细小的分支，要注意枝干分枝位置的处理和分枝处的凸起。

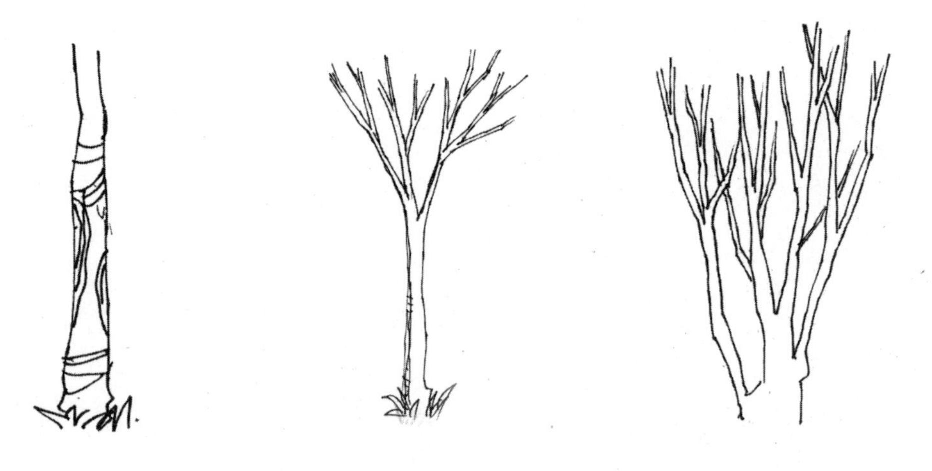

绘制树冠：用上面练习的植物线条结合不同植物生长形状将乔木的树冠绘制出来。

2.灌木的画法

（1）确定灌木的外部轮廓。

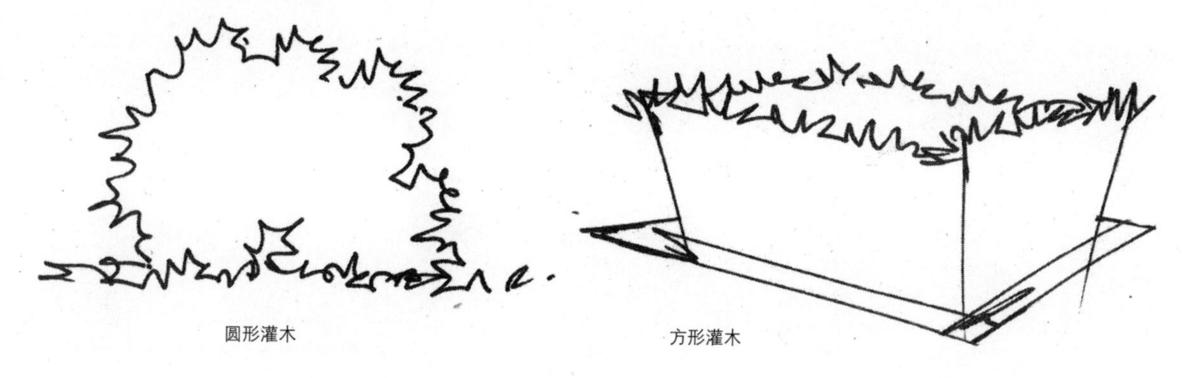

（2）用锯齿线加强灌木的明暗关系。

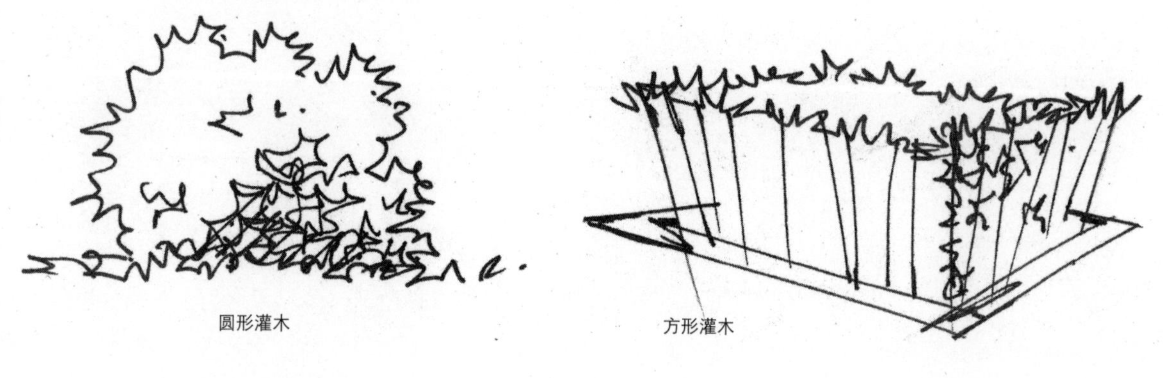

（3）画出灌木枝干的穿插。

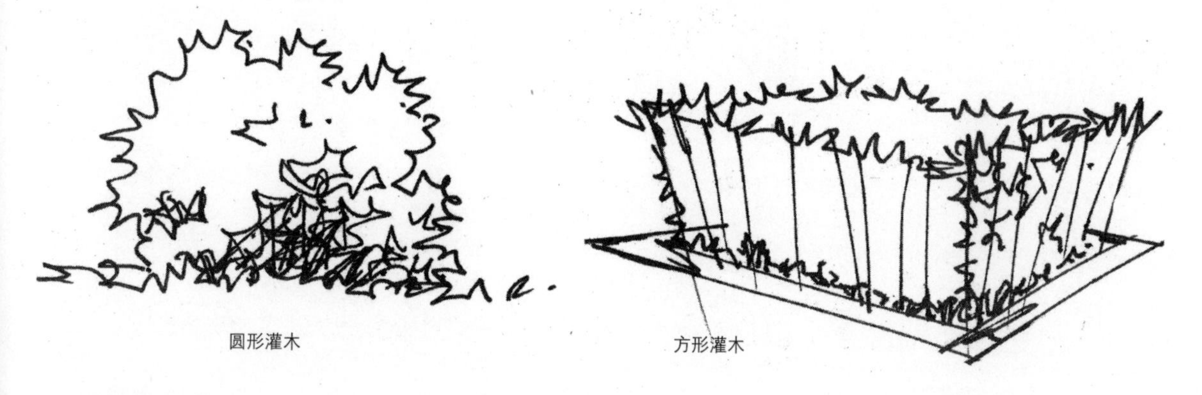

3.草的画法

画线的速度要快和轻。注意草的生长方向是向上的。

6.1.4 植物绘画范例

学习了绘制植物的基础知识后，下面列举一些室内植物样式作为参考，大家要学会举一反三。

6.2 人物配景的画法

6.2.1 人物的比例划分

绘制人物的时候，要注意人物的比例关系。速写中人物的比例为“站七、坐五、盘三半”，这里的数字指的是人头个数。但是在透视图中，要用“站七、坐五、盘三”的比例进行刻画。下面用站姿和坐姿来举例说明。

由例图可以看出，站姿为7头身比例，坐姿为5头身比例。

6.2.2 人物在空间中的作用

人物在效果图中起到拉开空间及体现虚实的重要作用，处理好人物在画面中的关系能使前后物体迅速拉开层次，也能够作为衡量空间尺寸的重要“工具”。人物在透视图中还能起到美化空间以及活跃空间的作用。手绘效果图中的人物表现不同于人物速写，通常不需要把人物具体的形象刻画出来，只要把人物的动态概括出来就可以了。

· 速写

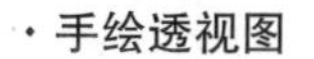

· 手绘透视图

6.2.3 人物的画法

（1）运用点的方式绘制出人物的头部。

（2）再细化人物的身体结构，注意头、颈、肩的结构关系。

（3）绘制双腿时注意人体动态和结构，然后刻画衣服的褶皱。注意褶皱的位置一般都在骨骼的转折处，在线条的处理上，用笔要明确、流畅。

6.2.4 人物绘画范例

6.3 灯具的画法

灯具的种类繁多，形态各异，在室内设计图中是必不可少的小细节。

（1）从灯罩入手，先确定灯具的风格形态。

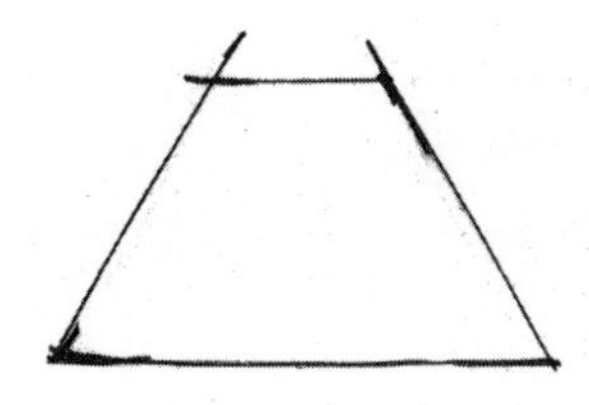

（2）用曲线绘制灯座，很多灯座是圆形的，要注意对称。

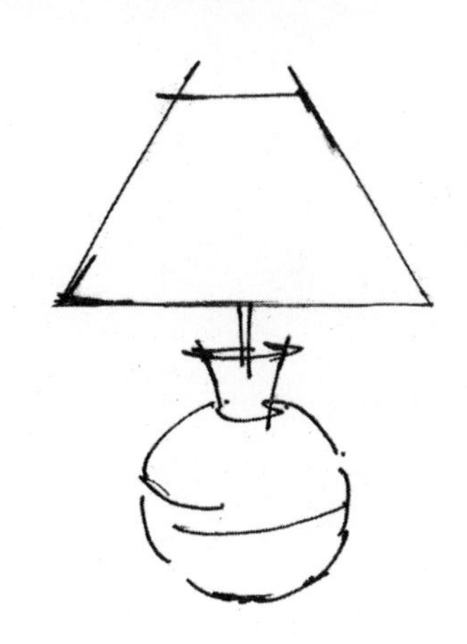

（3）绘制小细节，添加灯具纹理，进行细部刻画，增强明暗效果，最终完成绘制。

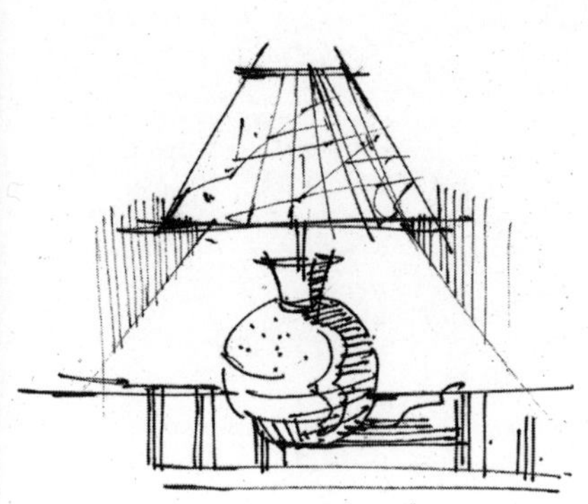

· 灯具的练习

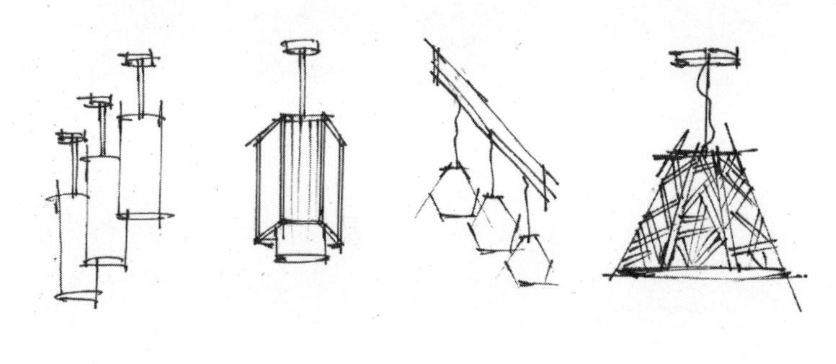

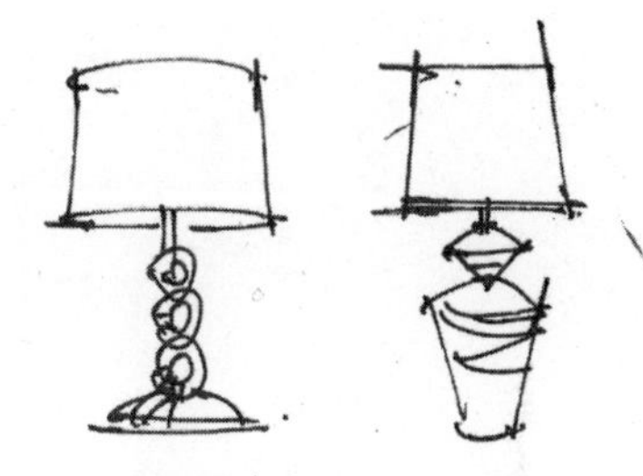

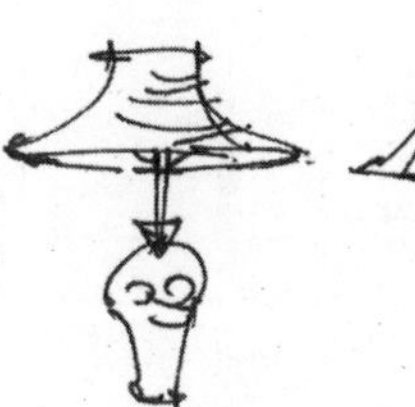

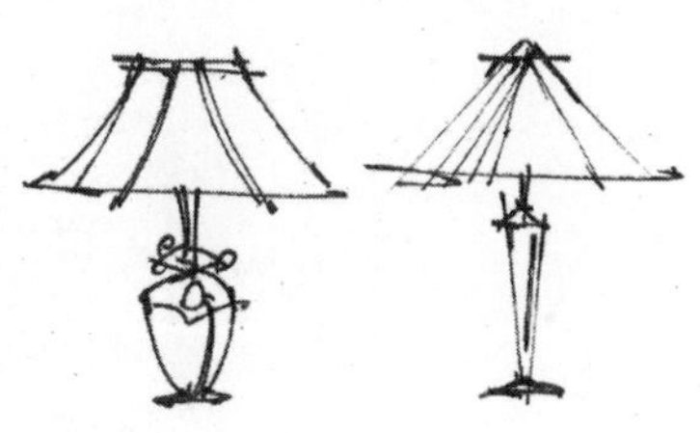

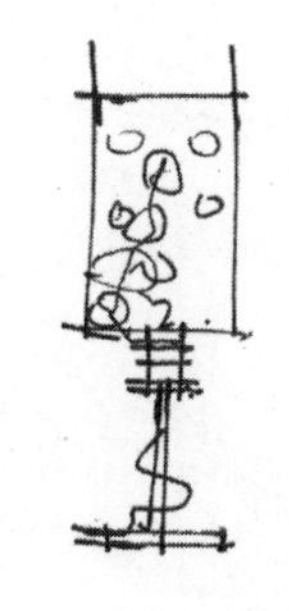

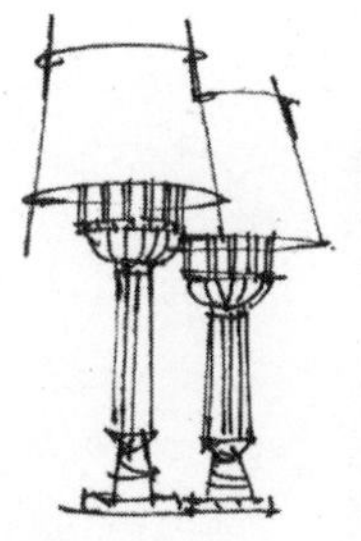

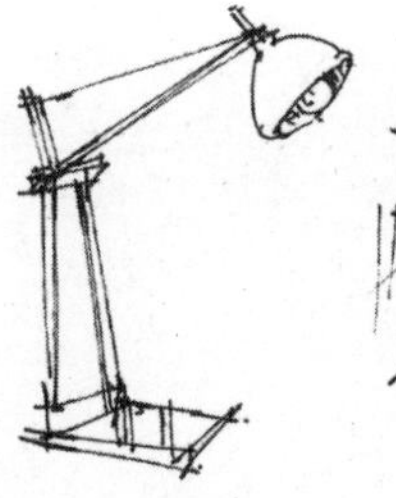

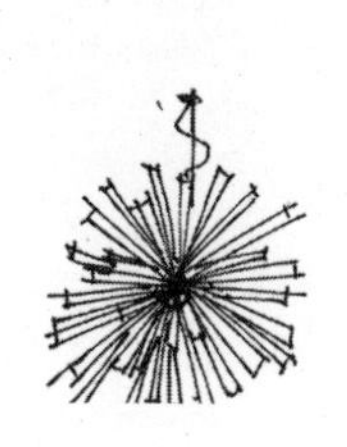

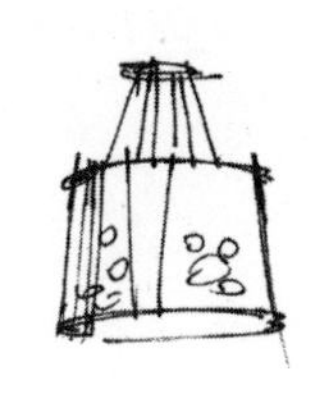

6.4 洁具的画法

洁具产品一定要画出其质感。由于洁具的材料一般都进行过高光处理，所以在绘制时，要表现出其反光的特性。下面以绘制浴缸为例，分析洁具的绘制步骤。

（1）确定浴缸的样式后，先画出椭圆形的浴缸外形，用笔要流畅，一气呵成。注意对浴缸的边缘厚度的绘制。

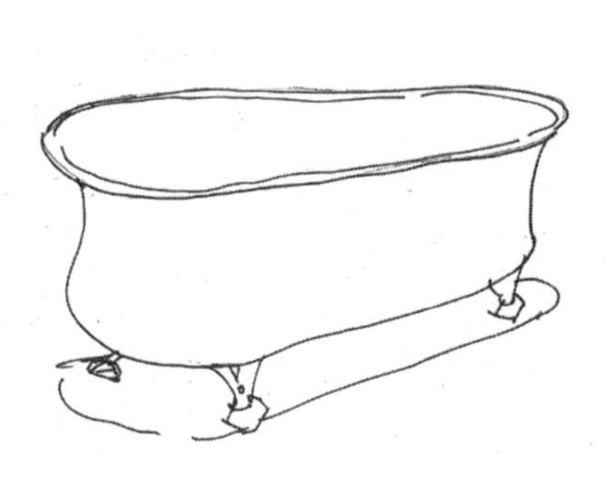

（2）绘制出浴缸的主体后，可添加一些配饰点缀。配饰起到衬托主体的作用，并协调画面的整体效果。

（3）刻画浴缸的细节，增强明暗表现，完成绘制。

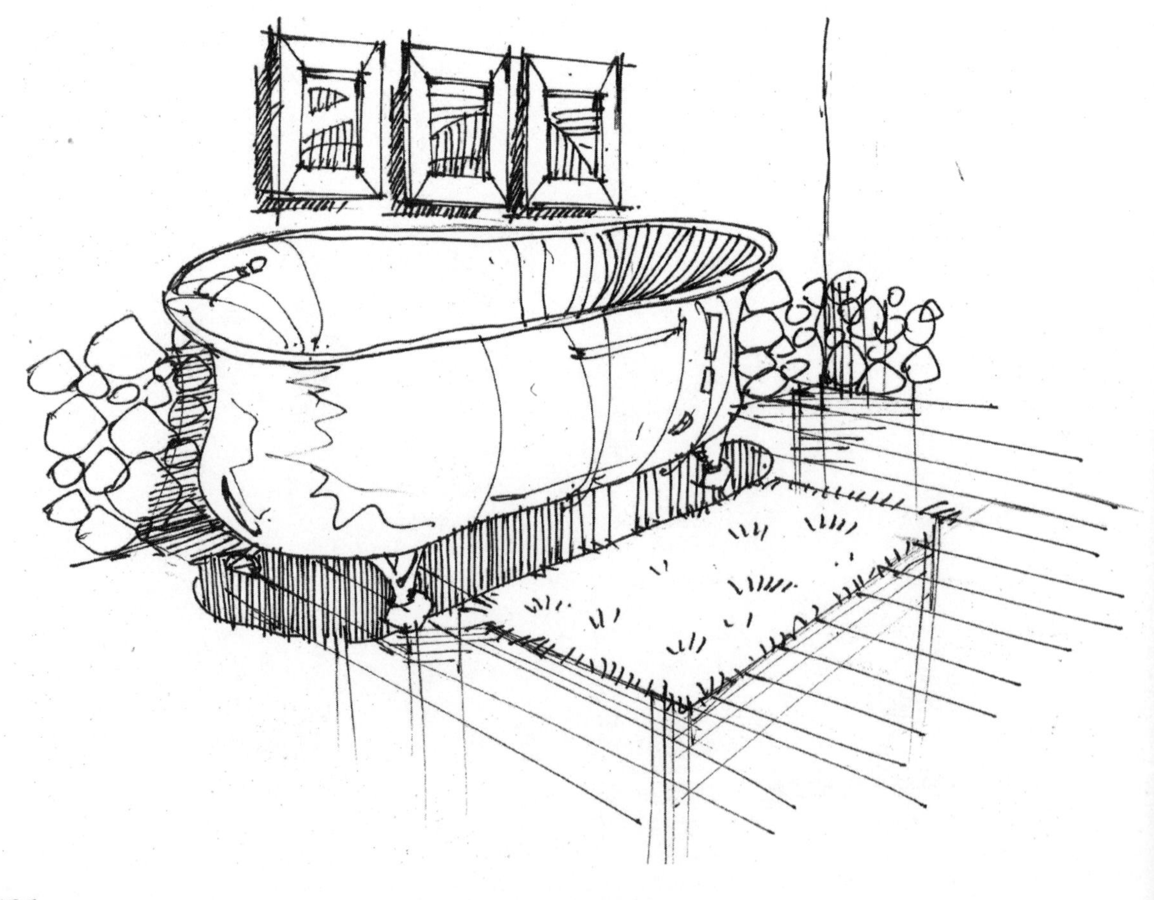

· 洁具绘制练习

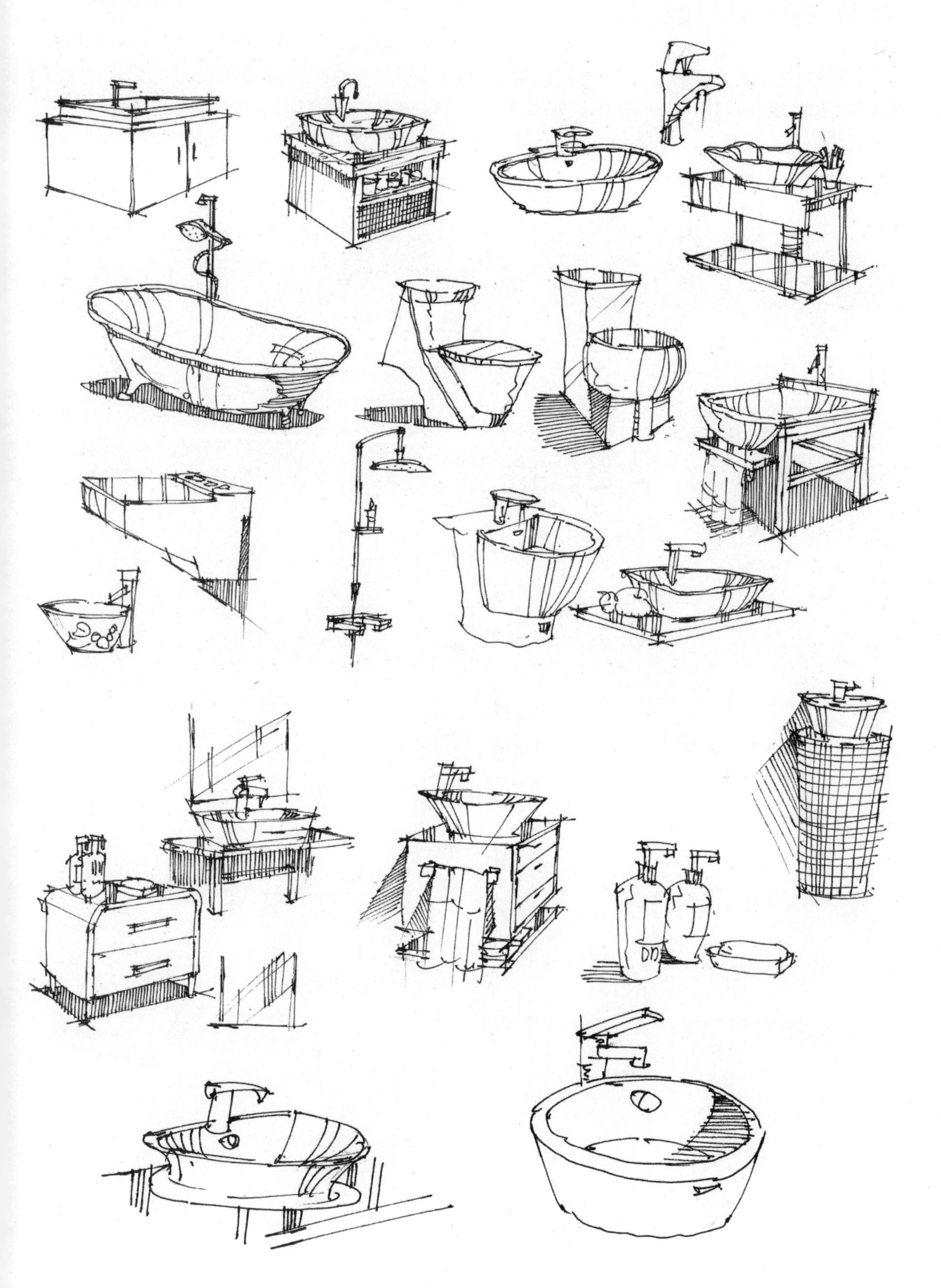

6.5 电器的画法

家用电器在室内空间中必不可少，在练习时要注意结构和明暗的区分，因为随着现代科技的发展，大部分的电器比较单薄，掌握不当会导致形体结构不明确。平时可以多观察生活，积累电器素材。

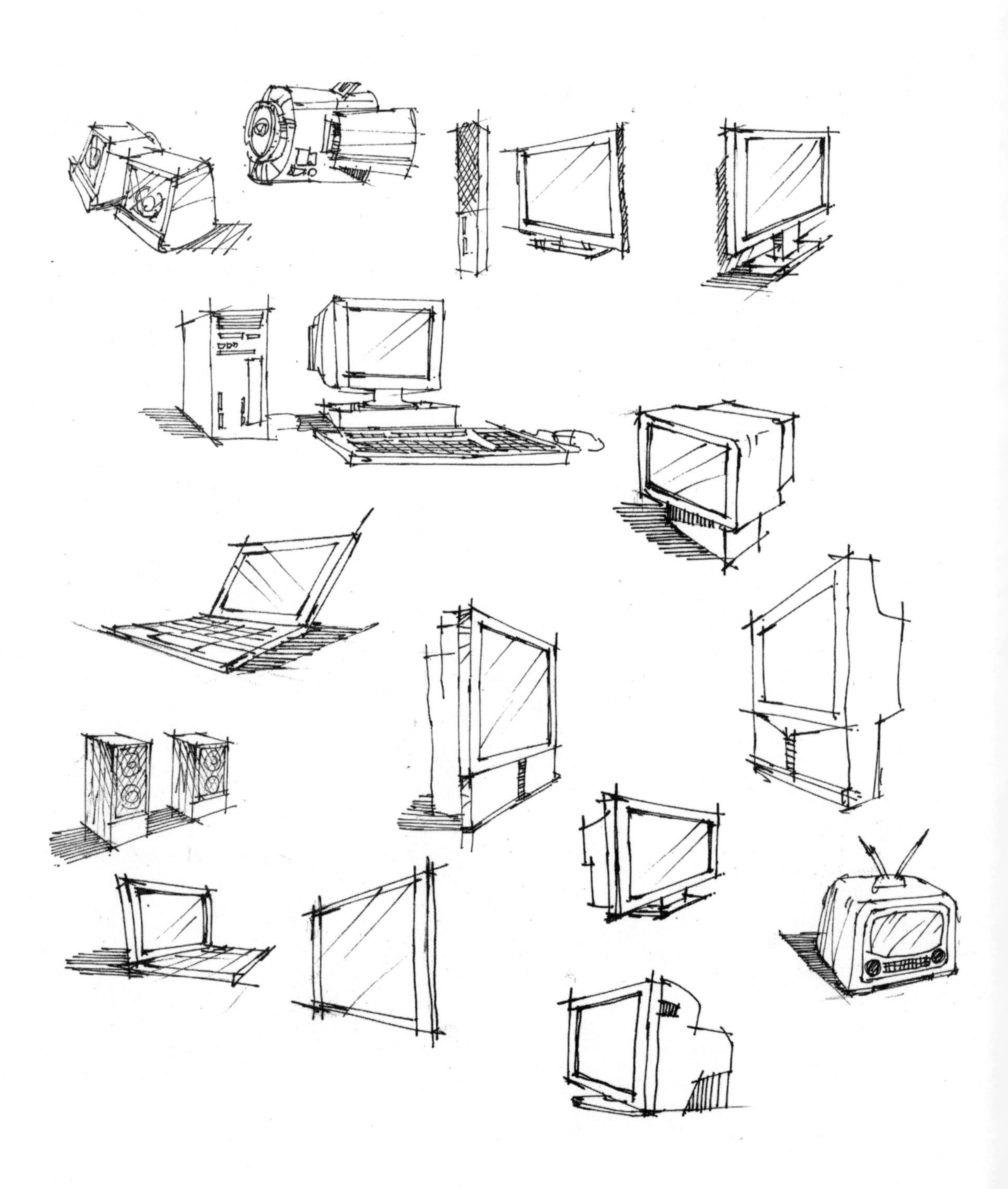

6.6 配饰的画法

家具配饰在室内空间中必不可少，通常为相框、花瓶、书本等，在绘制时需要注意透视关系和形体的美观。

第7章 室内风格分类与案例表现

7.1 室内设计常见表现风格

7.1.1 现代风格

现代风格起源于1919年成立的包豪斯学派。该学派强调创新建筑，重视功能和空间的协调组织，提倡简洁造型，反对多余的无用装饰，推崇合理的构成工艺，并尊重材料的性能，讲究材料自身的材质和色彩的搭配效果。所以现代风格室内设计是把古典构件以新颖的样式和手法组合在一起，是传统与现代、感性与理性合为一体的室内环境。

7.1.2 欧式风格

欧式风格是以古典柱式为中心的风格。居室设计讲究豪华、大气和惬意、浪漫的氛围。通过曲线及精致细腻的细节设计处理，带给居室柔软、和谐的舒适感。与此同时，欧式风格通常为大面积、大空间的房子，因为其内在的细节设计较多，若空间太小不但无法展现其风格气势，反而会对在空间内的人造成一种莫名的压迫感。

7.1.3 中式风格

中式风格是以宫廷建筑为代表的中国古典室内装饰设计艺术风格。中式风格讲究空间设计的气势恢宏、壮丽华贵，造型设计上讲究对称，色彩装饰和材料以木色为主，家具图案多为龙、凤、植物图腾等，且雕刻精良。中式风格发展到现在，主要保留了以下两种形式。

第1种是含有哲学意味的明式风格。其家具造型较为简单，与空间对比不会太强烈。

第2种是比较繁复的清式风格。通过中国古典室内风格的特征，表达对清雅、含蓄的东方精神的追求。但清式风格装修造价较高，现代气息不强，在现在的家居装饰中多作为点缀。

7.1.4 地中海风格

地中海风格以极具亲和力的柔和色调搭配组合，为大部分区域的人群所接受。地中海风格的特点是白灰泥墙，连续的拱廊与拱门，海蓝色的屋顶和门窗。建筑中的圆形拱门和回廊通常是连接的方式，使人在走动过程中能够体验到延伸的透视感。

7.1.5 混搭风格

近年来，室内设计在布局上呈现多元化发展，逐渐趋向于现代实用与传统特征的结合，在装潢与设计中将西方与东方特色融于一体，这样的风格称为混搭风格，又称多元化风格。如传统的屏风、茶几、沙发配以现代或者其他室内风格的门窗装修，新型风格的玻璃灯具和墙面装饰结合运用等。

7.2 室内设计构思草图的手绘表现

构思草图也叫方案图或者设计速写，它能迅速地捕捉和记录设计者转瞬即逝的创作灵感，表达设计创意，是把设计构思转化为现实图形的有效过渡手段之一。

构思草图是在前期概念草图绘制的基础上进一步深化后的成果，在概念的基础上加入了具体造型，在空间的基础上表现得要求更加明确。草图的表达形式在前期概念草图的基础上更加重视对空间的塑造，绘制的装饰重点更加明确。

构思草图的作用主要是方便与客户进行方案沟通。在与客户沟通的时候会提出新的想法，需要在日后进行修改，在这一方面构思草图的出图速度快且便于修改，能够有效地节省设计绘图的时间，提高工作效率。有的设计公司或单位也会拿着构思草图进行投标。

构思草图在表现上不要求画面效果的美观，它的重点是要能够迅速捕捉和记录设计者转瞬即逝的创作灵感，故在设计者绘画构思草图时，着重于表达一种想法，在画法上比较随意、快速，线条相对于正式效果图更加随意灵活。

同时由于构思草图的时间限制，故在绘制时很少有精细的处理，对材质等的区分往往通过文字说明的方式向客户传达设计的细节部分。

如下图，在空间画好后，在材质铺装部位引出线条顺势标注材质，这样的标注可以使草图表示的意向更加清晰、明确。

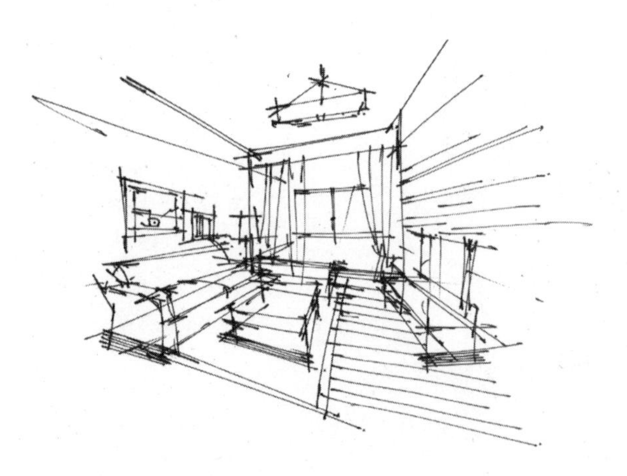

下面具体讲解各个空间的草图绘制步骤，在绘制草图时，要舍弃不必要的细节，让空间的整体感更强，注意绘图效果的简洁、快速。

7.2.1 家居空间草图

1.客厅草图

（1）用绘图笔确定空间的主线，确定墙面及天花板造型。

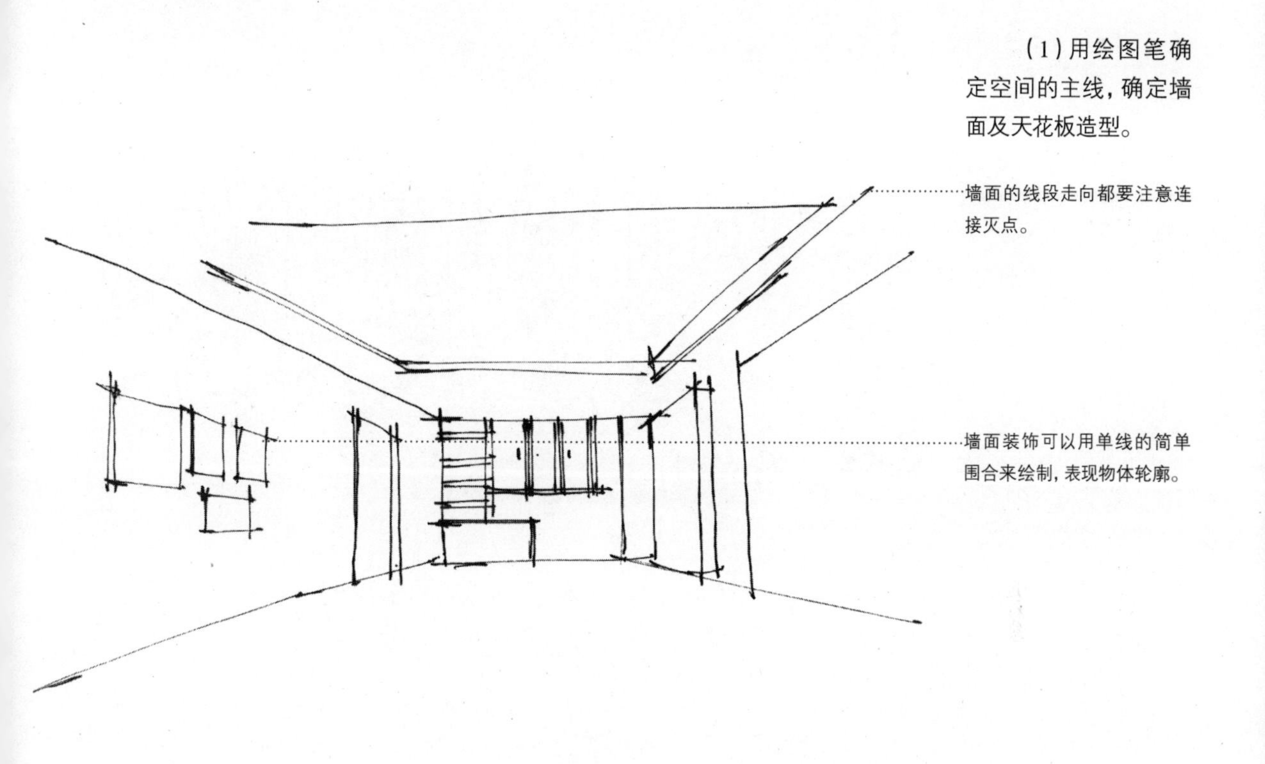

（2）用灵活、快速的线条塑造空间。

（3）刻画空间细节，增强画面效果。

草图虽然快速、简洁，但绘制时要注意家具的体块关系，否则会显得画面杂乱无章。

在客厅中，沙发组合一般是视觉的焦点，绘画时要注意空间表达的重点，切勿喧宾夺主。

墙面装饰可以通过线条的排列来表示纹样，以体现不同的层次感，如房间内的电视背景墙和装饰画。

（4）利用文字标注体现空间材质。

由于时间的限制，在绘制草图时一般很少有精力去细化各个材料的不同关系，因此对于材料的表示，可以顺势引出线条标注材质，让图纸所表达的内容更加清晰、明确。

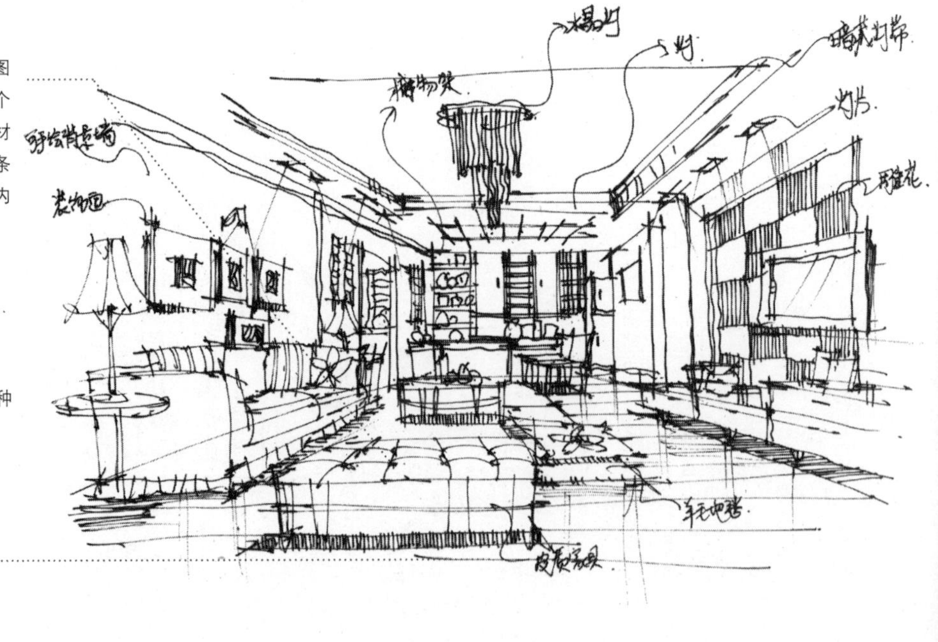

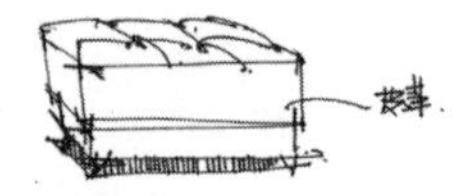

运用箭头表示材质，有多种箭头的表达方式可供选择。

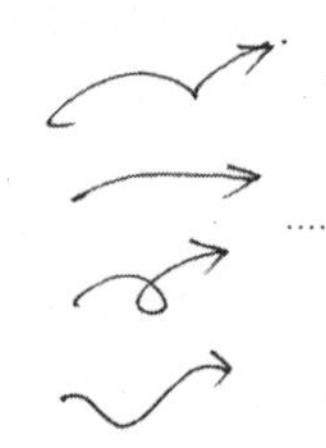

2.卧室草图

（1）直接用绘图笔定位空间中的主要结构线，要时刻注意空间的整体透视。

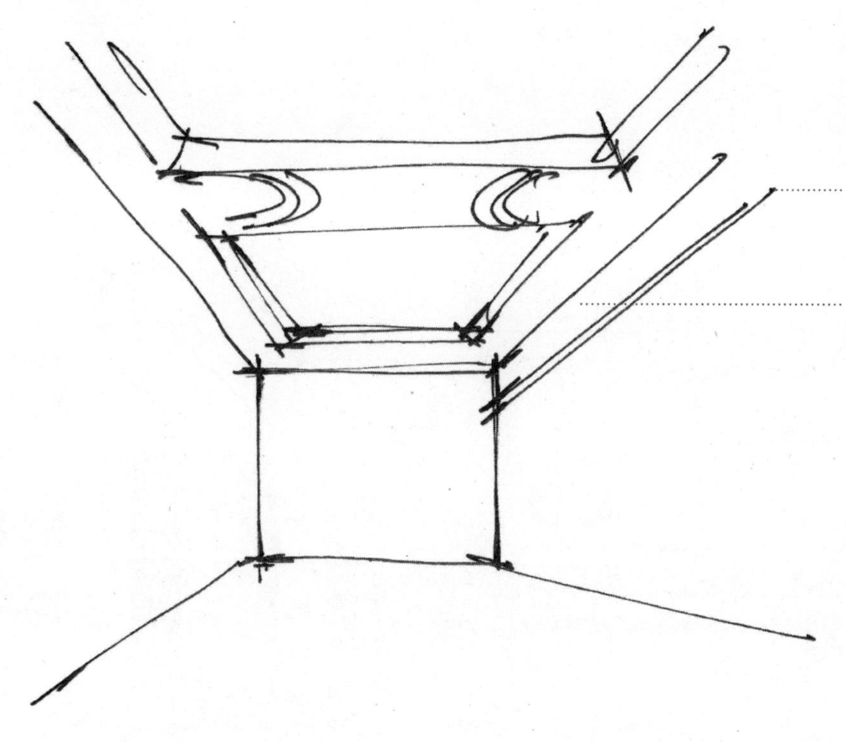

所有的透视线都连接灭点来绘制，此空间为一点透视，只有一个灭点。

石膏线的透视近宽远窄，注意透视规律。

(2)利用灵活多变的线条塑造空间,刻画空间的细节装饰。

床头背景墙的装饰中，每个交叉点的排列要连接灭点，近疏远密。

远处的家具用单线概括处理。

（3）进行深入刻画，加强明暗效果。并根据创作意向，用线标注各种材质的说明，使图纸说明表达得更加清晰明确。

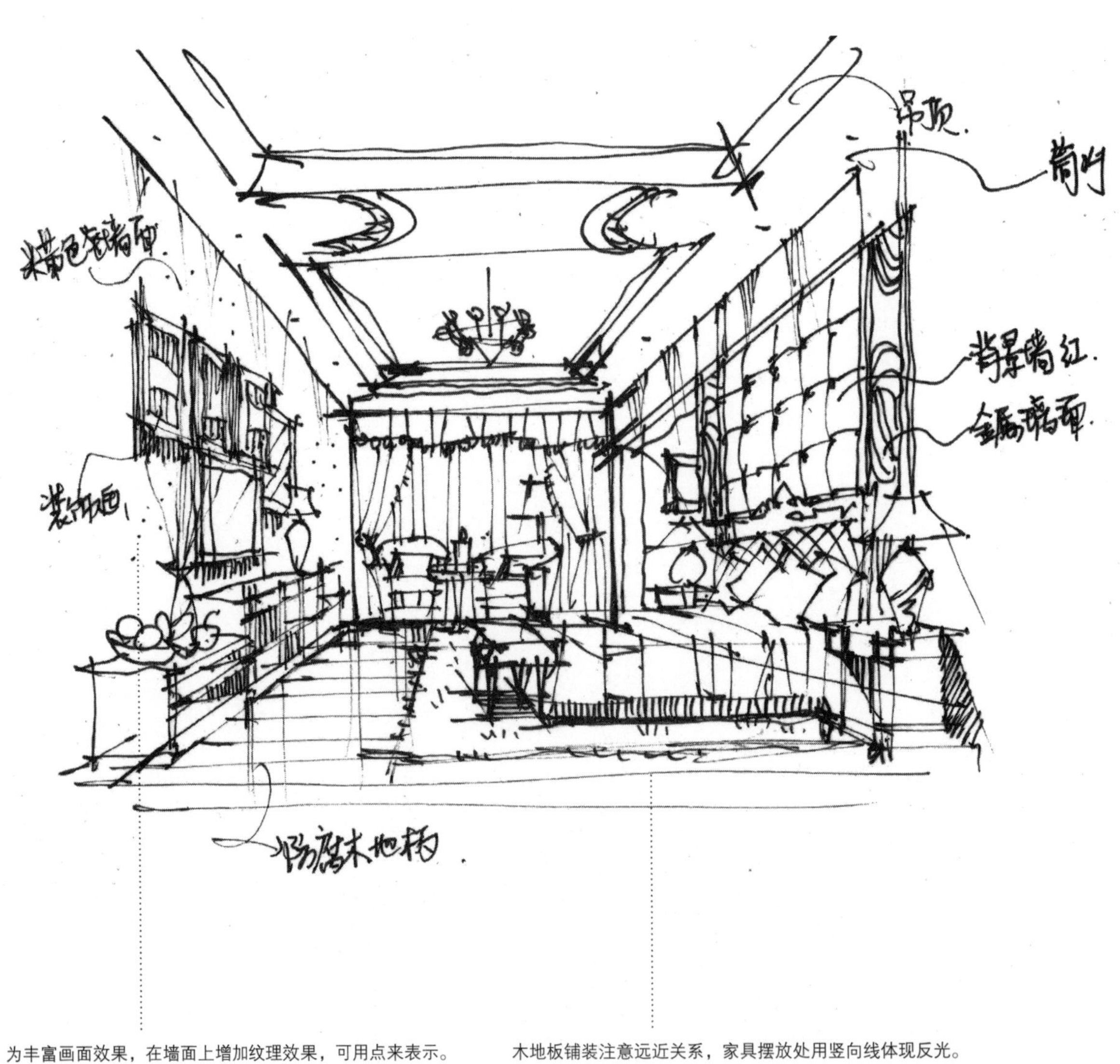

为丰富画面效果，在墙面上增加纹理效果，可用点来表示。

木地板铺装注意远近关系，家具摆放处用竖向线体现反光。

7.2.2 商业空间草图

1.KTV大厅草图

（1）用绘图笔绘制出空间中的主要结构线，由于商业空间较大，要注意透视空间的比例关系。

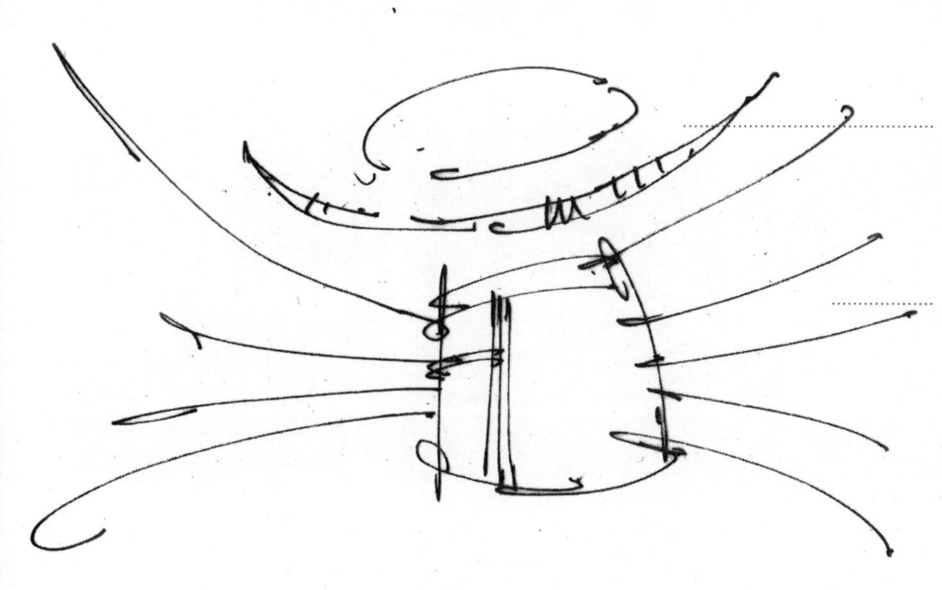

弧形墙面的绘制要流畅自如，线段不能断断续续。

圆弧形的墙面可以通过绘制弧线的疏密体现空间感。

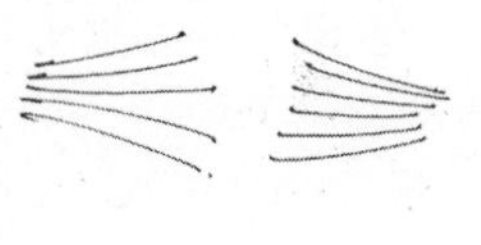

（2）塑造空间造型，将人物、景物和空间表达出来。

水晶吊灯的绘制可以先用圆柱的堆叠来分析形状，然后再进行进一步的细化。

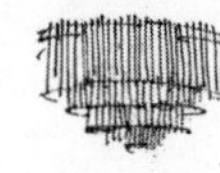

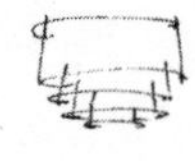

人物的绘画要概括，主要用来表现空间的尺度感和空间氛围。

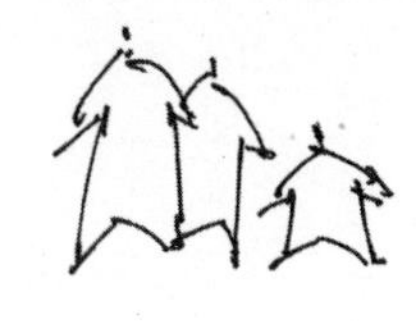

（3）增强画面的对比效果，刻画细节部分。

用不同的线条排列来区分材质，如木质材质可以选用横线的排列来表达效果；地面的镜面铺装可以用竖线表达反光效果。

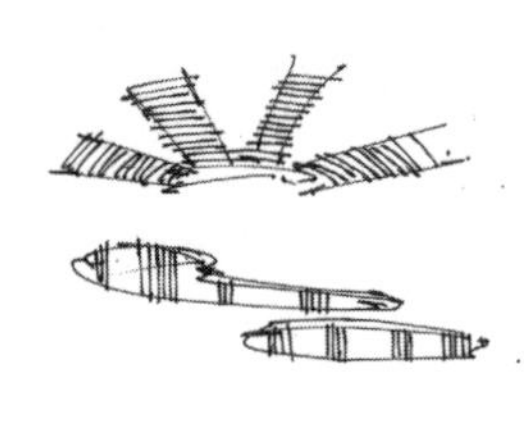

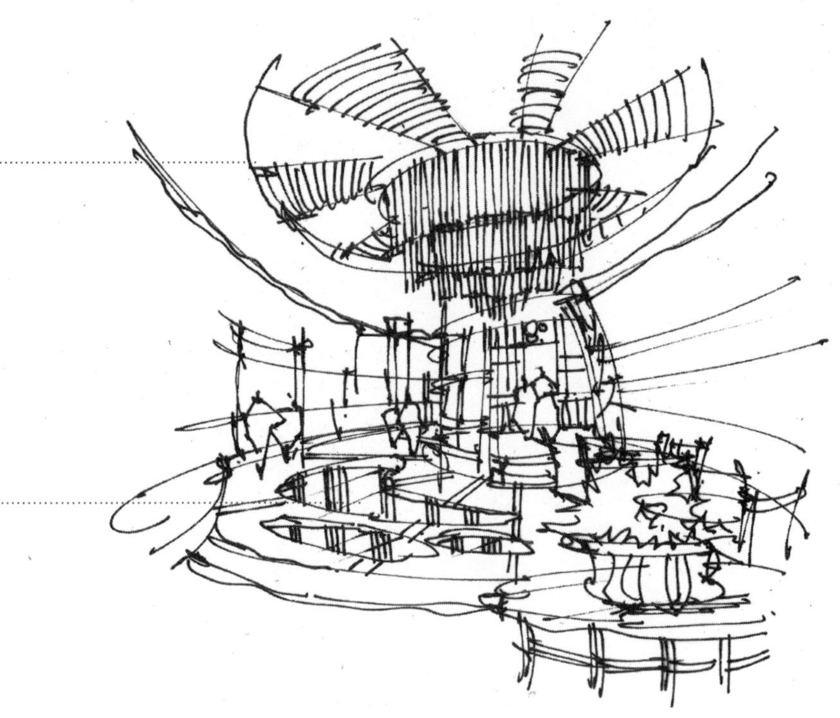

（4）深入刻画，并标注装饰材料。

墙面用点填充，可以丰富画面效果。

植物的树叶轮廓可以用U形和W形笔触围合起来。

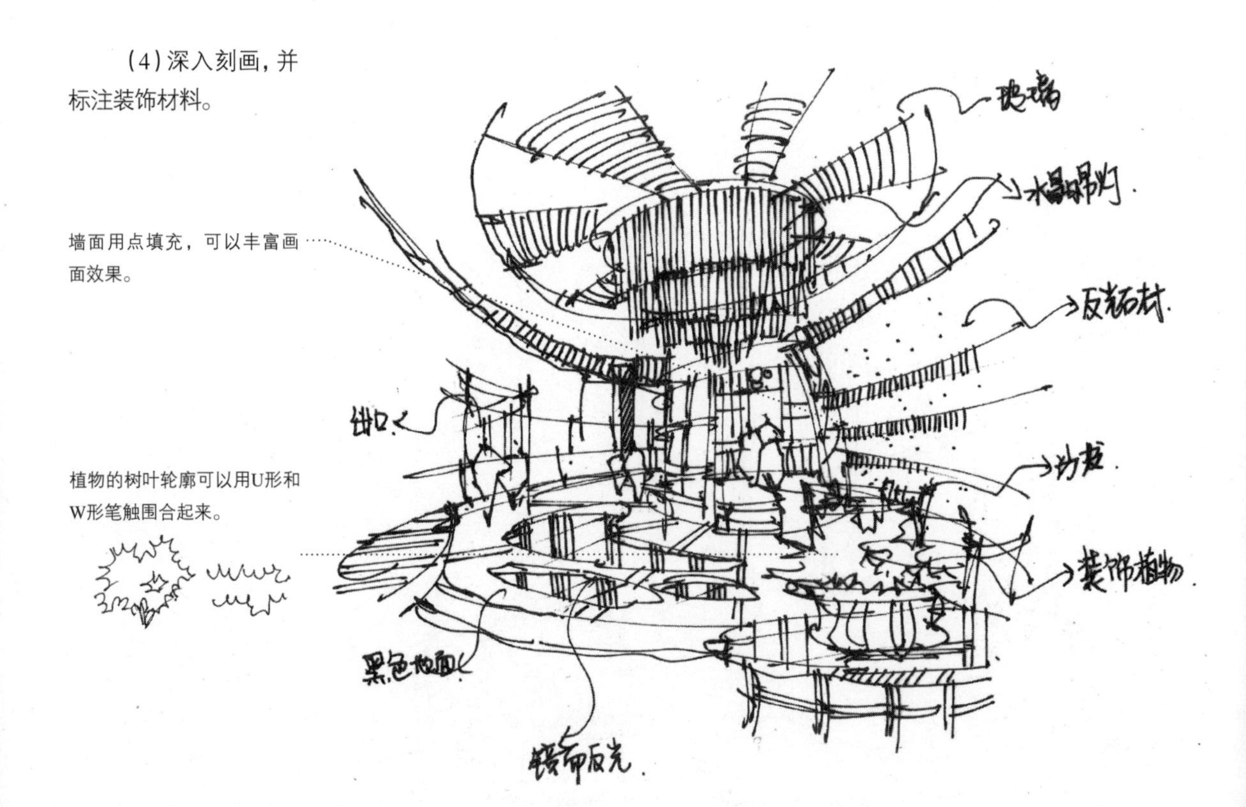

2.公共休憩空间草图

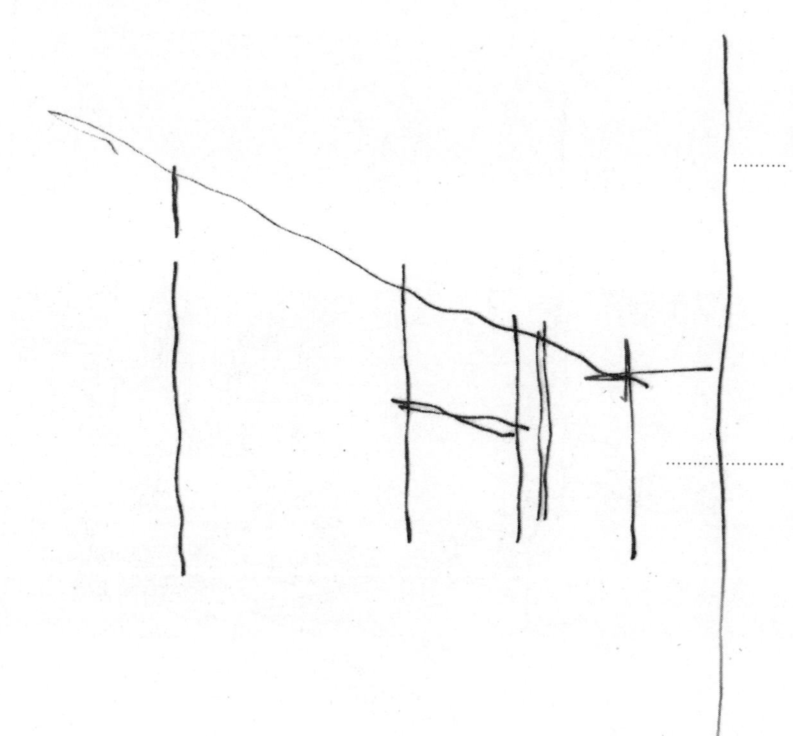

（1）绘制出主要的空间结构线，可以预留出家具的空间。

在绘制时运笔要松缓，注意线条的运行方向，必要时可运用抖线。

绘制草图时通常用绘图笔直接绘制，绘制墙面时要预留出家具的空间。

（2）用快速、简洁的线条塑造空间，注意空间的比例。

画面造型并不需要十分严谨，线条之间可以相互穿插，但绘制的过程中要注意透视。

绘制草图时对于物体的形体不需要过于细致地刻画，大致概括绘制，符合透视规律即可。

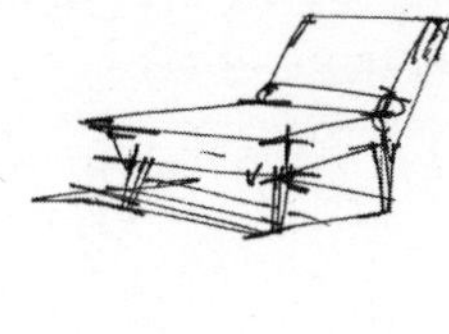

（3）刻画空间的细节，添加明暗效果。

总结出整体的树形，以便于理解树木的绘画，树叶的排布可以按照事先分析的块面来塑造。

墙面的纹理可以通过点和线段的组合排列来使得画面更加丰富。

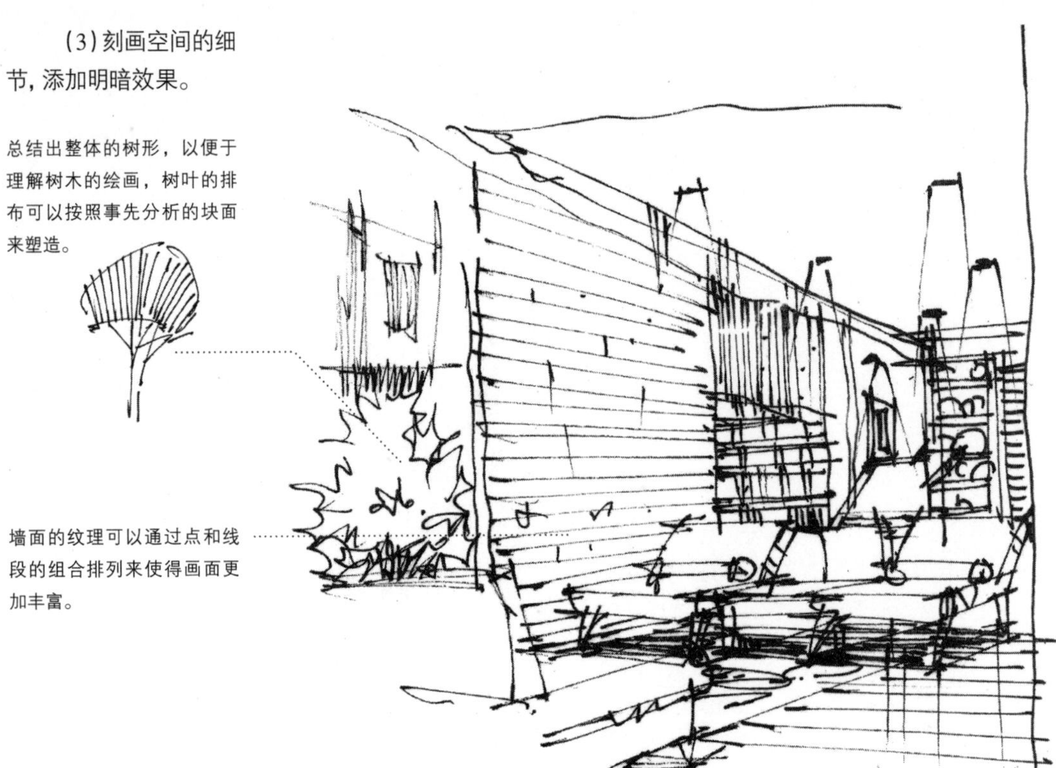

（4）根据空间材质添加材料的文字标注。

注意墙面的阴影与形体结合，可以用竖线或者斜线排列阴影部分。

射灯的光影照射应用竖向的排线来概括出光照轮廓。

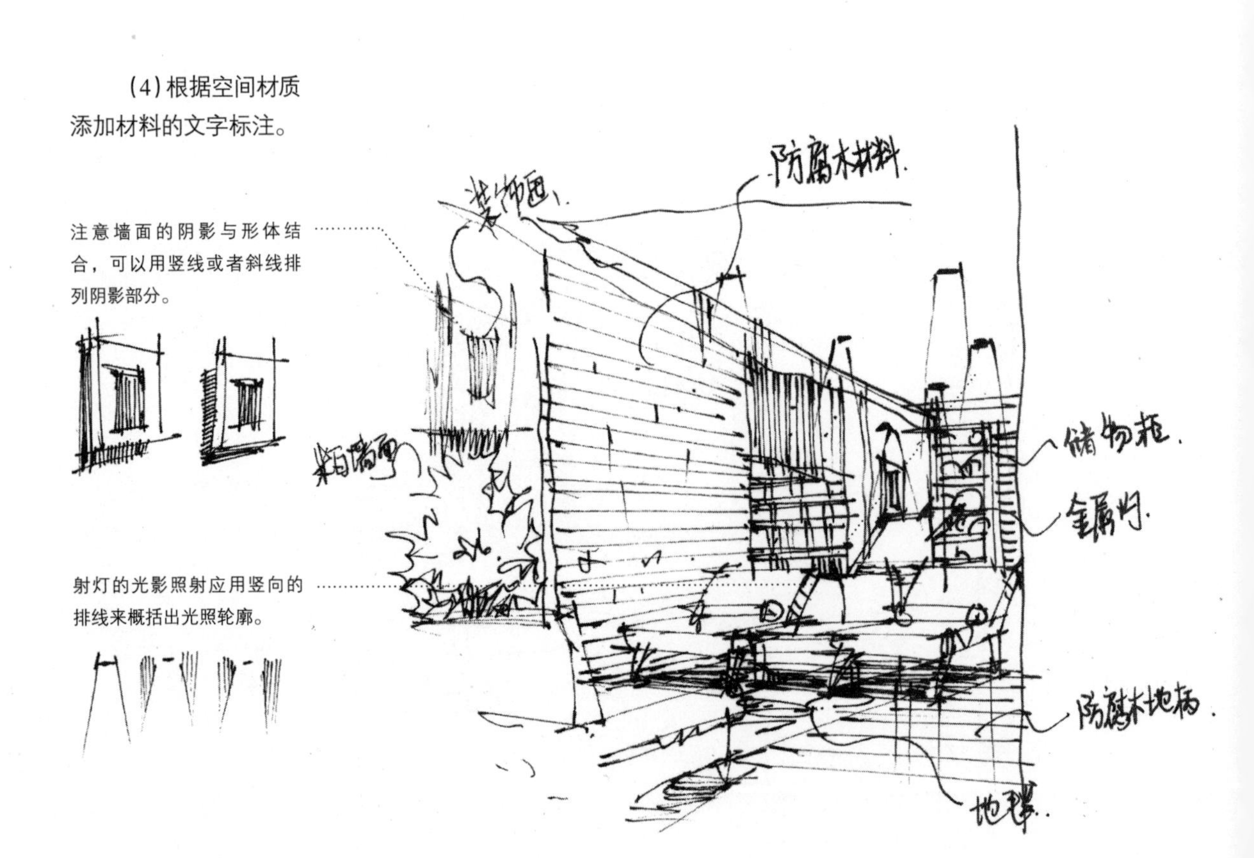

7.2.3 办公空间草图

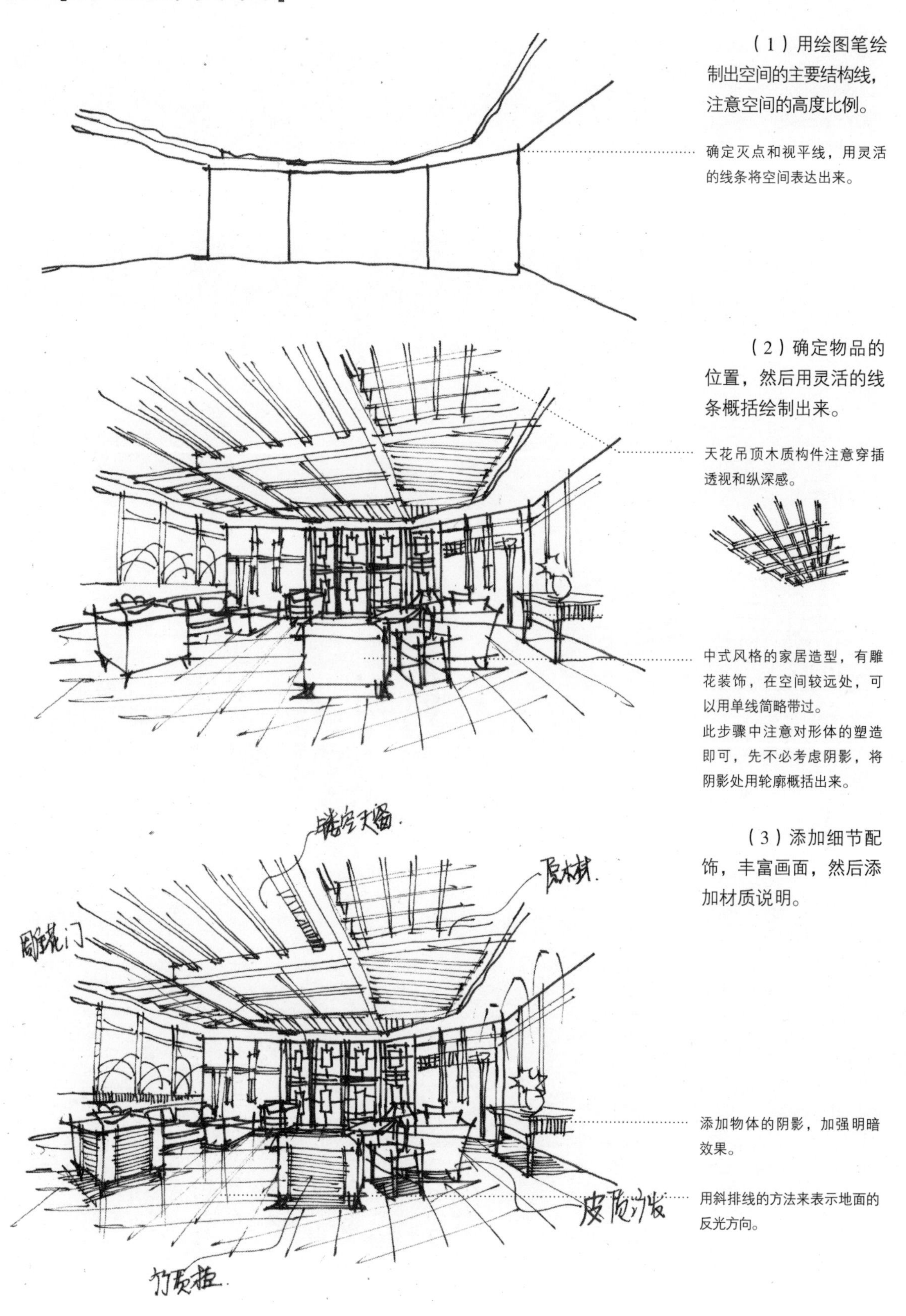

（1）用绘图笔绘制出空间的主要结构线，注意空间的高度比例。

确定灭点和视平线，用灵活的线条将空间表达出来。

（2）确定物品的位置，然后用灵活的线条概括绘制出来。

天花吊顶木质构件注意穿插透视和纵深感。

中式风格的家居造型，有雕花装饰，在空间较远处，可以用单线简略带过。

此步骤中注意对形体的塑造即可，先不必考虑阴影，将阴影处用轮廓概括出来。

（3）添加细节配饰，丰富画面，然后添加材质说明。

添加物体的阴影，加强明暗效果。

用斜排线的方法来表示地面的反光方向。

7.2.4 展示空间草图

（1）直接用绘图笔绘制空间主要结构线。

用抖线平稳地绘制空间主线，切忌线条没有方向。

草图中，线条之间可以相互穿插。

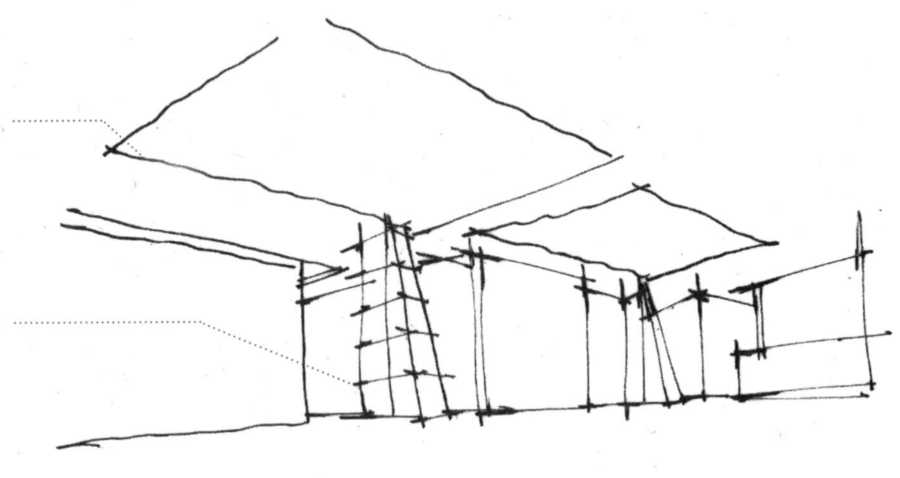

（2）用灵活的线条塑造空间。

砖墙的铺装可以用竖线与横线的组合来实现。

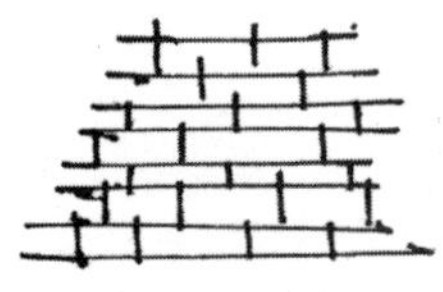

用线条的排列来绘制墙面的细节纹理。

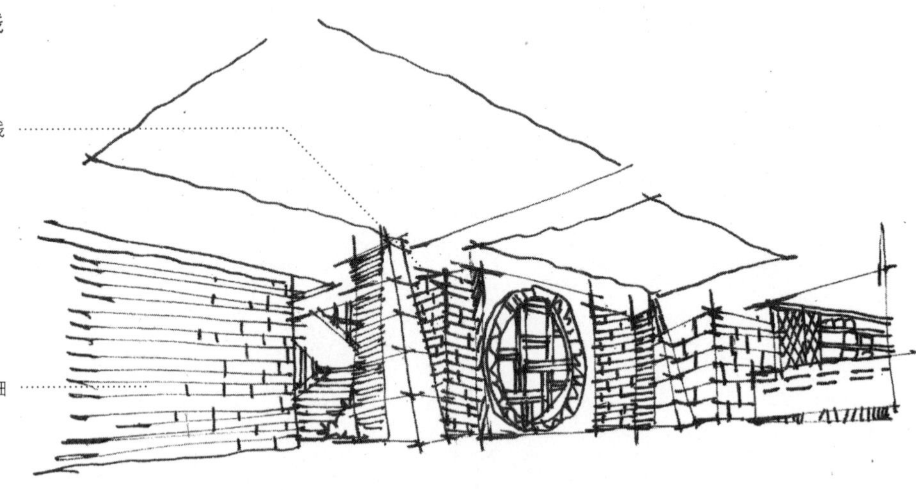

（3）根据空间结构，添加细节部分。

筒灯在室内空间中一般沿直线安置，所以绘制筒灯时要注意画在一条直线上，并连接透视。

天花板的排线要连接灭点，注意空间的透视关系。

7.2.5 公共走廊草图

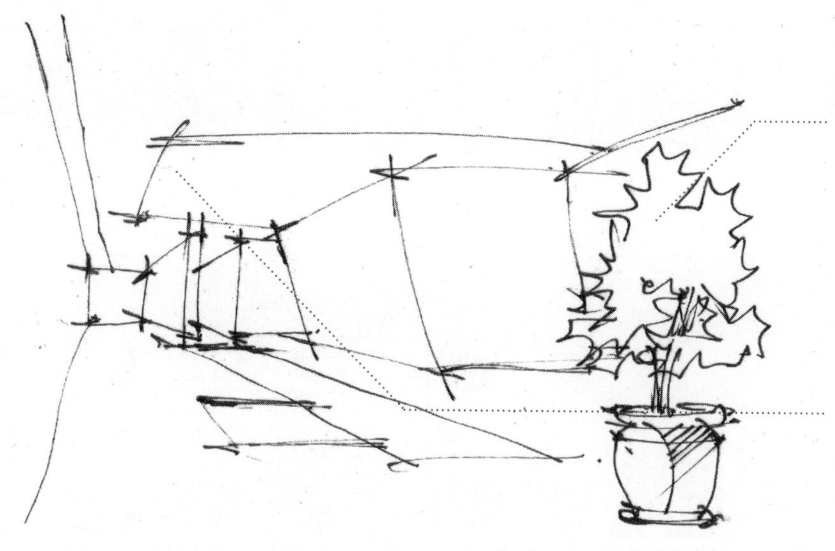

（1）确定空间的体块关系。

对植物进行简单的块面分析后，根据块面进行绘制。

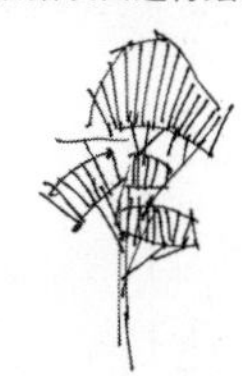

在画面透视中，远处的物体在地面的位置一定比近处的物体高。

（2）将人物、墙面铺装及灯光表现出来。

可以利用不同方向的排线，体现墙面的不同质感。

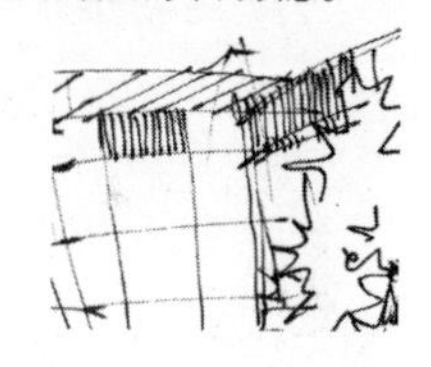

注意方形网格铺装的透视，格子大小近疏远密。同时可以利用不同方向的排线，体现墙面的不同质感。

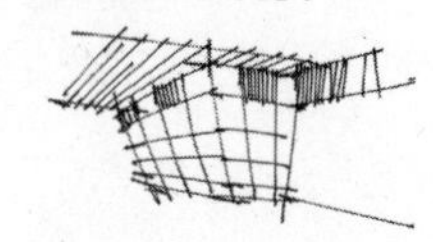

人物在画面中起到衡量空间尺度的作用，画法要概括，避免写实。

（3）为画面添加细节和材料的文字标注。

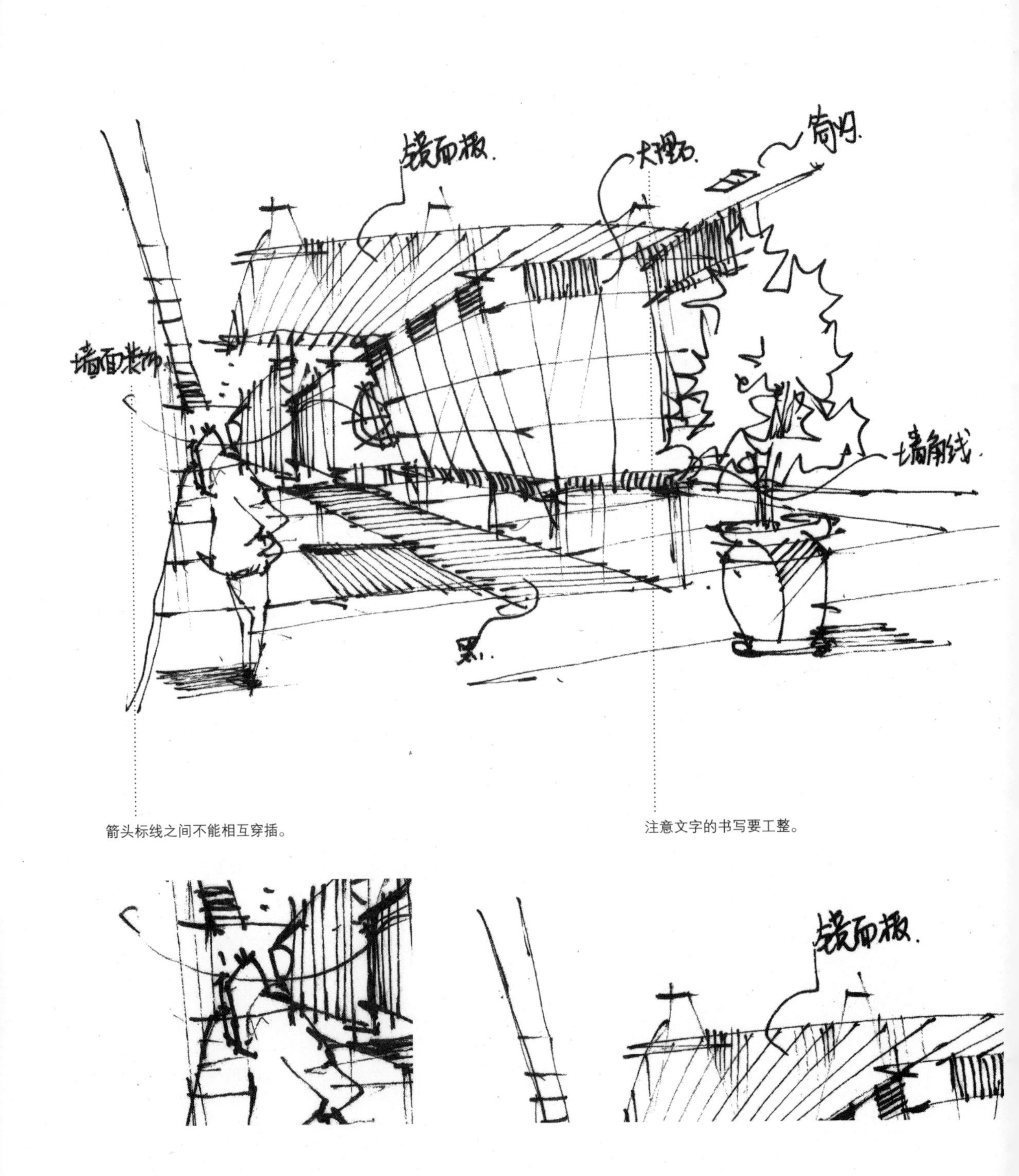

箭头标线之间不能相互穿插。

注意文字的书写要工整。

7.2.6 草图示范

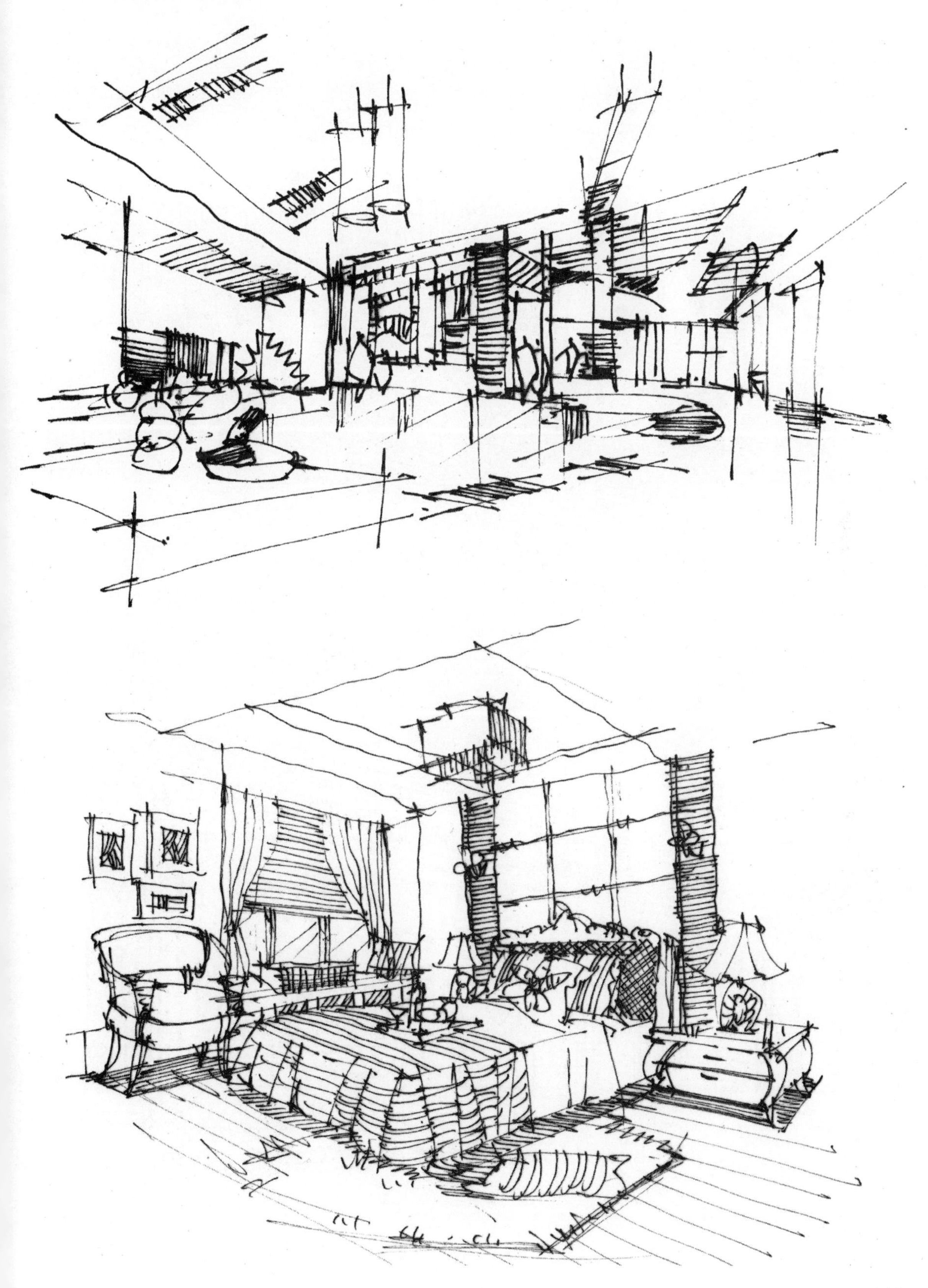

7.3 室内设计后期效果图的手绘表现

后期效果表现阶段是方案最终确定后的表现效果，是最终设计成果的综合表现，具有一定的艺术性。

由于是设计的最终方案，在绘制后期效果图时，不同于构思草图的绘制要求，绘画要求格外严谨，尽可能避免出现差错。对效果图的细节部分也要细致地刻画出来。后期效果图的目的就在于能够清楚地表现设计意图，花费的时间也较长，要能够充分表现出空间内的装饰材料，让客户快速体会到最终设计的空间氛围和视觉效果，让施工人员在阅读施工图纸能力不强的情况下，也能快速、清晰地从手绘结构表现图中明确施工要求，保证设计的准确落实及工程的顺利进行。

因此，后期效果图具有真实性、说明性、专业性、艺术性的特点。

7.3.1 客厅效果图

1.一点透视客厅效果图

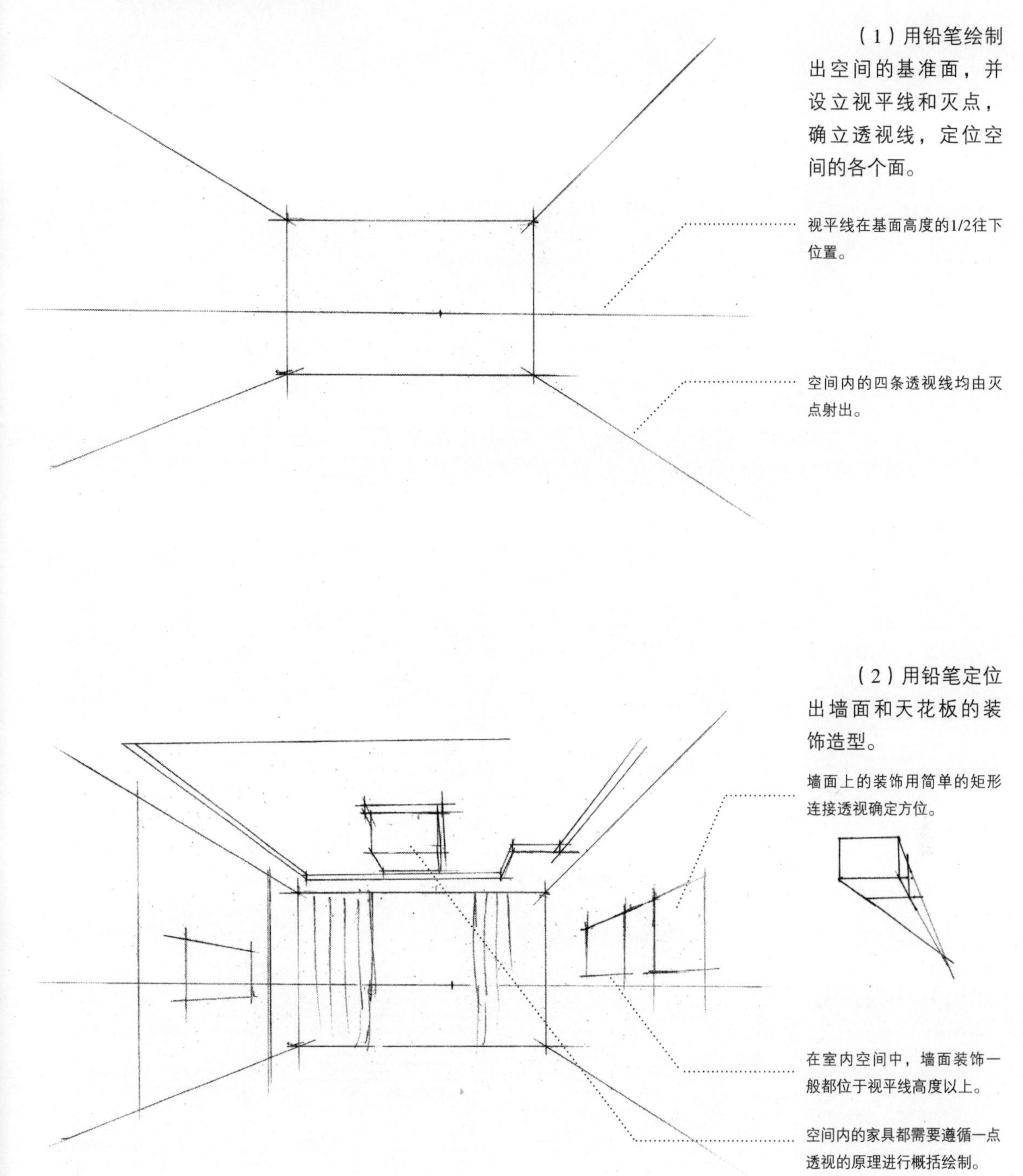

（3）根据物体的比例关系，绘制方形地面投影。

用灭点连接地面投影的方式确定家具位置，可以清楚、直观地看到空间内物体的摆放位置。
由于透视的走向，可以看到石膏板的厚度是有变化的。

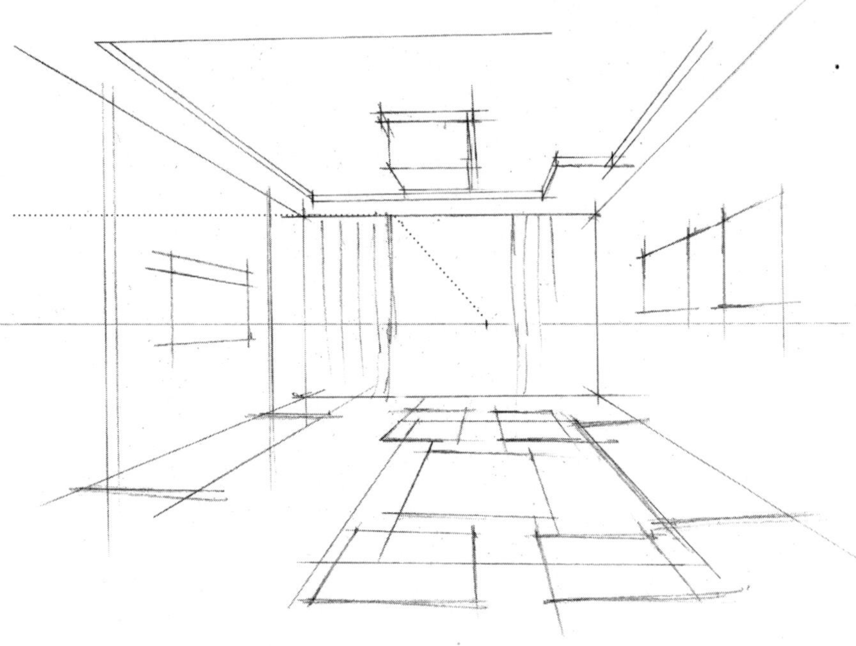

（4）根据物体的高度绘制家具的基本雏形。

画面中所有的消失线都连接灭点。
在起稿过程中尽量保留画面消失点的位置。
根据家具的尺寸和摆放位置，连接灭点绘制家具雏形，注意家具间的高度比例关系。

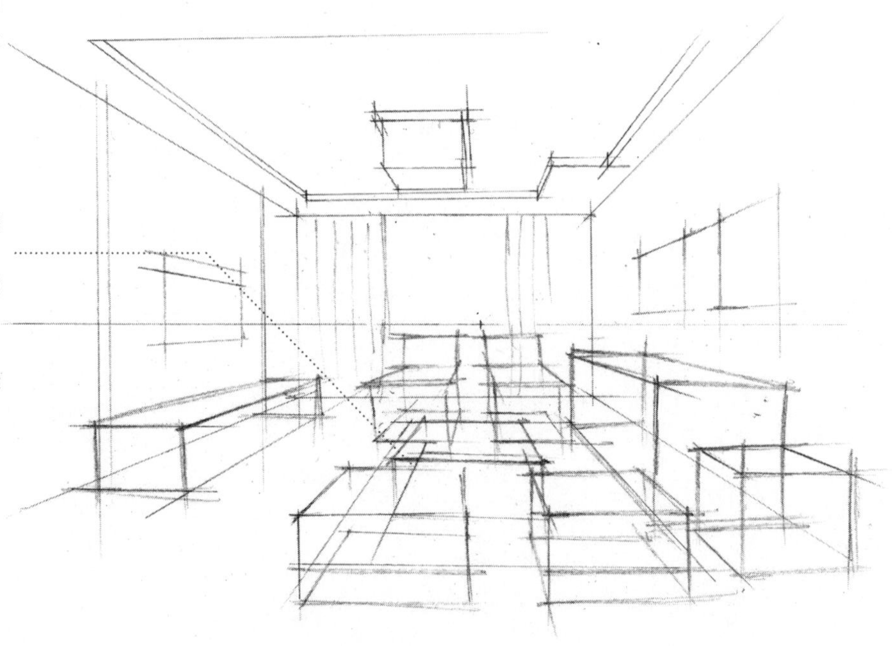

(5)在大框架的基础上添加空间细节，注意对小块面的细节处理，并把握整体空间。

在两个物体的外轮廓线重合的情况下，物体看起来是粘合在一起的，所以下面的步骤就是对其进行细化处理。

在每个物体轮廓的基础上加强细节刻画，不断地进行物体之间比例关系的比较，为之后的绘制做准备。
相互遮挡的物体要划分清楚，注意前后产生的透视遮挡感。

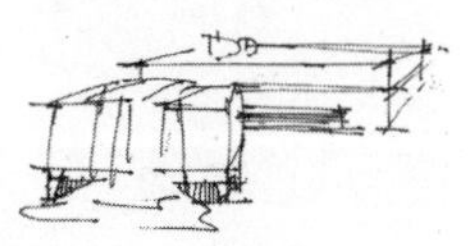

(6)用绘图笔勾勒空间物体，注意物体的形体关系。

用松软的线条绘制窗帘。

把图中的茶几边线和沙发的边线尽可能地上下分开，这样看起来感觉沙发要比茶几稍微矮一点。

进一步细化空间内家具的形态，用有弧度的线条来体现方形沙发的柔软质感。

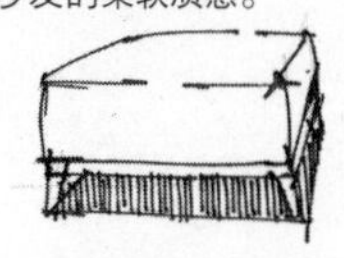

用柔软的线条来绘制布制品，根据布艺下方的物体来确定转折面。

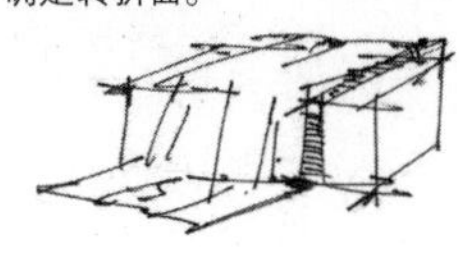

（7）加强物体的明暗层次，完善整个画面关系，加重物体的投影。

树枝的绘制要注意其生长方向是向上的，体现出树枝蓬勃向上的生长力。

客厅中的组合沙发是视觉中心点，需要重点刻画，可以通过添加材质纹理和物品陈设来实现。

通过斜线的排列体现出玻璃透明反光的质感。

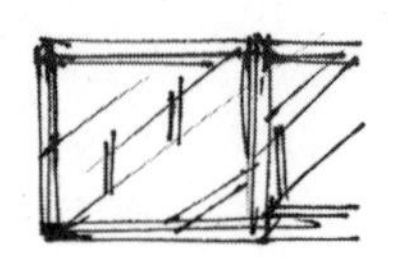

给抱枕加上纹理效果，可以增强本身的立体感并使画面更丰富，这可以使用直线和圆圈的形态来表现。

深入刻画物体的形体结构，注意其明暗和材质的变化，以及地面阴影的收边。家具靠近墙面时在墙面下的阴影应顺着光源的方向绘制。

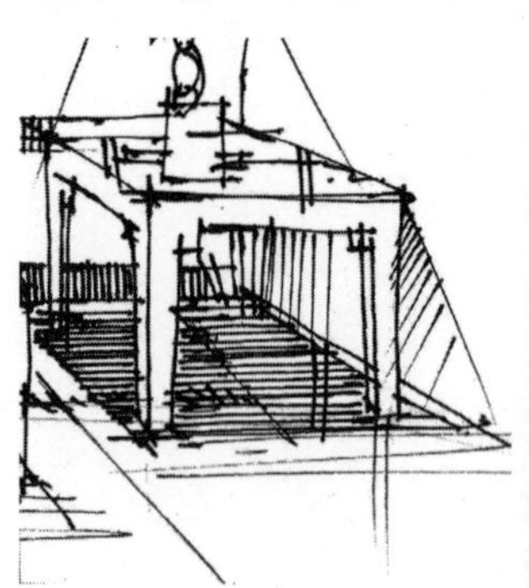

2.两点透视客厅效果图

（1）用铅笔确定空间的真高线、视平线和灭点，根据灭点连接真高线的上下两个端点，确定室内空间的各个面，从而确立空间。

注意要设置两个灭点，墙面上下的透视线都要连接灭点绘制。

视平线在基线中心靠下的位置。

基线的长度不宜过长，否则画面空间伸展不开。

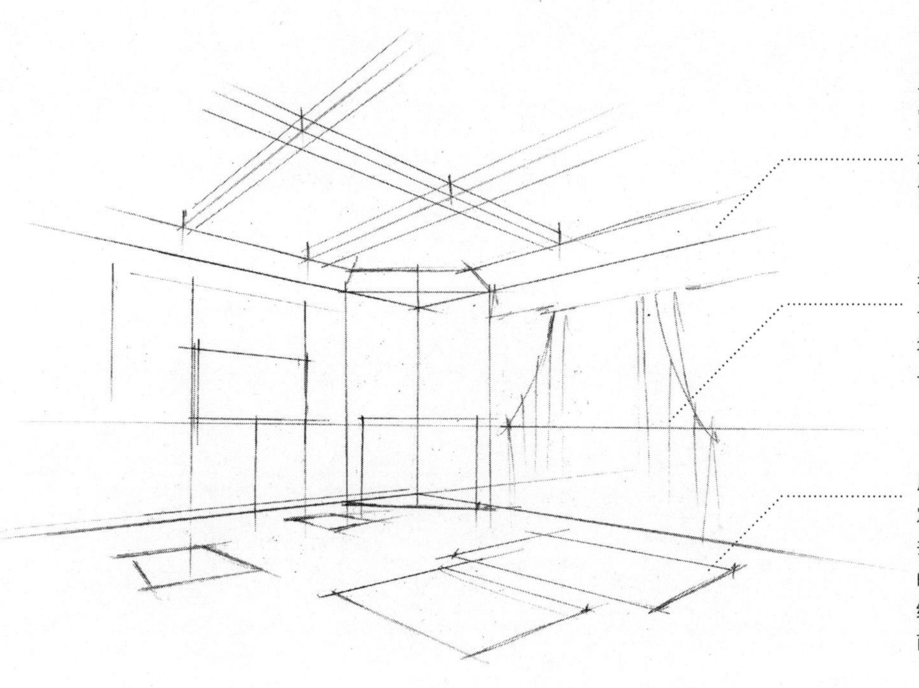

（2）根据透视确定墙面的装饰造型和家具的摆放位置。

墙面装饰用2B铅笔轻轻绘制，简单概括即可。

初学时的练习，可以借用尺子来画一些形体的轮廓线和墙体的结构线，使画面保持一定的严谨性。

用绘制地面阴影的方法来确定家具的位置和比例关系，并确定空间关系，地面阴影的线条也要通过连接灭点来绘制，所以建议灭点要在画面中保留。

（3）按照家具的高度绘制出长方体轮廓，把握好各个长方体之间的比例关系。

先以客厅内茶几的高度作为参考值，从而确定其他家具的高度尺寸关系。

把空间内复杂的形体归纳为简单的体块，并且要注意体块间的大小关系。

（4）在空间架构的基础上，用铅笔逐渐勾勒出家具物品的细节部位，同时强调家具之间的关系，注意家具的前后遮挡。

此步骤中用矩形确定家具位置，不需要做细致的处理。

细化家具轮廓中的细节部分，将复杂的形体装饰概括出来。

空间内茶几与远处的墙角线有一定的距离，这样会显得画面中空间较大。

（5）用绘图笔勾勒出物体的形态，用笔要明确，同时要注意结构。

可以用松软的曲线来表现出窗帘布质的柔软感。当两层窗帘叠加在一起时，则可以用竖排线的阴影来体现其空间感。

可以通过绘制一些配饰来丰富空间气氛，在日常生活中可以通过观察收集素材。

（6）除去多余的线条，对空间进行深入刻画，使画面更完整。

墙面的挂画可以错落有致地排列组合，使画面更为生动。

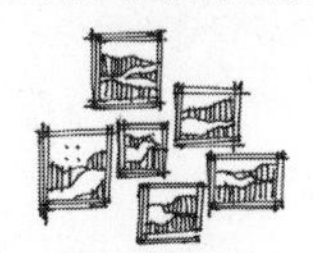

刻画茶几的明暗对比，增强玻璃的反光效果。

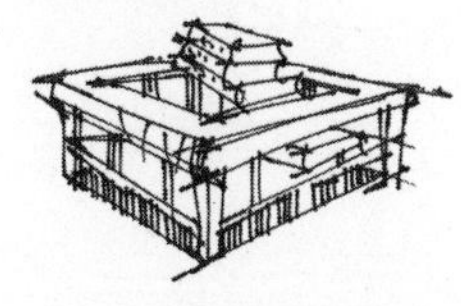

可以通过添加地毯的纹理花样来丰富画面氛围，注意绘制花纹时要用轻浅的线条，也可收集一些素材，从而挑选合适的地毯纹理丰富画面。

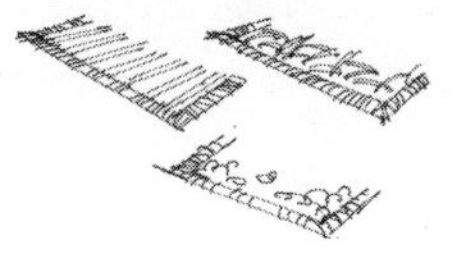

7.3.2 卧室效果图

（1）利用铅笔定位空间的真高线、视平线和灭点，然后根据灭点连接真高线的上下两个端点绘制透视线，确定空间的四个面。

在确定灭点和视平线时，注意视平线在基面的1/2偏下位置。

墙线都从灭点射出。

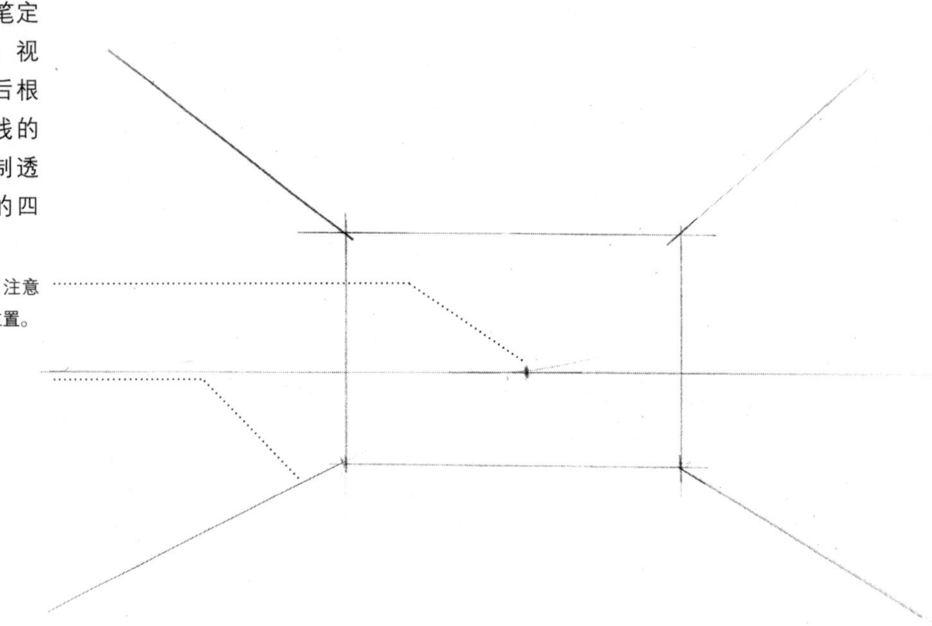

（2）用铅笔连接灭点确定墙面的铺装造型和家具的地面投影。

根据透视绘制出墙面的简单构造，要注意灭点是没有远近关系的。

确定床的长宽，从而进一步确定其他家具的长宽比例关系和摆放位置。

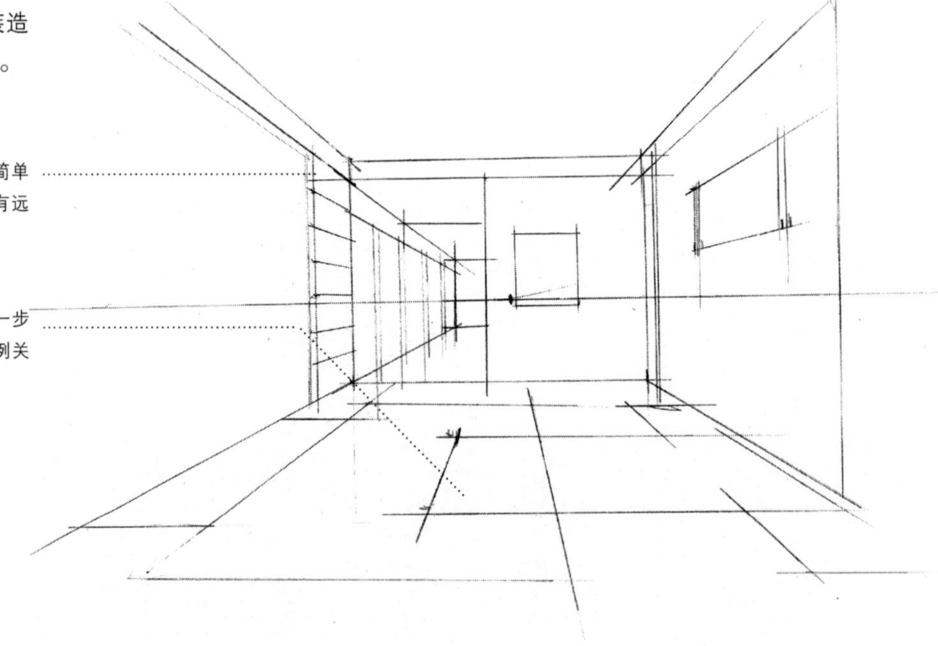

（3）根据物体的高度形状绘制长方体雏形，注意家具的摆放要错落有致。

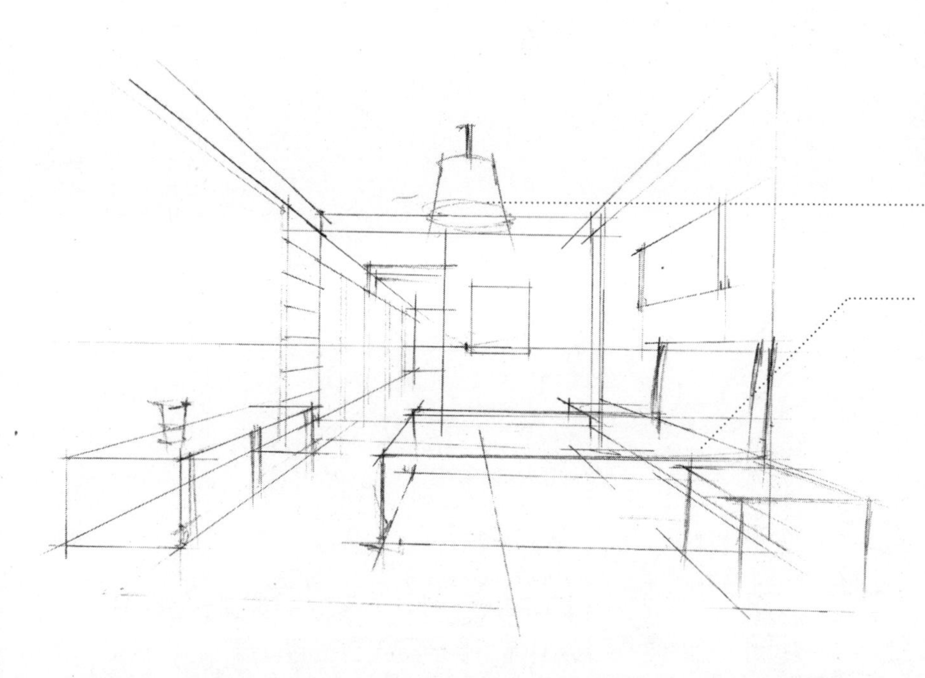

家庭吊灯可以简单绘制成圆柱轮廓。

绘制家具时注意家具间的遮挡关系和比例关系。

（4）用绘图笔将空间内的结构线和外轮廓勾勒出来，注意线条要明确、有力，这一步不应太考虑小细节的变化，以表现空间的大体块关系为主。

在绘制细节时要时刻注意空间内物体的前后遮挡变化，绘制应遵循从前到后的顺序。

为了丰富画面，可以在床头处摆放一些陈设装饰。

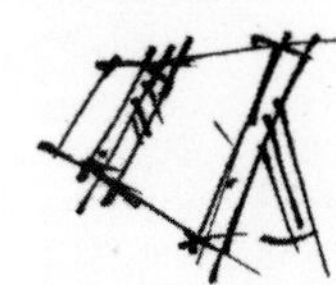

植物的表现要注意其形体特征和穿插关系，才能更体现出植物本身的结构和透视关系。

（5）进一步细化每个物体，深入刻画空间，使画面更完整。

在墙面上可以用装饰画和墙面铺装来表现材质上的不同。

地毯的纹样可用不同的线纹来表示。

远景的形体可以简单概括，无须太多的刻画，避免喧宾夺主。

床面过空时，可以加上陈设品丰富床面的层次感。布艺等制品的画线用笔不能太过死板，要体现出物体的柔软度。

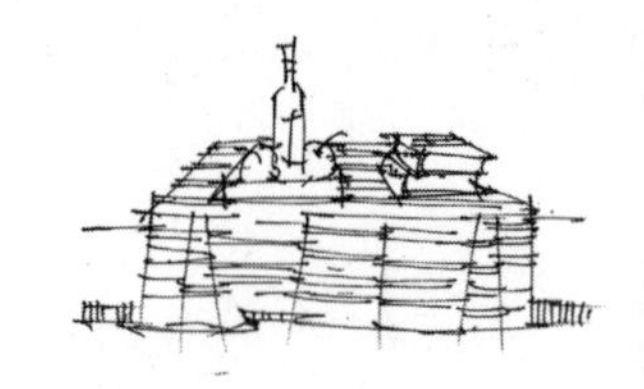

7.3.3 餐厅效果图

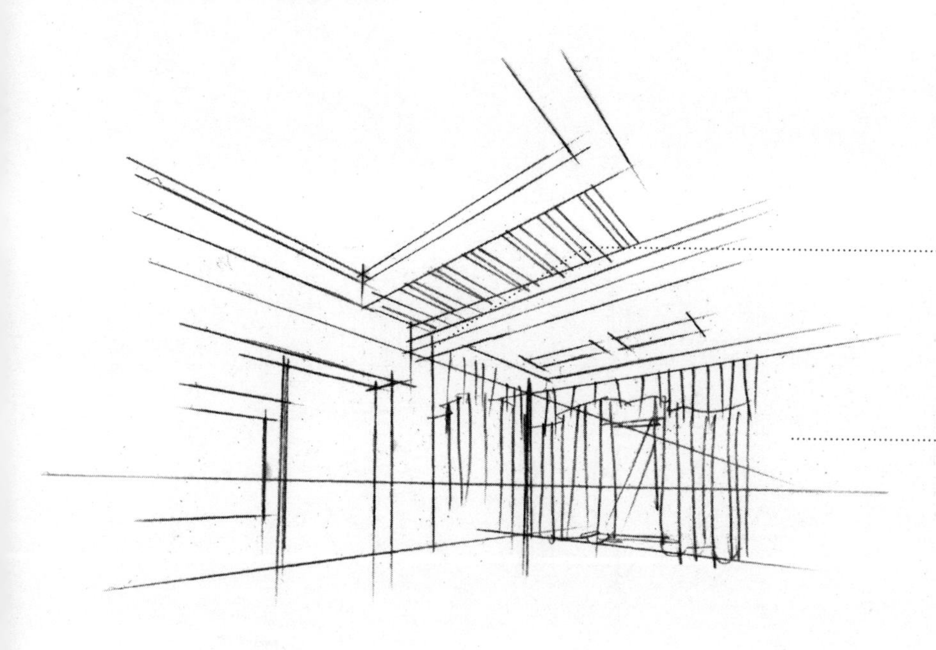

（1）选好空间构图，确定视平线和灭点位置，绘制出空间后确定墙面和天花板的造型。

天花板和墙面的装饰要连接透视线，所以在起稿的过程中要保留画面的消失点位置。

把墙面所有的装饰都归纳为一个简单的长方体雏形。

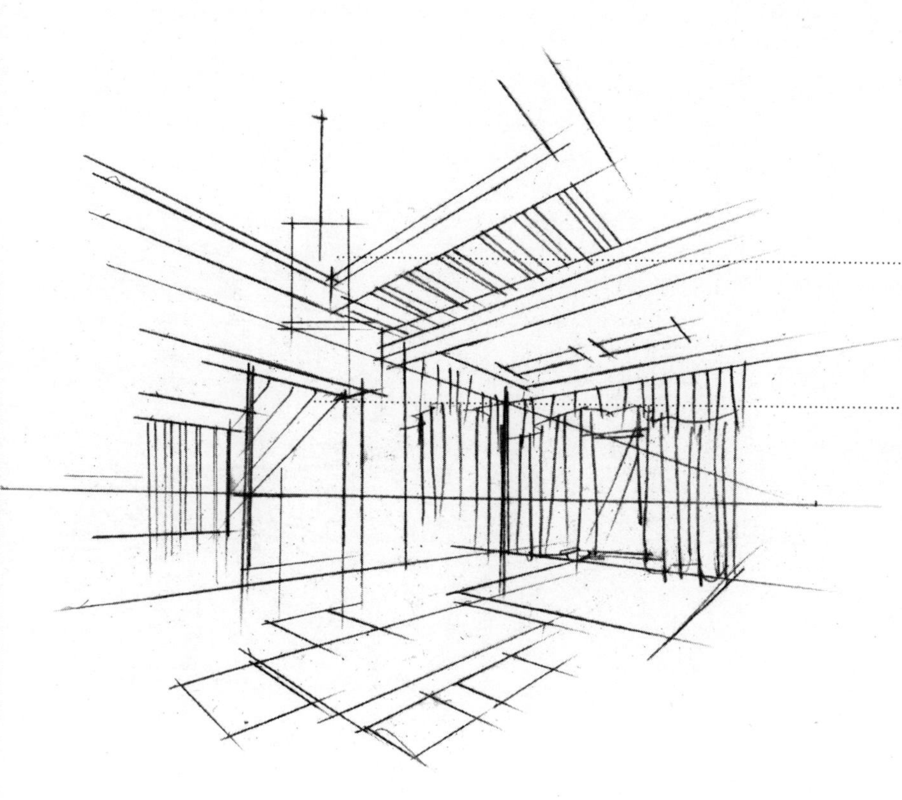

（2）根据家具的摆放位置和比例关系，确定家具的地面投影。

空间内的吊灯可简单概括为圆柱形。

将空间内的家具位置概括出来，将家具阴影部分概括为方形块面。

（3）确定家具的高度，绘制长方体轮廓，时刻注意各个家具轮廓间的比例关系，切忌比例失调。

确定木地板的铺装方向，然后根据方向连接灭点绘制铺装线。

初学画稿时，对一些轮廓和墙体的结构线不能准确掌握，可以借助尺子来进行定稿。

把所有的家具形态归纳为简单的透视长方体。

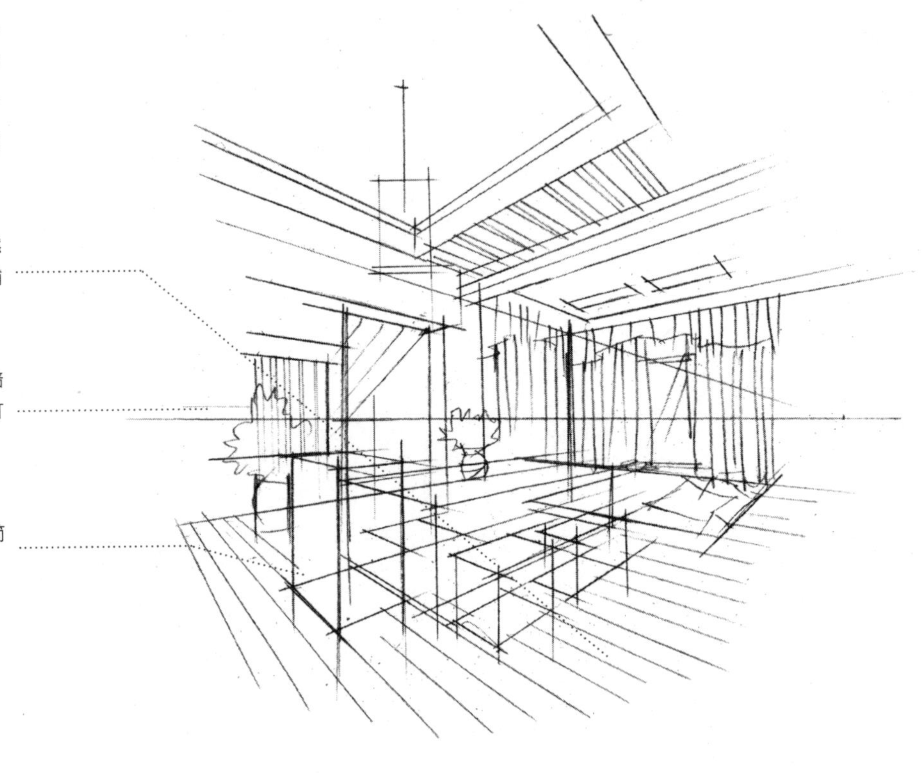

（4）用绘图笔细化家具的结构和造型特征，并刻画出墙面的立体造型和家具的大致纹理。注意笔法的多样性，通过线条体现出形体的材质变化，然后擦去多余的线条。

远景的形体可以简单带过，简单画出形体特征即可。

主要的家具应该仔细刻画，添加布艺品的纹理和陈设以丰富家居空间的气氛。

灯具可以用简单的几何形状概括，可以添加纹理表现物体的材质。

布艺品可以用不同的纹样来体现质感，丰富画面。

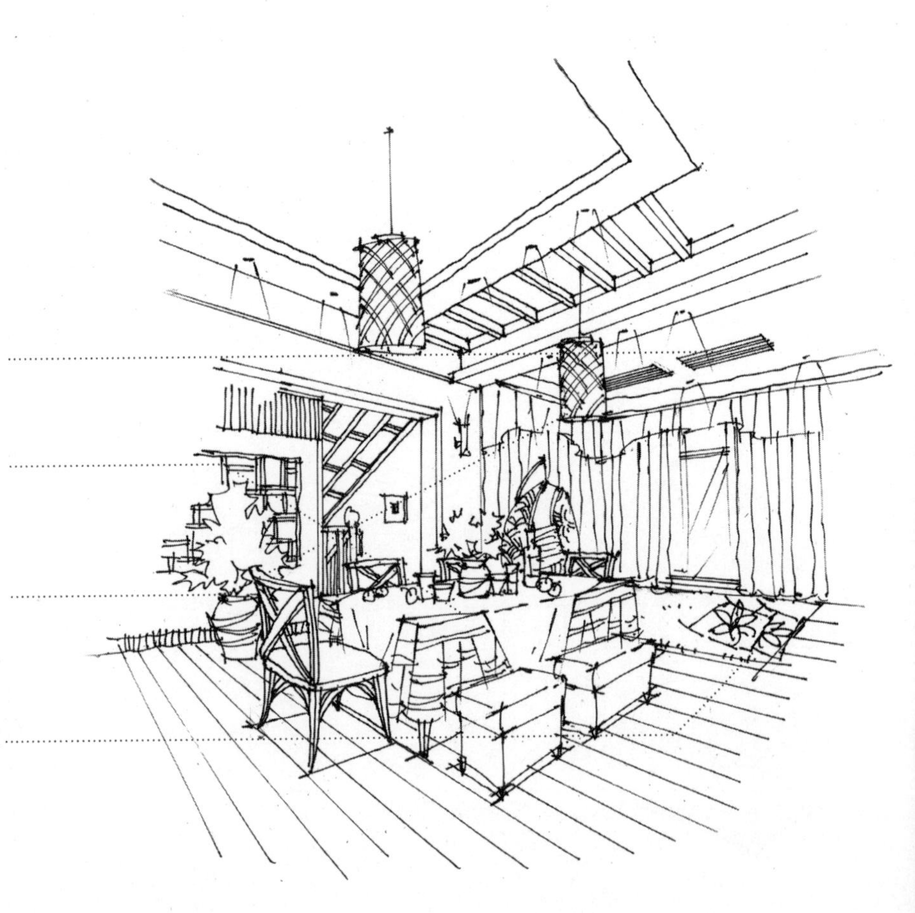

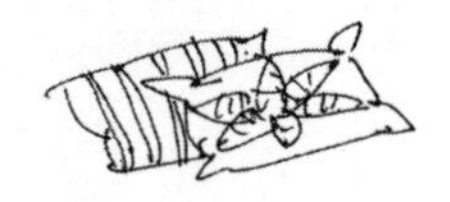

（5）加重投影深度和物体的虚实变化，通过线的排列加强画面的阴影。

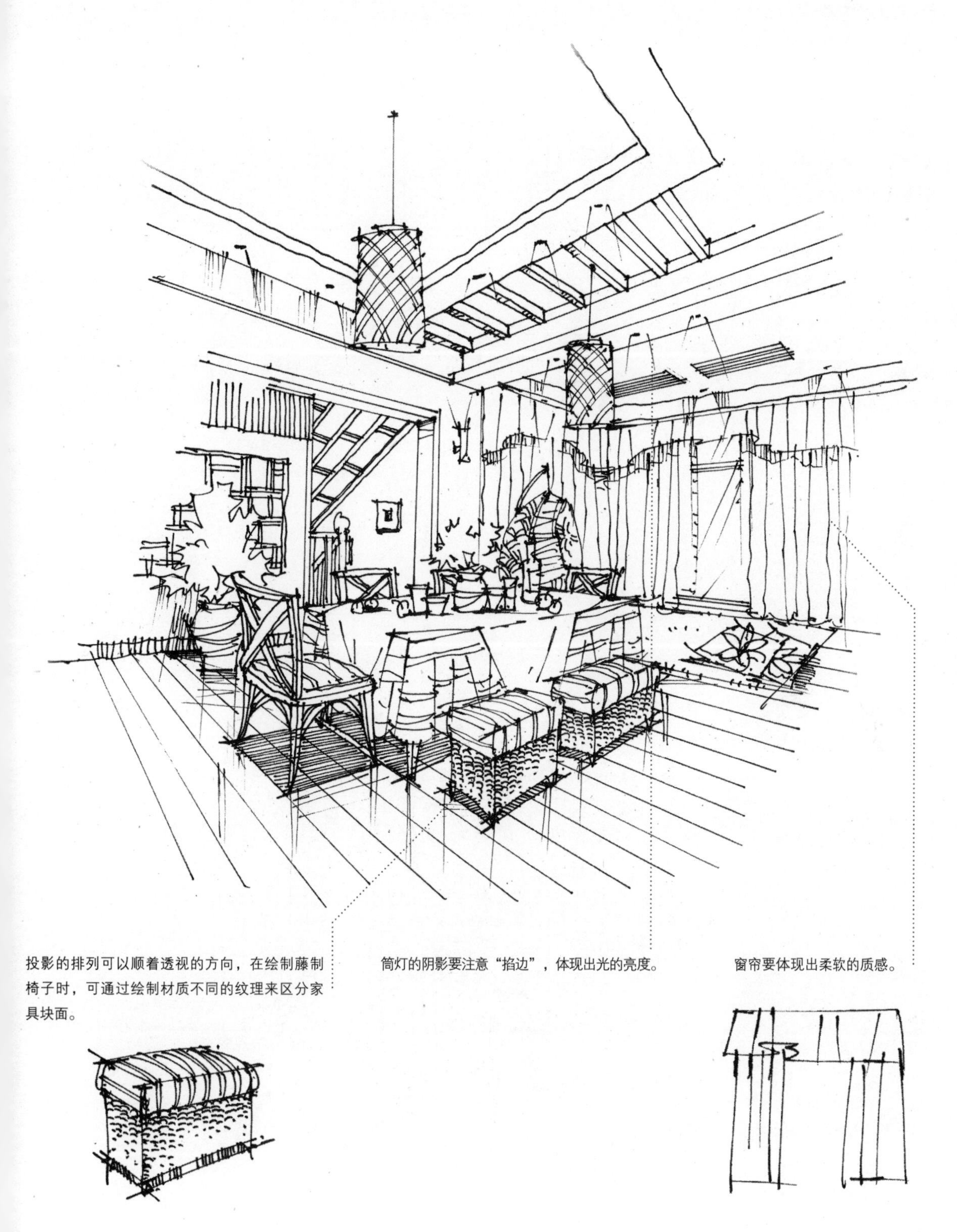

7.3.4 卫生间效果图

1.浴室效果图

（1）确定构图，依据空间的宽度和高度定位基面，并绘制出室内空间雏形，然后把主要的墙面装饰绘制出来，同时分析家具的摆放位置，绘制地面方形投影。

用2B铅笔轻轻描绘出窗户的纹理效果，注意对窗框大小的表现。

用简单的线条概括出墙面的铺装样式。

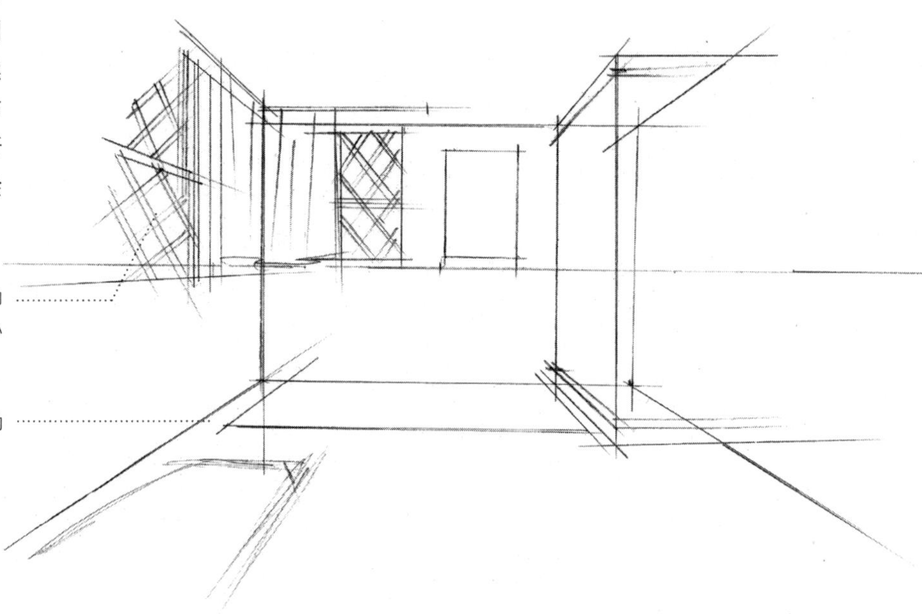

（2）在透视画面上确定家具的真实高度比例并绘制长方体轮廓。

用铅笔将浴缸的雏形表现出来，以便之后的墨线绘制，浴缸的形状以圆弧形为主。

可以画出其中一个主体的高度并以此为参考值。在此画面中以洗手台为参考标准，借以确定其他家具的高度比例。

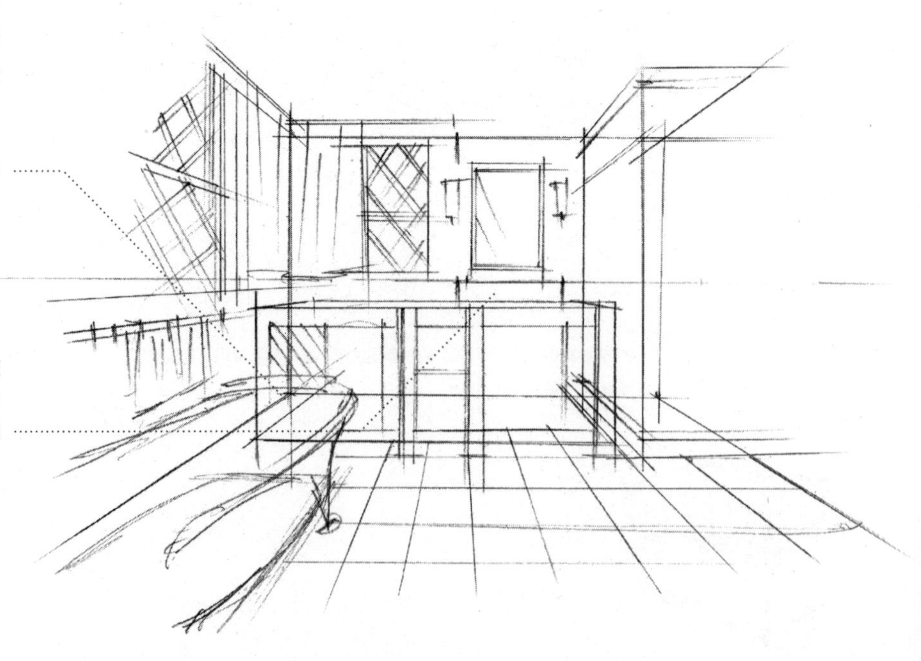

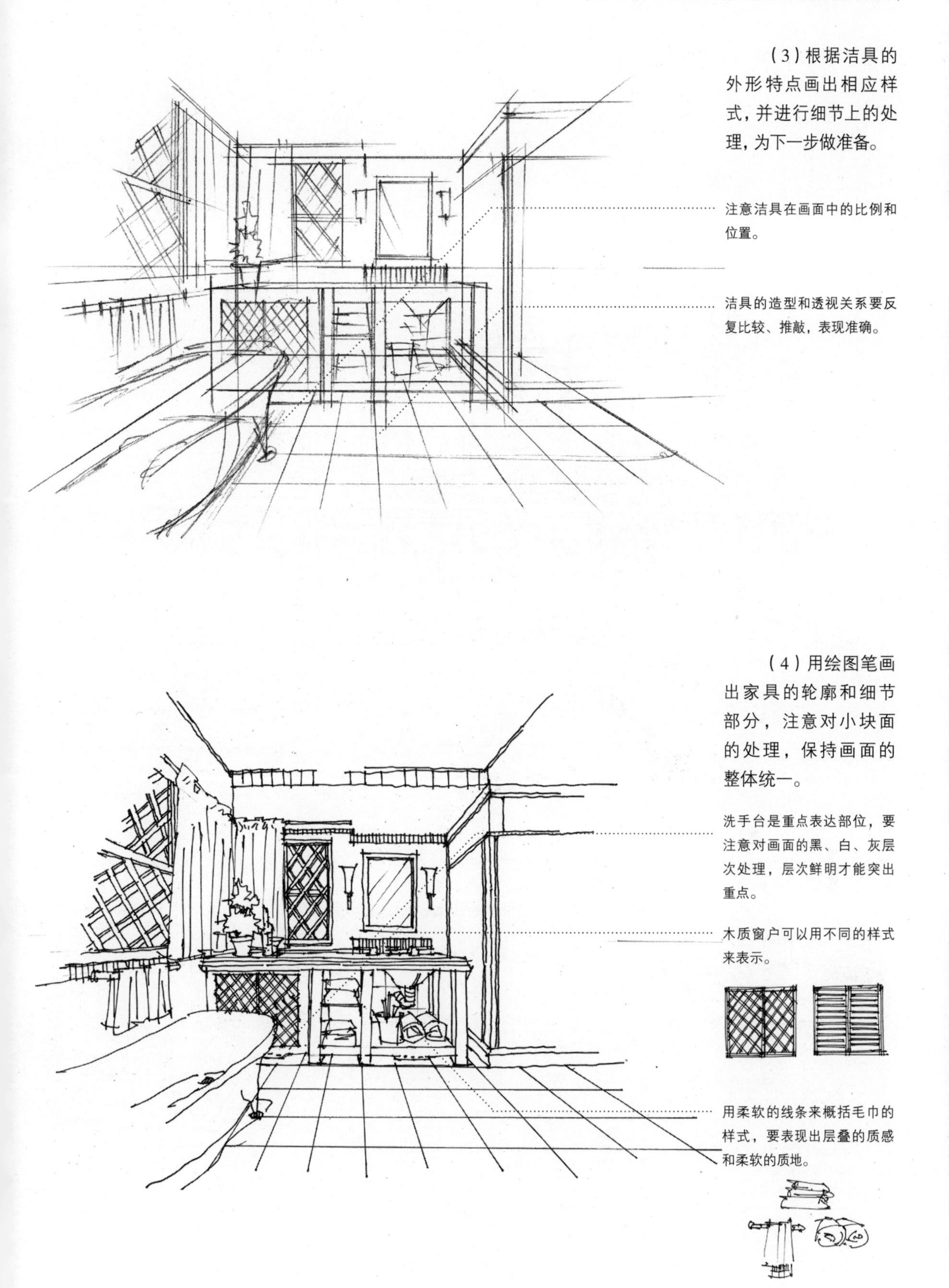

（3）根据洁具的外形特点画出相应样式，并进行细节上的处理，为下一步做准备。

注意洁具在画面中的比例和位置。

洁具的造型和透视关系要反复比较、推敲，表现准确。

（4）用绘图笔画出家具的轮廓和细节部分，注意对小块面的处理，保持画面的整体统一。

洗手台是重点表达部位，要注意对画面的黑、白、灰层次处理，层次鲜明才能突出重点。

木质窗户可以用不同的样式来表示。

用柔软的线条来概括毛巾的样式，要表现出层叠的质感和柔软的质地。

（5）为画面添加阴影效果。

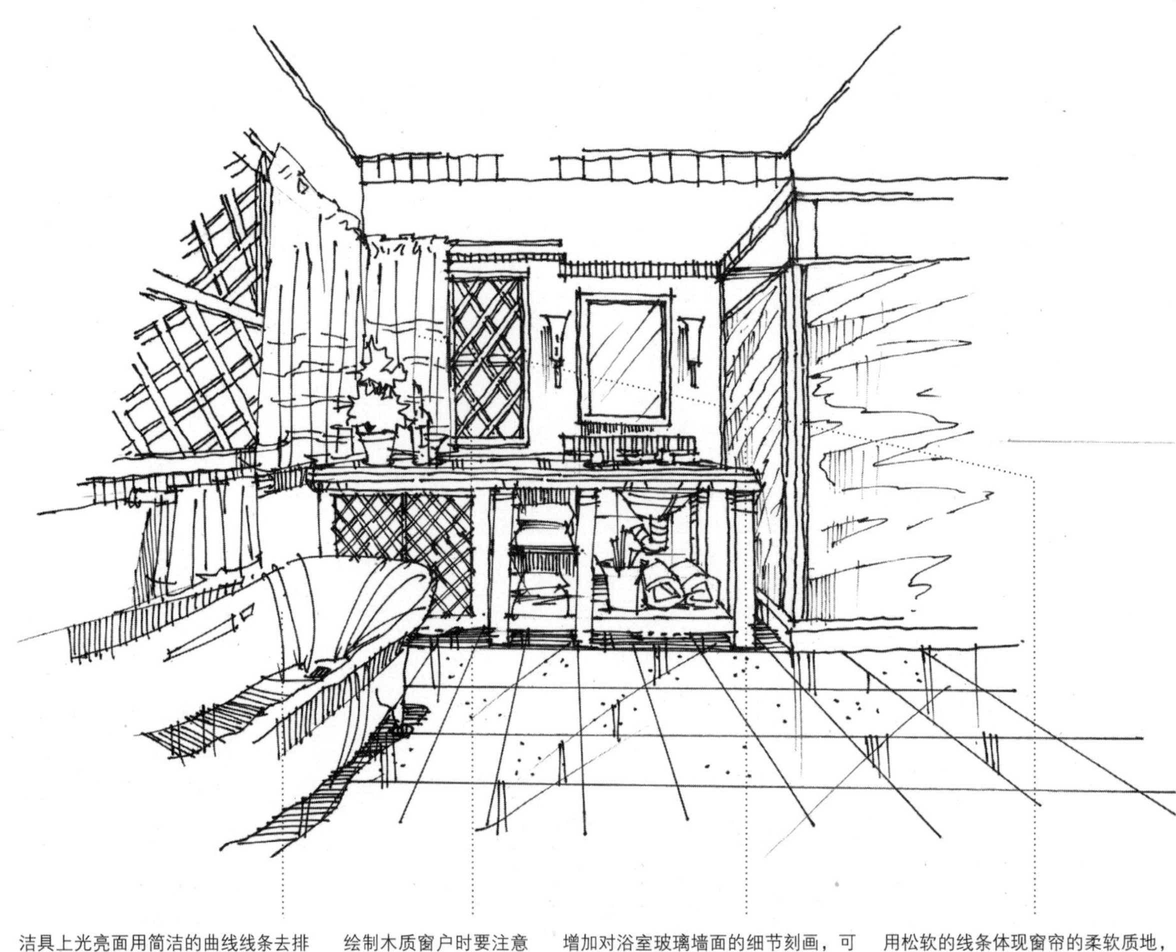

洁具上光亮面用简洁的曲线线条去排列组织，以体现其光滑的质地。

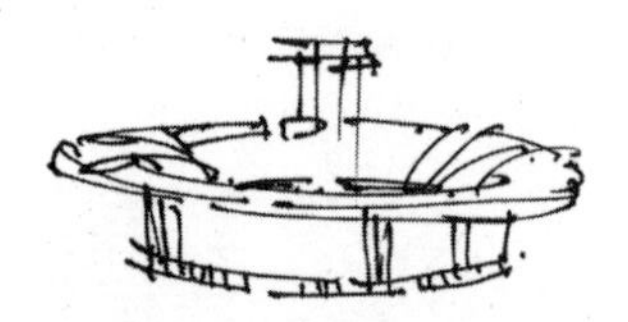

绘制木质窗户时要注意木制品是有厚度的，并要注意其结构。

增加对浴室玻璃墙面的细节刻画，可增加一些花纹。

用向外的弧线组合来概括地绘制植物。

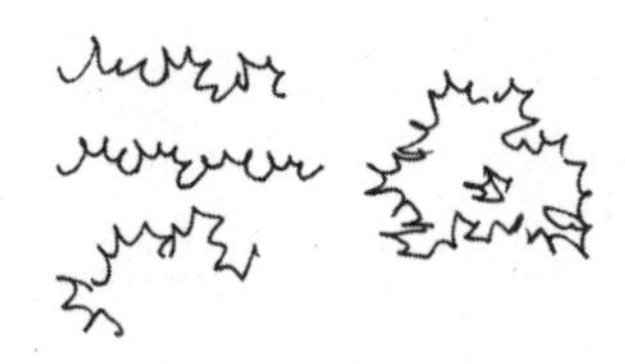

用松软的线条体现窗帘的柔软质地，并添加不同的花纹来丰富画面。

2.卫生间效果图

(1)确定构图，画出视平线，并确定灭点的位置，定出空间。

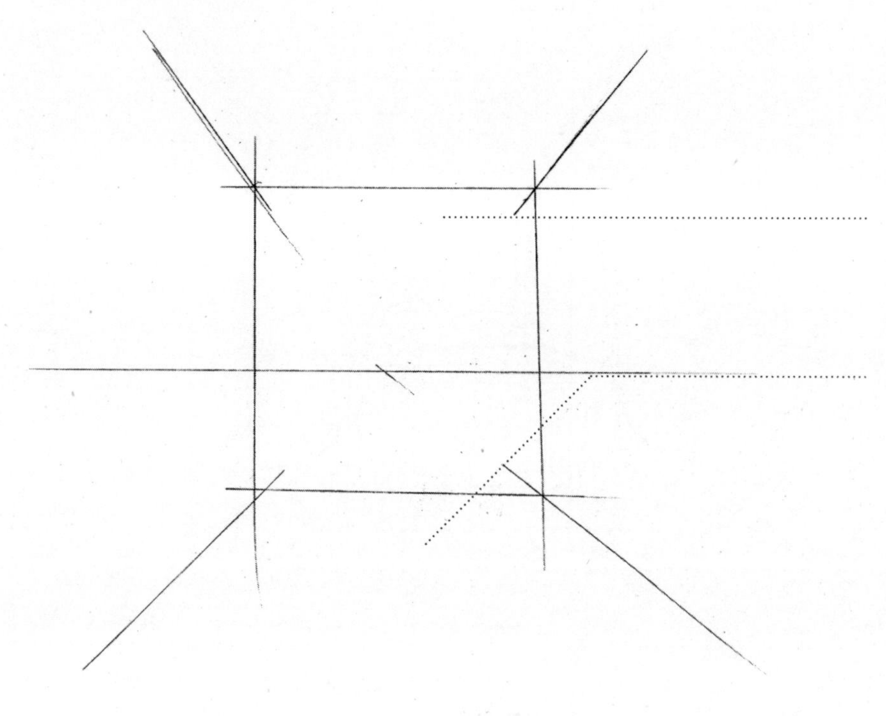

对于较小的绘图空间表达，可以将基准面绘制得稍微大一些。

如果空间较小，为了避免过于狭窄，可将空间的高度增加。

(2)找出家具的大致摆放位置，绘制出地面方形阴影以及墙面布置的大致框架。

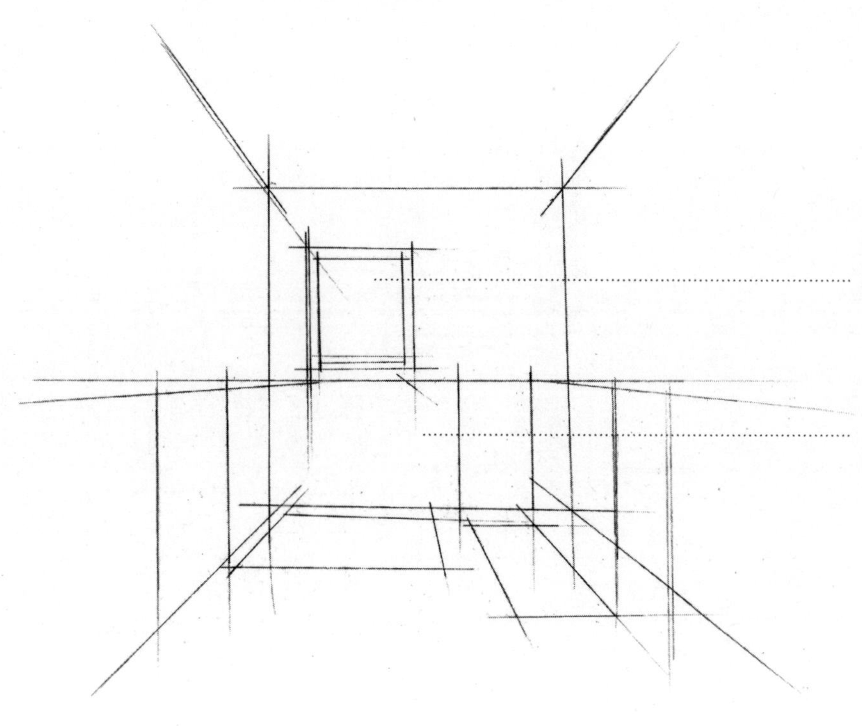

确定空间内的墙面装饰，用简单的矩形轮廓将其概括出来。

把所有的家具都概括成简单的透视长方体。

（3）根据家具的实际大小和尺寸，确定各个家具的高度，然后连接透视画出长方体，注意家具间的比例关系，接着用铅笔绘制出家具的大概轮廓。

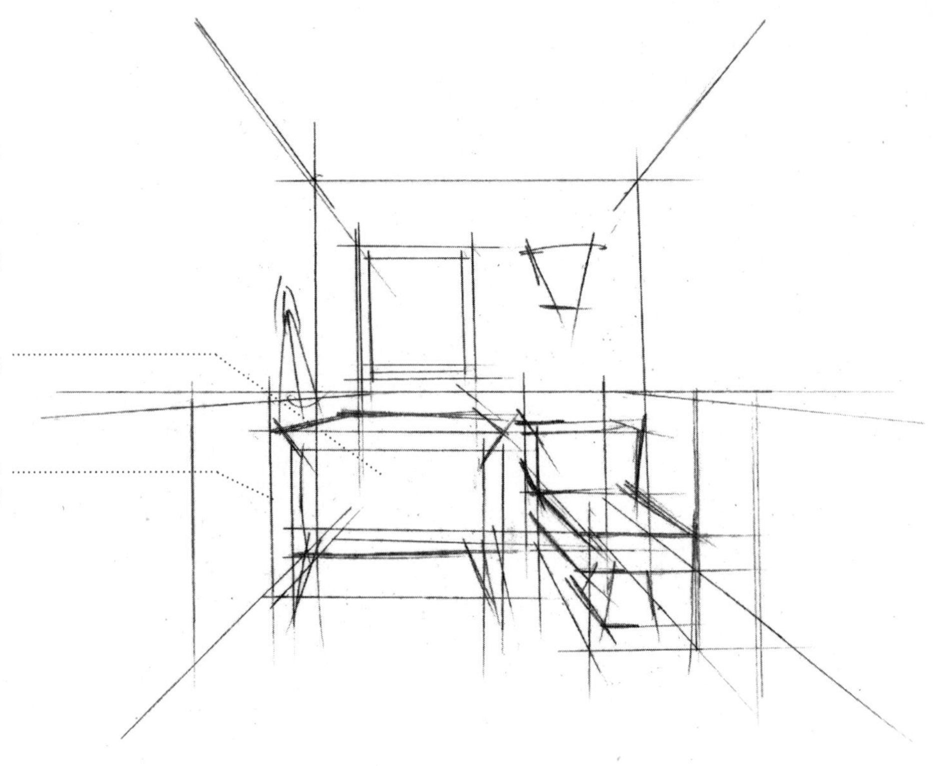

根据现代风格的特点，细化家具的特征和设计造型。

进一步确定墙面的装饰造型，将复杂的形态简单概括为矩形。

（4）用勾线笔细化家具的结构和造型特征，在绘制过程中时刻调整画面的整体关系。

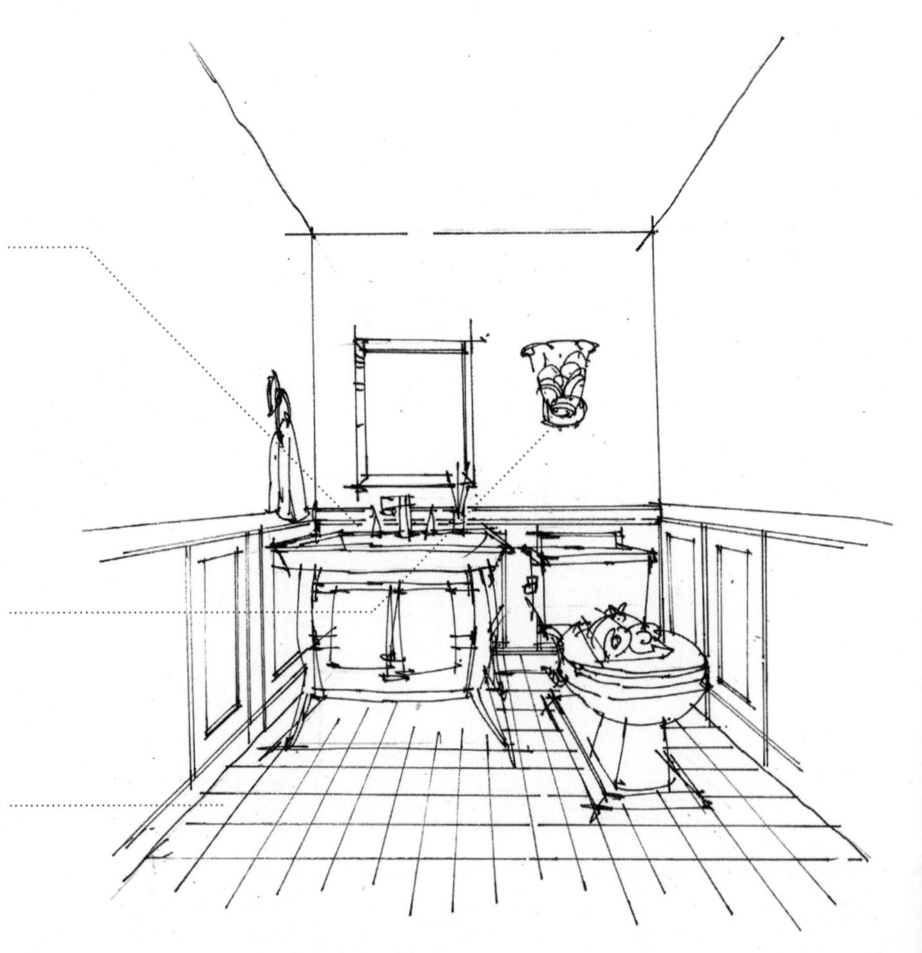

在绘制家具时要时刻注意抓住家具的风格类型。这里是欧式风格，则要抓住欧式风格的特点，桌脚一般为有弧度的。

灯饰上可以添加一些花纹，丰富家居装饰的美感。

地面铺装要连接透视线绘制，横向线条注意近疏远密的关系，体现空间感。

（5）深化细节部分，添加阴影增强画面对比。

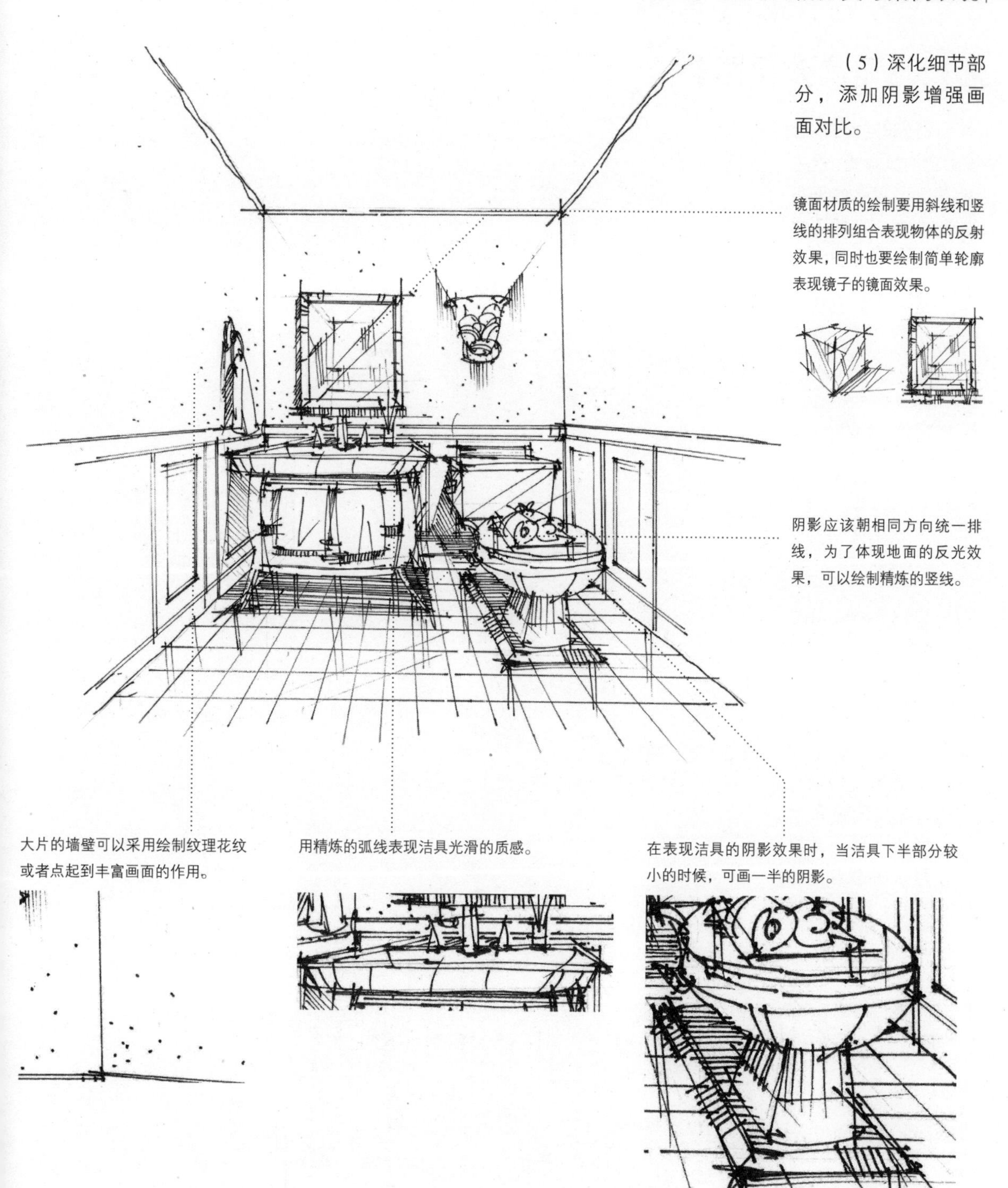

镜面材质的绘制要用斜线和竖线的排列组合表现物体的反射效果，同时也要绘制简单轮廓表现镜子的镜面效果。

阴影应该朝相同方向统一排线，为了体现地面的反光效果，可以绘制精炼的竖线。

大片的墙壁可以采用绘制纹理花纹或者点起到丰富画面的作用。

用精炼的弧线表现洁具光滑的质感。

在表现洁具的阴影效果时，当洁具下半部分较小的时候，可画一半的阴影。

7.3.5 厨房效果图

（1）确定构图，画出厨房的真高线、视平线，并确立两边的灭点位置，以确定空间内的各个面，并确定空间墙面的大概造型。

在同时有几个房间的透视空间中，要注意灭点没有远近关系，每个房间的透视线始终连接灭点。

遇到较长的透视线时，可以借用尺子来绘制结构线，避免出现透视差错。

筒灯的排布应该整齐划一地消失在一条透视线上。

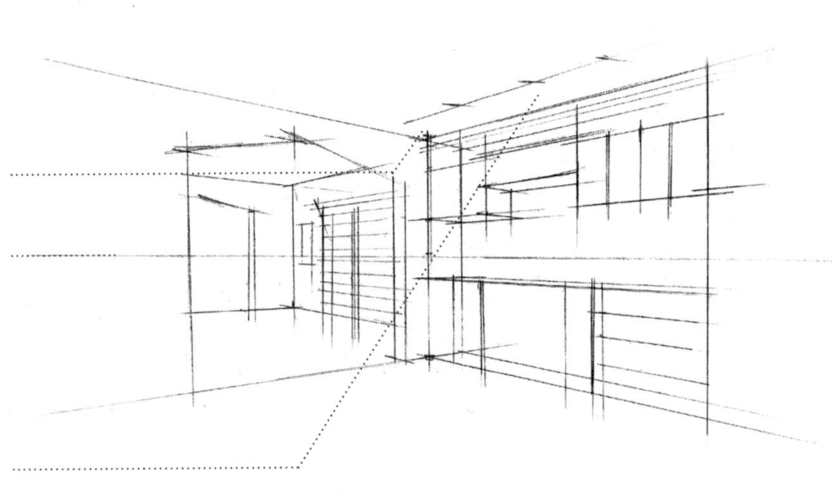

（2）在确定墙面造型的主要线条之后，可以将家具的位置投影定位出来。

绘制厨房内的家具摆放位置，将地面阴影概括为带有透视的矩形。

每个门洞中都有摆放的物体，要概括其轮廓，连接灭点绘制出雏形。

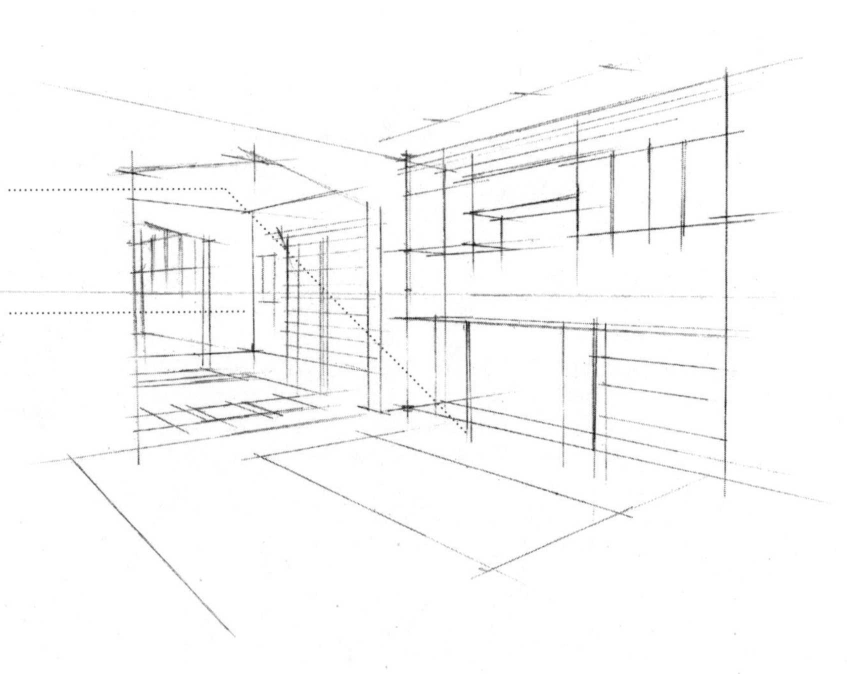

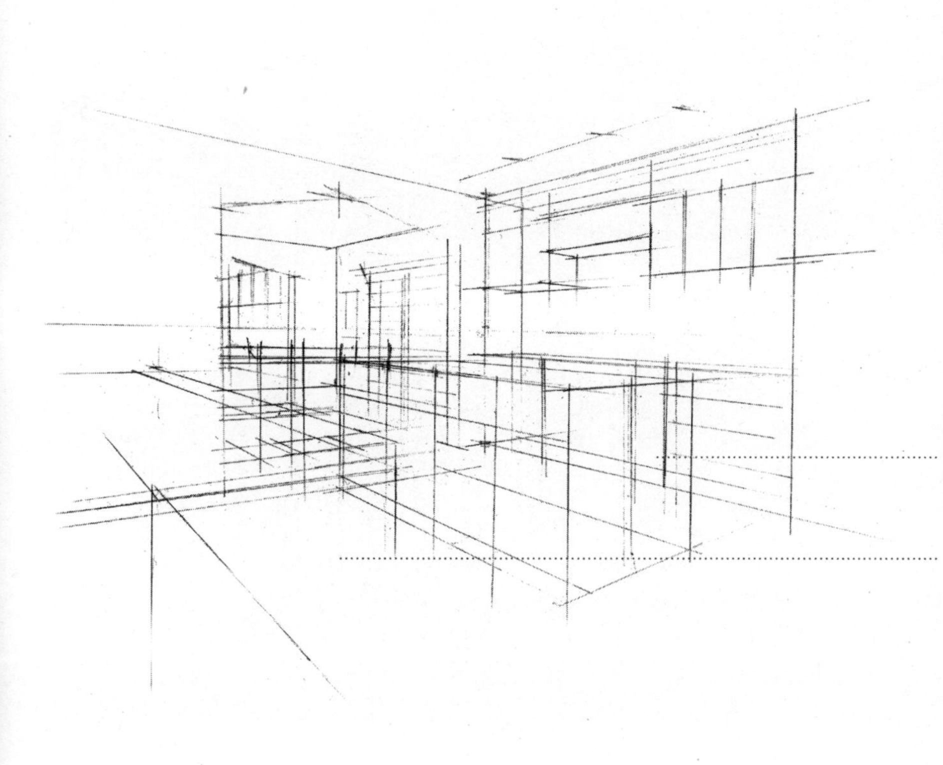

（3）用铅笔逐步细化家具的各个部位细节，强调家具间的关系，注意厨柜的前后遮挡关系。然后根据家具的高度确定绘制长方体轮廓，把厨柜概括为长方体，并把握好长方体间的比例关系，注意空间的整体透视感。

先确定餐厅内厨柜的高度比例，再逐步确定其他家具的比例关系。

注意在家具轮廓间留出人行道空间。

(4)使用绘图笔定稿，细化家具的结构和前后关系，并且添加一些装饰摆设。可以先从视线前的家具入手，然后逐渐推向远处。

细化空间的每个部位，体现出形体特征和十足的透视感。

利用纹理细节来丰富家具的装饰和画面效果。

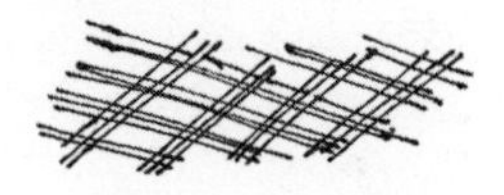

在画面中添加物品陈设来增强画面氛围。

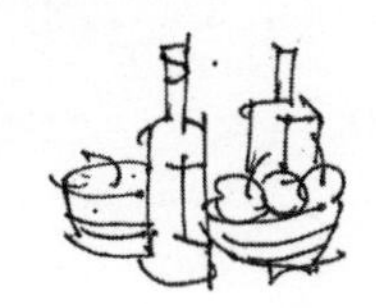

（5）细化远处的家具和墙面装饰，营造整体空间氛围。

细化厨柜的雕花细节，也可以寻找其他雕花样式进行画面美观上的调整。

远处空间的物体可以概括处理，做到近实远虚。

不同房间的墙角线透视都要连接灭点。

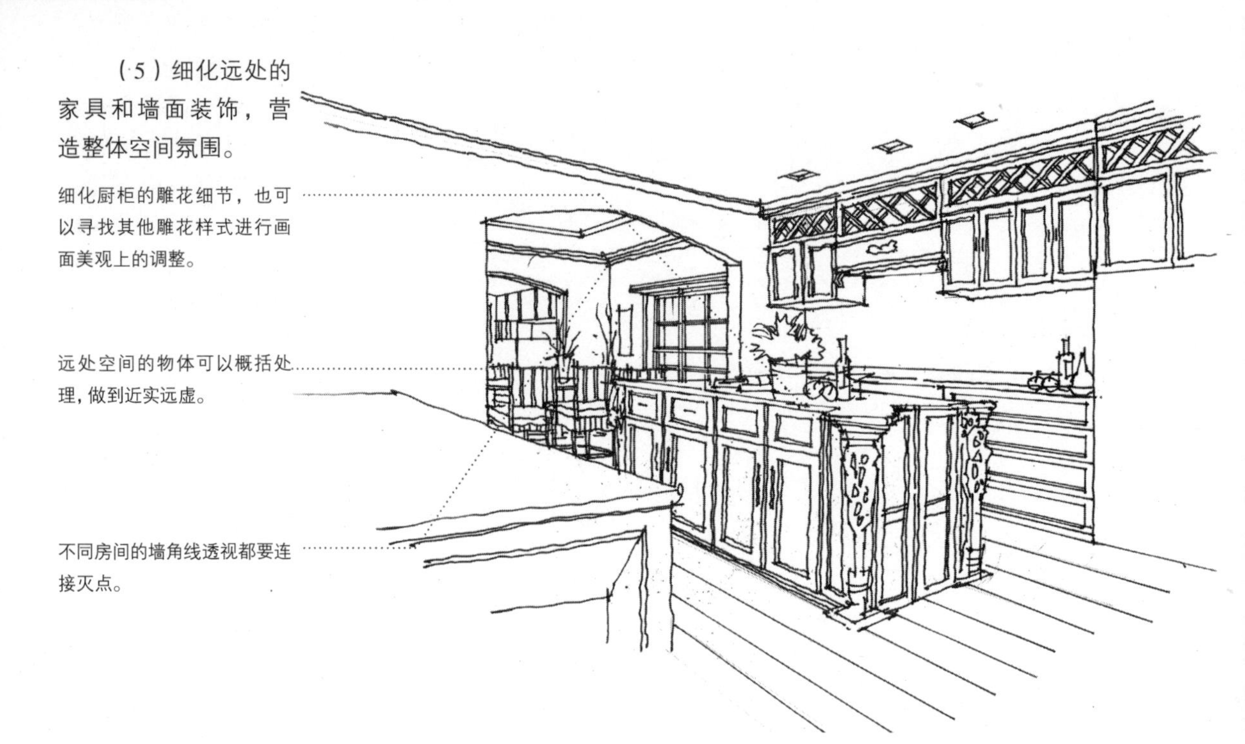

（6）添加画面阴影和材质纹理，可以加重家具的底部阴影，加强画面的明暗对比关系。

家具上的光亮可以用精炼的线条去排列组织体现出来。

如不锈钢反光材质可以用斜虚线和精炼的竖线排列表现出反光的质感。

木地板的铺装线一定要连接灭点，避免透视出现错误。

7.3.6 会议室效果图

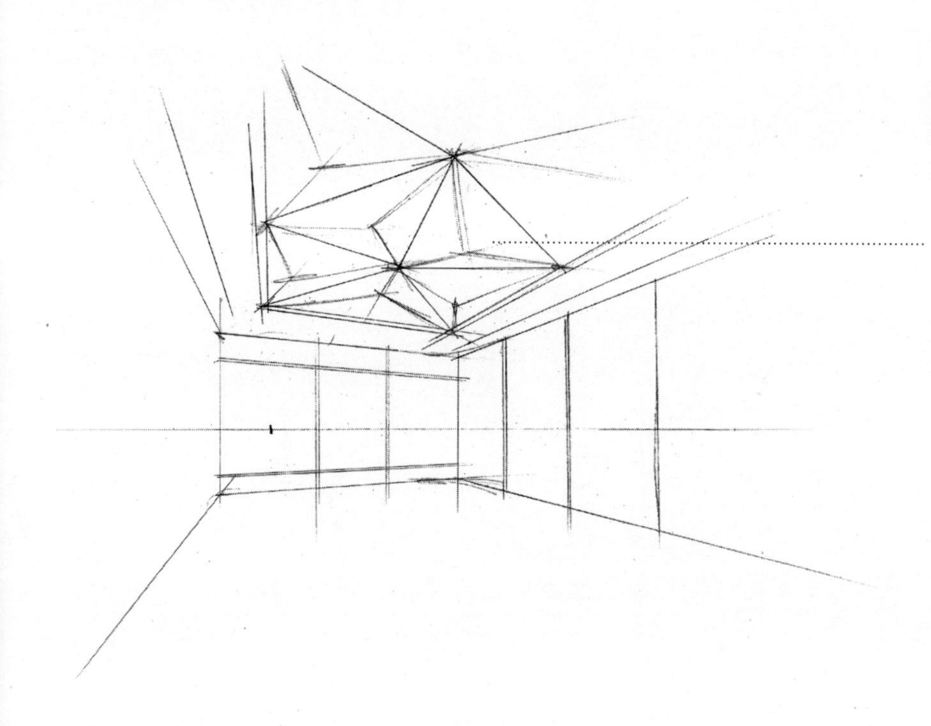

（1）用铅笔根据空间的宽和高绘制会议室的基面，然后确定视平线和灭点，并根据透视绘制出透视线。

遇到异形的空间形态，也许不能通过透视线来掌握其空间透视规律，此时可运用近大远小、近疏远密的关系来推理绘画。

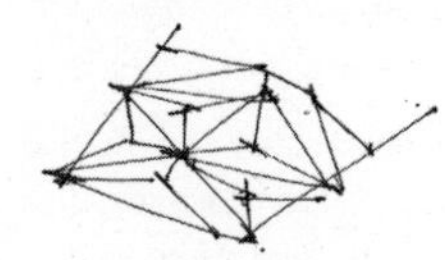

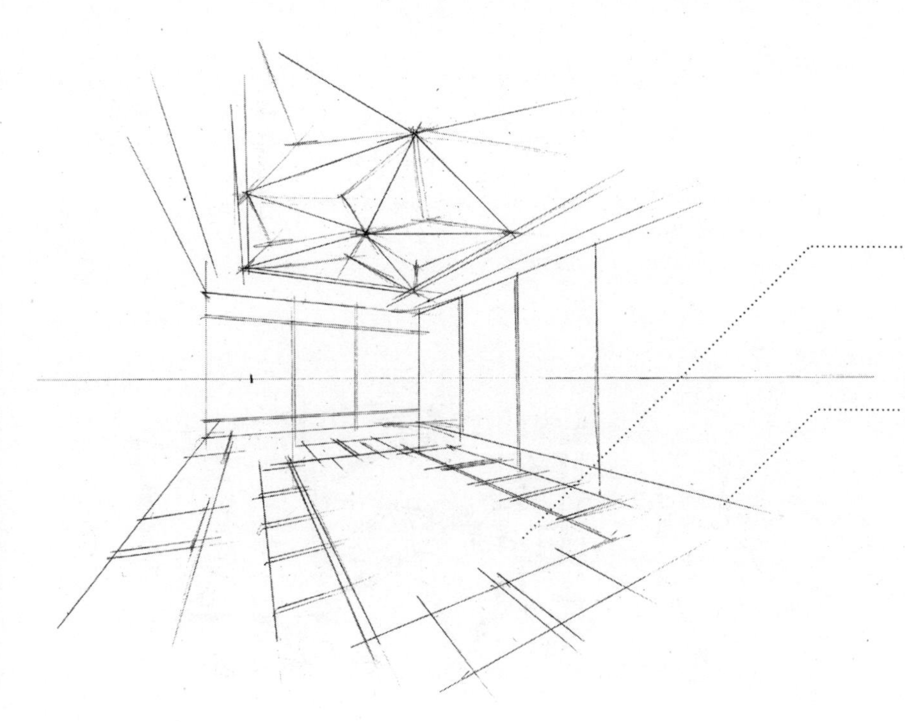

（2）分析会议室内桌椅的摆放位置，并绘制出其地面投影。

根据桌椅的长宽比例绘制地面阴影，地面投影两个方向上的线条都要分别连接透视线，要整齐划一。

区分好墙面的区域划分，用单线表示。

（3）分析会议室中桌椅及其他家具的高度比例，找出它们的高度并逐个向灭点引线，绘制出相应的长方体轮廓。

每个长方体的轮廓线的延长线最终都要消失于灭点，并且要注意调整前后遮挡关系和比例。

会议室空间的绘制相对居住空间会简单一些，因为没有太多的家具和摆设，主要是以一张会议桌为主，所以会议桌的尺寸一定要准确。

把形体复杂的桌椅简练地概括为长方体的组合。

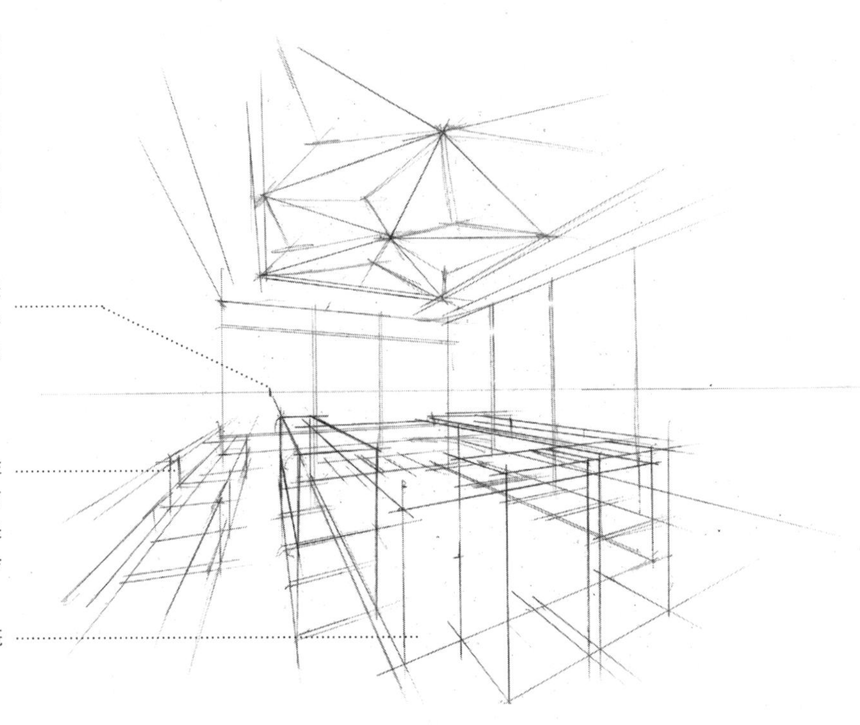

（4）在长方体轮廓内勾勒出室内家具摆设的雏形，画出会议桌椅的形体和细节，要注意桌椅的小块面的转折。会议桌椅处于视觉中心点，要重点刻画。

分析椅子的造型，注意结构的变化。

椅子整齐划一地消失在灭点上，在表现时应该注意前后的虚实关系，做到前精后简。

绘制空间时应该先从近处的物体着手。

（5）逐渐把墙面绘制出来，保持画面整体统一的效果。

可以在视觉中心点用竖排线来体现墙面的纹理，使空间有视觉集中点，以免空间太过空旷，没有细节。

由于视角的原因，椅子的形体相互遮挡，要注意形体前后的遮挡关系。

（6）深入刻画每个物体的材质和质感，为会议室空间添加阴影和材质纹理效果，增强会议室内的光感。

重点应该在桌椅的部位，增强会议室桌椅的明暗关系，突出主体。

地面石材的用笔要干脆有力，通过折线与点的组合来深入表现其质感。

与重点部位相比，画面右侧属于次重点，可以处理得相对简洁，黑白关系不用太过明显，用简单的线条概括出来即可。

在绘制筒灯这样的小物件时，要注意灯的厚度结构并应该连接透视，近的灯应该画得相对仔细，远的灯可以相对概括。

7.3.7 餐饮空间效果图

1.微角透视餐厅效果图

（1）利用铅笔定位空间的宽度和高度，确定空间基面（微角透视中基面上下边应该出现轻微倾斜）、视平线和灭点，然后确定空间和墙面的造型，并确定空间内桌椅的摆放位置。

用铅笔划分出墙面的区域范围及铺装。

由于透视原因，石膏线的宽窄关系有所变化。

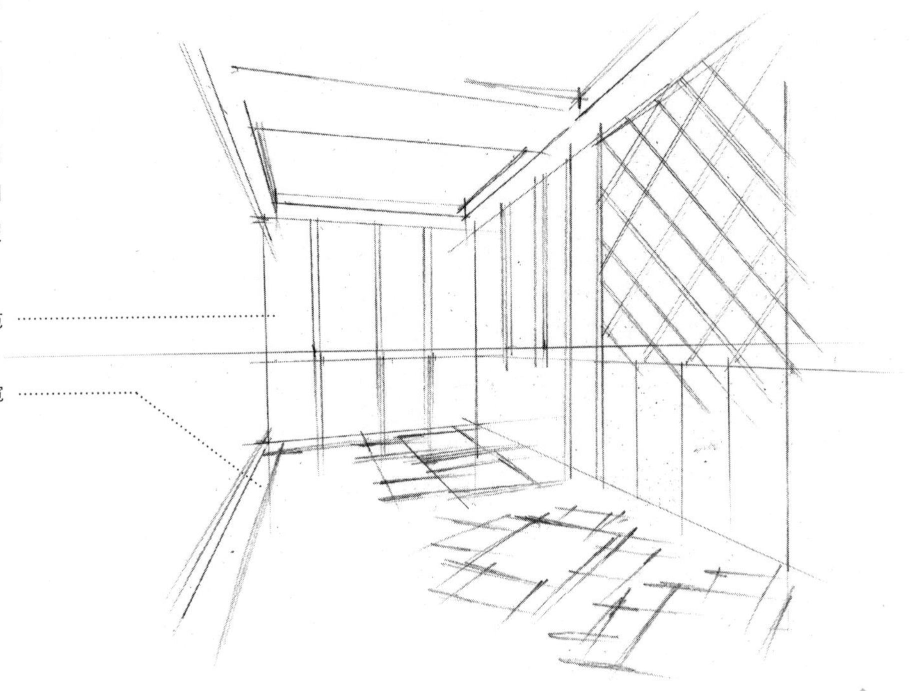

（2）确定物体的高度和比例关系，将物体概括成长方体轮廓，并连接灭点。注意前后物体的遮挡关系。

在越靠近视平线的地方，桌面显示的面积越小。

根据桌椅的高度绘制出简单的长方体，并在后面的步骤中对其进一步细化。

（3）在透视长方体的基础上，用绘图笔根据家具的形态细化家具，注意体块间的转折处，同时把周围的立面造型墙也细致地刻画出来。在画面中餐桌组合是视觉集中点，故其形体特征和比例关系要把握准确，然后细化墙面的造型，再将多余的线条擦除。

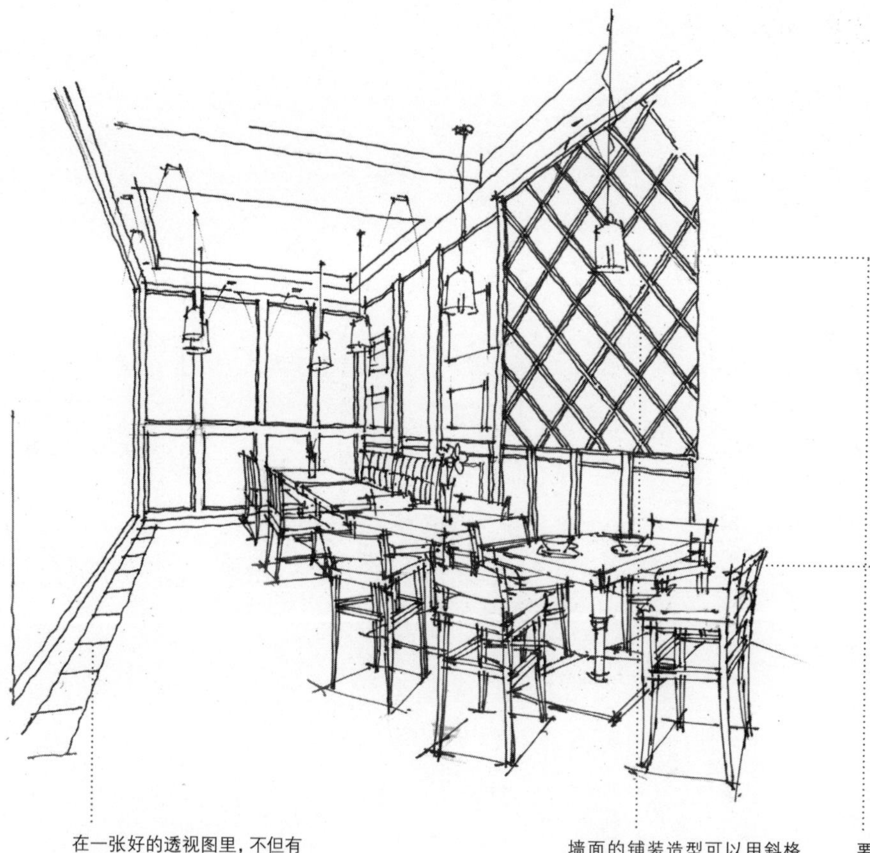

注意桌子与椅子的围合，近处的椅子细化处理，远处的椅子可以概括，只画出部分椅背和底座。

在物体接近视平线的情况下，一般看到物体的顶面会较少。

在一张好的透视图里，不但有直线构成，也要有一些不同的线的造型，以此来丰富画面的视觉效果。

墙面的铺装造型可以用斜格子线来表示，注意物体相互之间的遮挡关系。

要特别注意近大远小的关系，近处的灯具造型和远处的灯具造型向灭点方向逐渐变小。

（4）增加画面对比，深入刻画每个物体的材质和质感，然后添加阴影，增加室内光感。

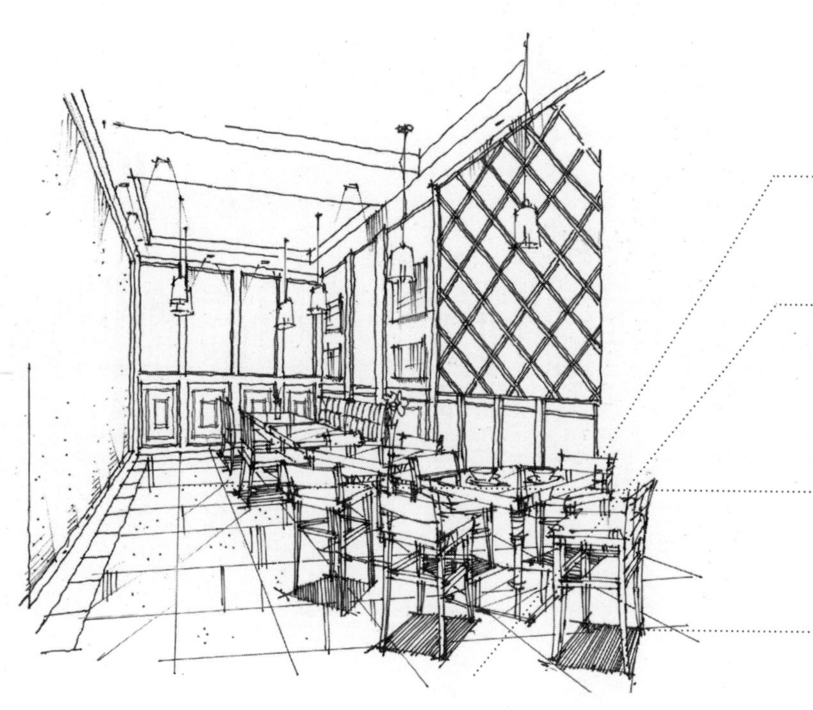

在椅垫转折处加上明暗与投影，使椅子不会显得那么单薄而有厚重的质感。

对于光面地板，可以运用虚斜线来表示地面的光感，并且可以通过运用竖排线来体现物体在地面的反光效果。

当光源由下往上照射，可通过短线由密到疏的排线方法来体现出光感。

在绘制物体阴影的时候注意线的排布，线条的排布要整齐，突出形体。

2.复合透视餐饮空间效果图

（1）选好构图，注意餐饮空间一般较大，故真高线要相对短一些，然后确定视平线和灭点，并根据透视绘制出透视线，塑造空间大体雏形。

根据墙面的转折画出空间的结构，墙面的线头转折都连接透视灭点。

视平线定位在真高线的一半以下，如果视平线定得过低会导致看到的天花板过多。

（2）画出墙面造型的主要线条，并将天花板的梁架结构定位出来。

连接灭点绘制出天花板的结构形态，梁和梁之间的构架关系要清楚。在初步绘制时可以穿插绘制。

房间挂画用简单的几个形状概括即可，后期再进行细化处理。在这里要注意的是挂画的位置一般在视平线上方。

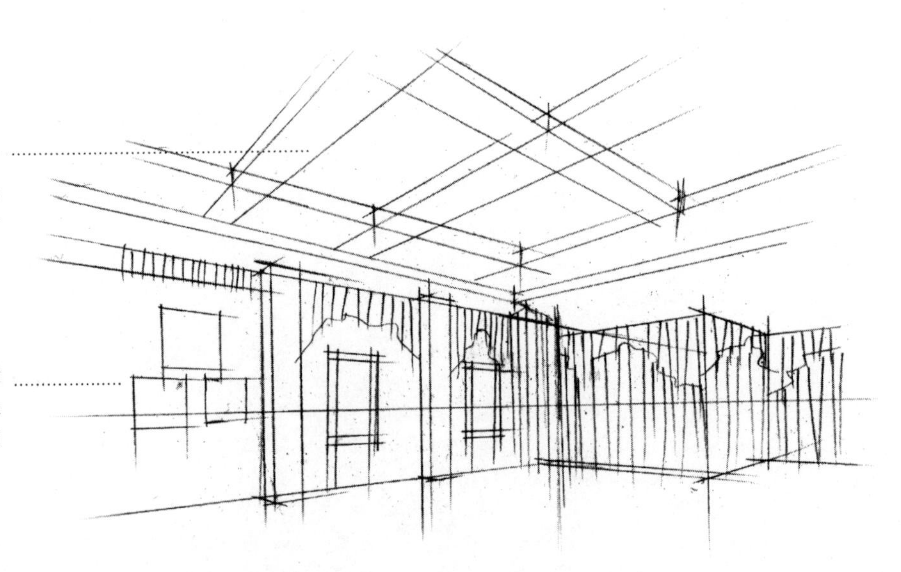

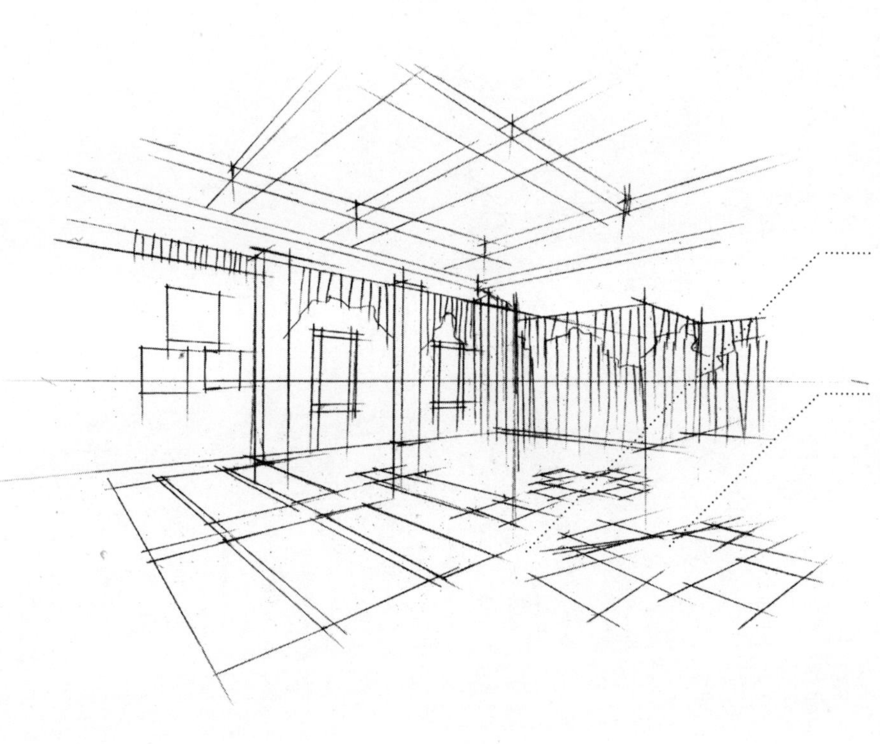

（3）分析餐饮空间中家具摆放的位置和大小，用铅笔定位出家具的摆放位置。

矩形轮廓的延长线最终都要消失于灭点。

方形餐桌在手绘图纸中一般处理为斜向摆放，绘画时先处理好远近关系，再进一步刻画。

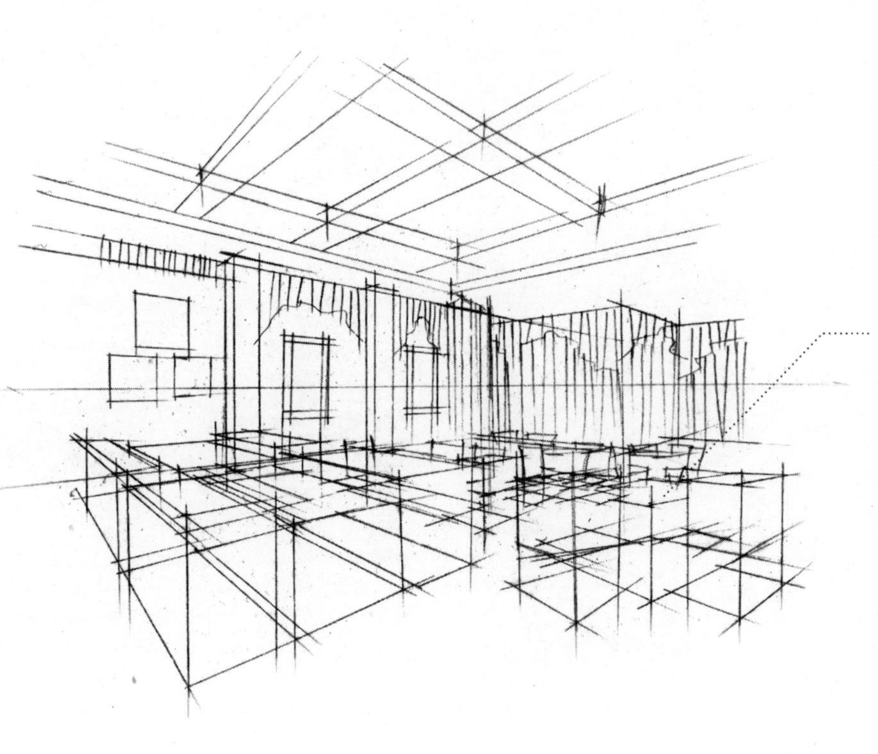

（4）确定家具的高度，画出空间的整体框架，注意桌椅彼此之间的比例关系。

先确定餐桌的高度，再确定椅子的高度比例关系，分析餐桌和餐椅的几何体块构成。

餐厅的表现效果图中，餐桌是主体，在每个步骤中都要时刻把握主体的比例关系。

（5）用绘图笔在铅笔轮廓内勾勒出家具的基本雏形，并用单线完善整体空间及墙面的造型。

远处的桌椅基本消失于水平线。

由于透视的原因，餐厅桌椅之间会相互遮挡，在绘制时要注意形体前后的遮挡关系，要错落有致。

近处的椅子应细致刻画，远处的则可用线条概括处理。

为了体现餐厅的风格特征，可在一些细节上加入风格元素。

（6）为餐饮空间添加阴影和材质纹理效果，使画面更加统一。

墙面毛石小块面的组合，整体要把握得很到位，否则会影响画面效果。

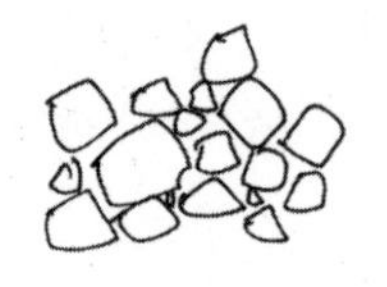

因为是以餐厅为主题，所以要将桌面陈设细致地刻画出来，注意餐具的摆放关系。

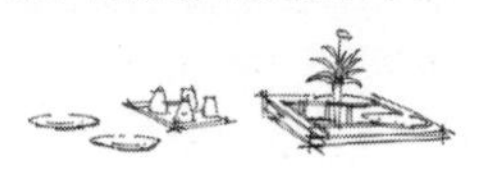

椅子的细节用线条加以完善，可在转折处和桌布下添加阴影，起到强化结构和增加物体厚度的作用。

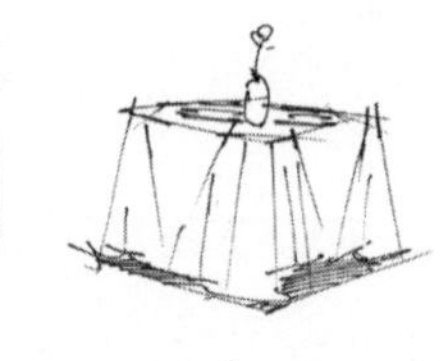

天花板的梁架结构，要根据透视绘制，线条连接处可以稍微出头，避免画面过于死板。

7.3.8 展示空间效果图

1.两点透视展示空间效果图

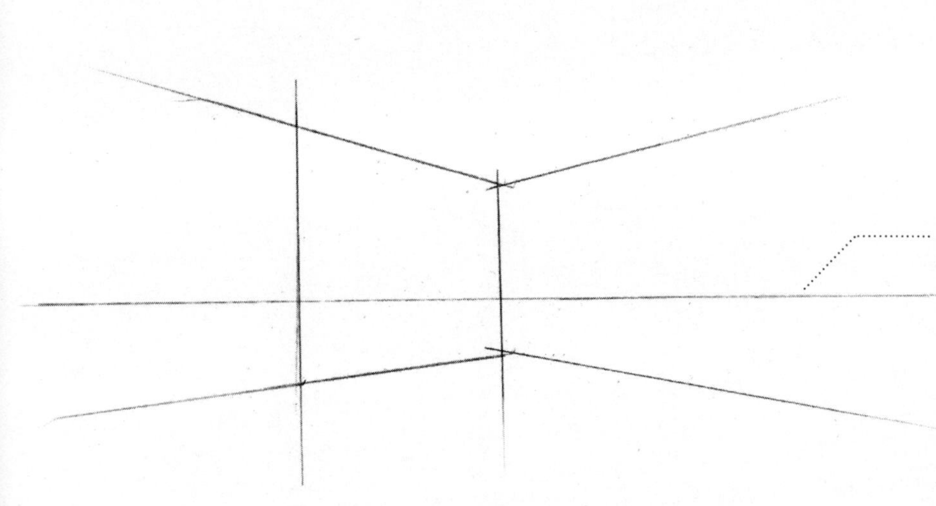

（1）确定墙高绘制真高线，然后找出两个灭点的位置，确定展示空间内的各个面。

展示空间中主要展示物件及灯光，因此可以适量按照实际表现情况，将视平线降低一些，这样的视觉效果可以表现出强烈的空间感。

展示空间一般有许多的拐角处，因此在此选择两点透视。

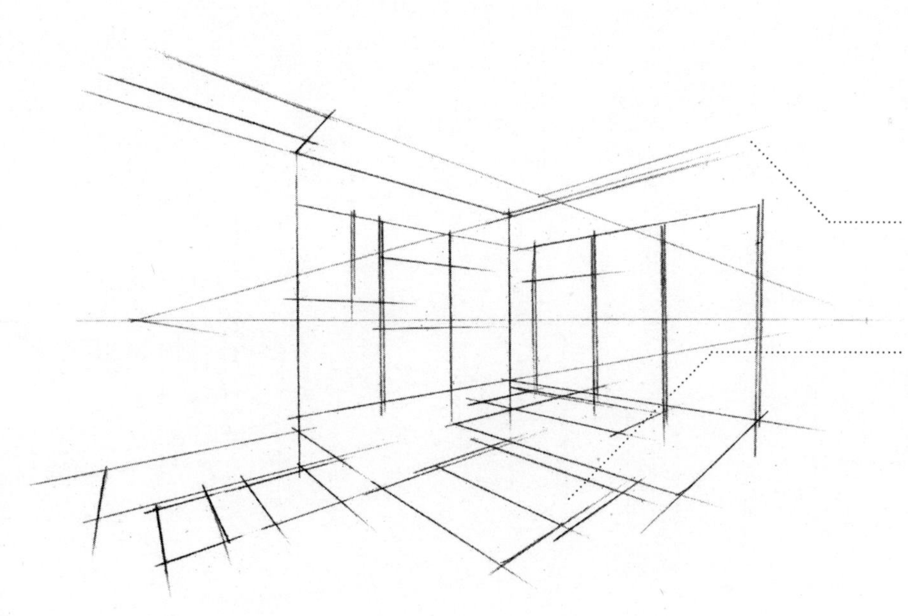

（2）根据透视确定空间内物体摆放的位置，绘制矩形地面轮廓。

绘制墙面的构造，在两点透视中有一个规律，真高线左侧的透视线都由右侧灭点确定，真高线右侧的透视线则反之。

地面阴影的绘制可以先确定家具位置，然后连接左右两处灭点画线，围合成带透视的矩形。

（3）确定每个物体的高度，同时把握好各个物体的比例关系，将物体概括为长方体，并根据物体的高度绘制长方体形状。

灯具的形状可简单概括为长方体。

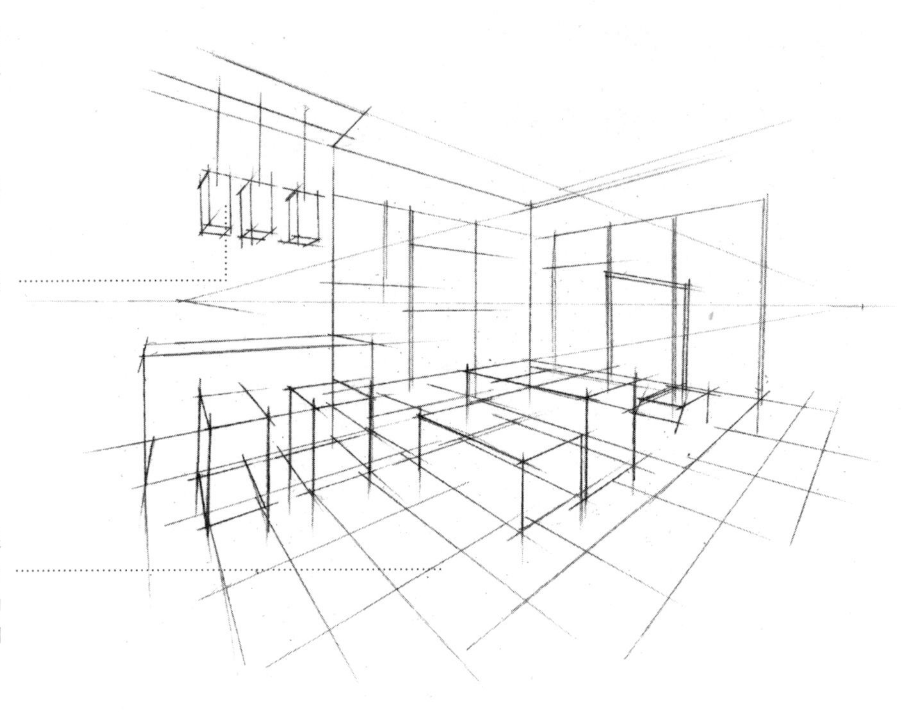

根据实际尺寸的比例关系，地砖的尺寸一般为600mm×600mm。利用地砖的比例和大小关系，进一步绘制出展柜的长方体轮廓。

（4）用铅笔将空间内的物体细化，同时强调置物架之间的前后关系，使空间产生错落的位置变化，并用单线确定墙面的布局分割，细致地刻画展柜和天花板的造型，注意整体空间的比例关系。

将展架上的衣服用铅笔概括处理，切勿喧宾夺主。

地面的方形铺装都要连接灭点，否则会使得画面的透视过乱。

（5）用绘图笔定稿，细化物体的结构和形态特征。

细致刻画家具的材质纹理。皮质家具可以通过绘制出凹凸不平的造型来表示。

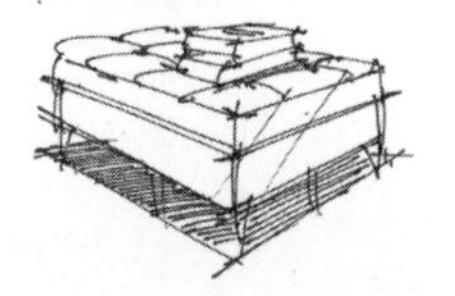

空间中连接灭点排列的直线可以表达空间的透视关系。

展示灯较长的结构处时用双线或者三线表达金属支架的结构。

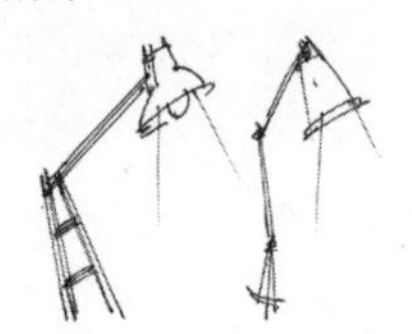

（6）展示空间内有许多光源，需要分析光源，确定展示空间中放置架的阴影，使透视图更加真实。

用竖排线来体现光源的照射物体反光，排列要有疏密的变化，注意不能画得过满，避免画面太乱。

衣服的刻画能体现其轮廓即可，要注意远近变化。

在陈列衣物处，将衣物堆叠摆放。

展示空间中，筒灯一般置于衣物储物上方，在绘制阴影时，要注意衣物下方的阴影。

同样大小型号的灯具要根据透视的走向绘制。

2.微角透视展示空间效果图

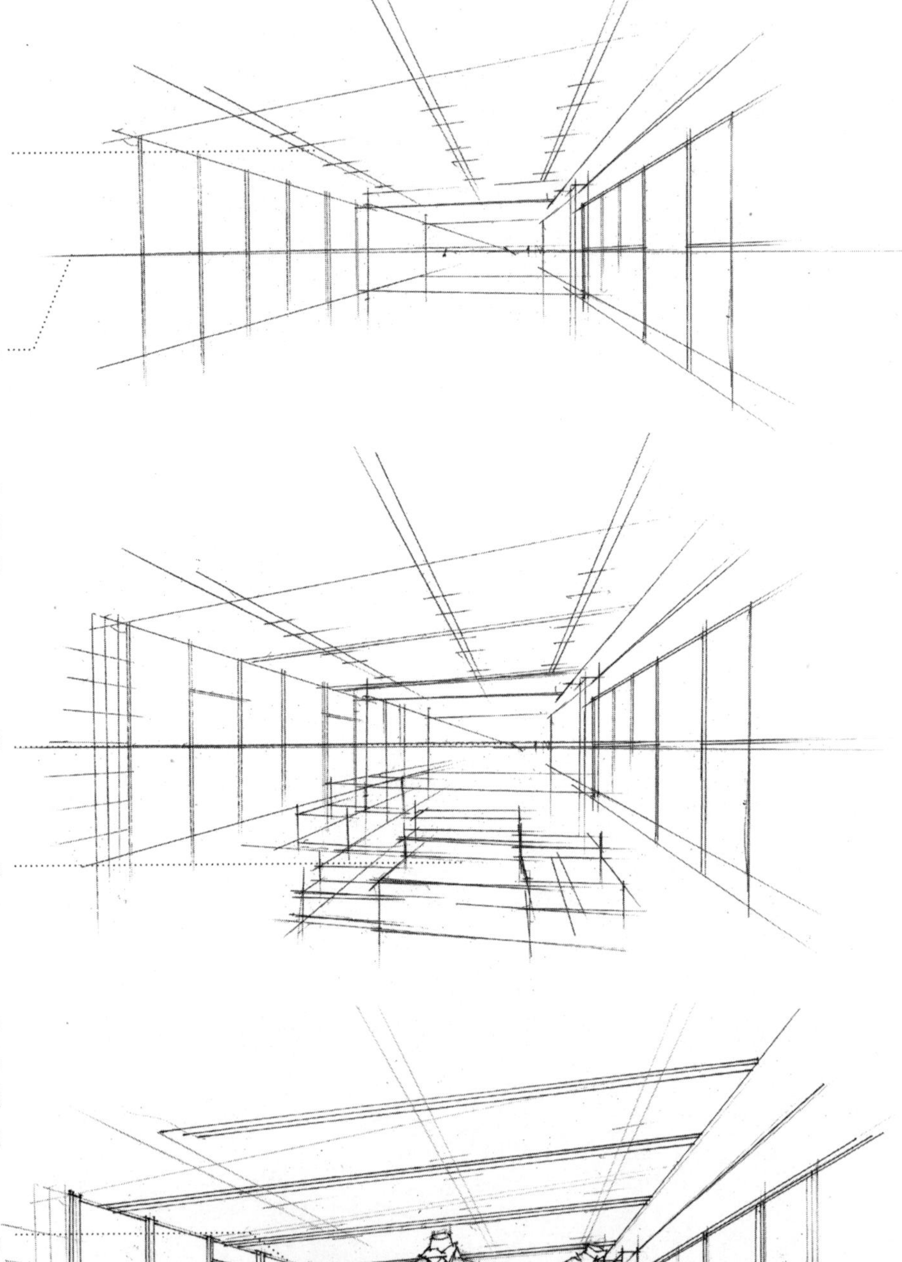

（1）根据展示空间的高宽比例，设立视平线和灭点，绘制出空间雏形，并确定墙面和天花板的基本造型。

筒灯在室内的排布一般都是直线排布，所以绘制筒灯，要整齐划一地排列并消失于灭点。

对于空间较大、进深较长的空间，可将准基面定位得小一些。

（2）确定空间内物品的摆放位置，并根据物体的高度比例连接灭点，画出物体的长方体轮廓。

矩形轮廓要根据灭点进行透视绘制。

定位空间内展台的位置关系，注意展台的高度比例。

（3）用勾线笔画出空间的轮廓，然后画出视线前的模特造型和展柜的大致轮廓，注意造型要准确。

由于是展示空间，人体模特的展示处是视觉的焦点，所以可以先勾画出其轮廓。

为丰富画面效果，可以添加衣物和鞋子。

（4）逐步细化空间内的各个部位，同时强调展柜与周围空间的关系，使其产生错落的位置变化。

细化天花板的造型，木质条形天花板要连接灭点绘制，呈现放射的直线，这样可以清楚地表达空间的透视关系。

衣服的刻画只体现大致轮廓即可，要注意相互之间的遮挡关系。并应注意取舍，不能面面俱到，要时刻注意突显主体。

（5）为地面铺装，并加上明暗的变化，增强对比效果。

用竖直线的疏密排列，来画出灯光的光线轮廓。

在光滑地面上，暗部的刻画从上而下渐变过渡，同时要留出反光。

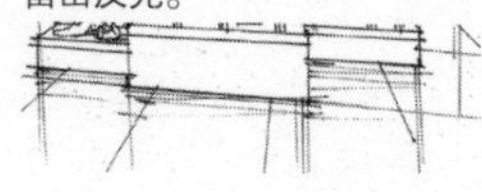

重点刻画中间人体模特与空间后方的明暗对比，注意黑白关系突出主题，增强空间的层次感。

7.3.9 商业空间效果图

（1）根据商业空间的宽度和高度定位基面、视平线和灭点，并绘制出空间的透视线，确定室内空间。

对于空间较大、进深较长的空间，基准面应定位得稍小一些。

视平线应该定位得较低，从而显现出空间的高大。

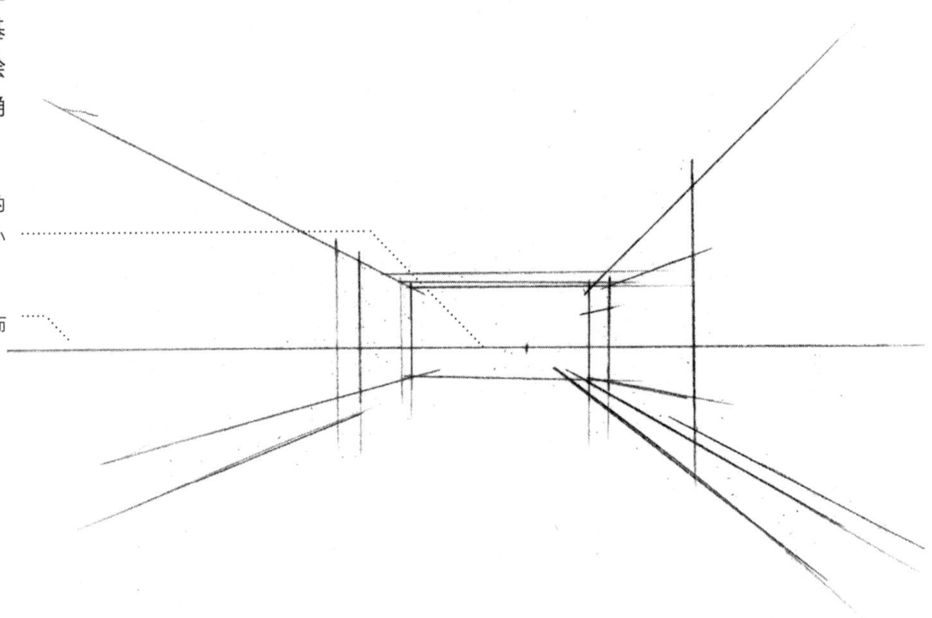

（2）分析空间内物体的摆放位置，并用单线概括出空间的墙面布置。

将展厅中复杂的墙面概括为简单的平面图形。

所有的透视线都连接灭点，所有的竖线都垂直于视平线。

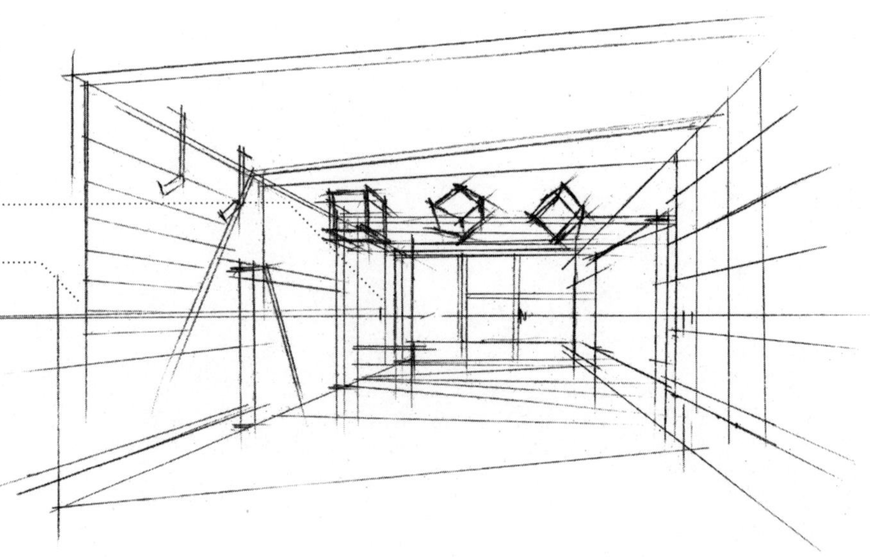

（3）用绘图笔画出空间内物品的轮廓和细节部分，注意对小块面的处理，可以添加一些家具配饰，保持画面的整体、统一。

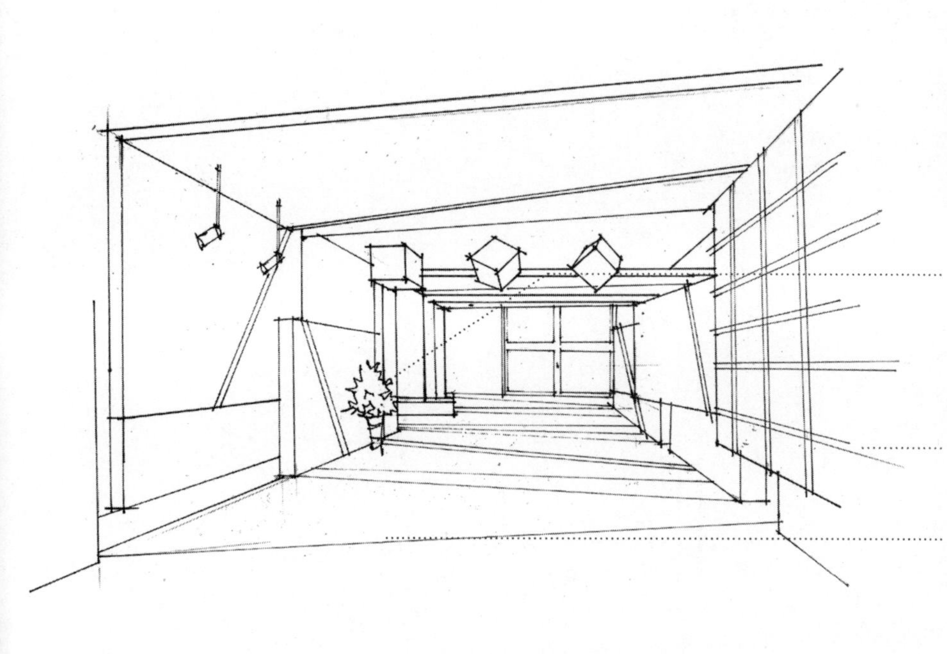

添加一些植物陈设来调剂空间氛围。

在勾勒到一些比较硬性材质的材料时，可以借用尺子来画得硬朗和严谨一些。

运用折线的表现来丰富地面材料的质感，避免画面前景单调。

（4）为画面添加阴影效果。

不同材质运用不同的绘画方法表现，木板可以用有间隔的直线表示。颜色较深的材质可以运用细密排布的直线，石子则可以用参差不齐的圆形概括。

绘制木质板材的纹理时注意线的虚实。

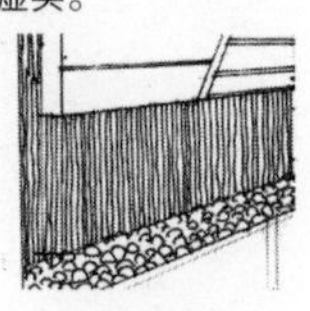

用竖向排线体现出灯光的照射效果。

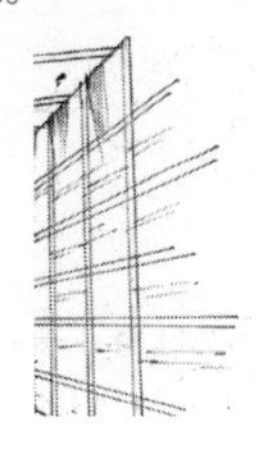

7.3.10 酒店空间效果图

（1）根据酒店空间的宽度和高度来定位空间的透视关系，并确定地面的装饰形状。

注意酒店的空间较高，视平线要定得较低才能体现出空间的高度。

相对于形体较为复杂的结构，酒店空间则概括为一个简单的形体即可。

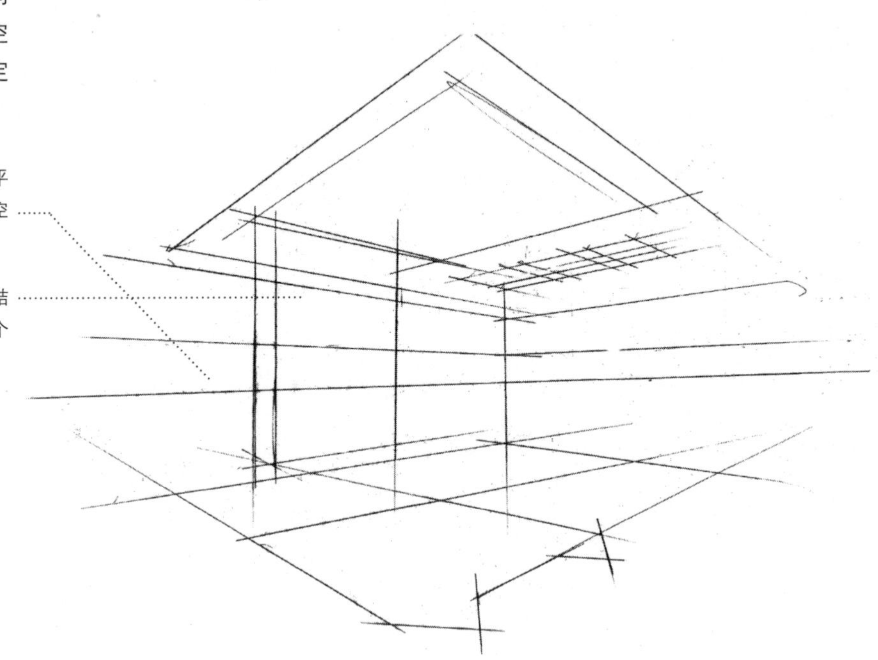

（2）根据围栏的高连接透视点，画出立体图形。

注意空间内造型的小转折。

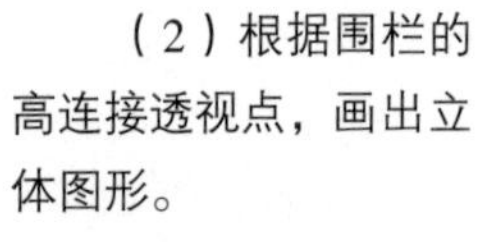

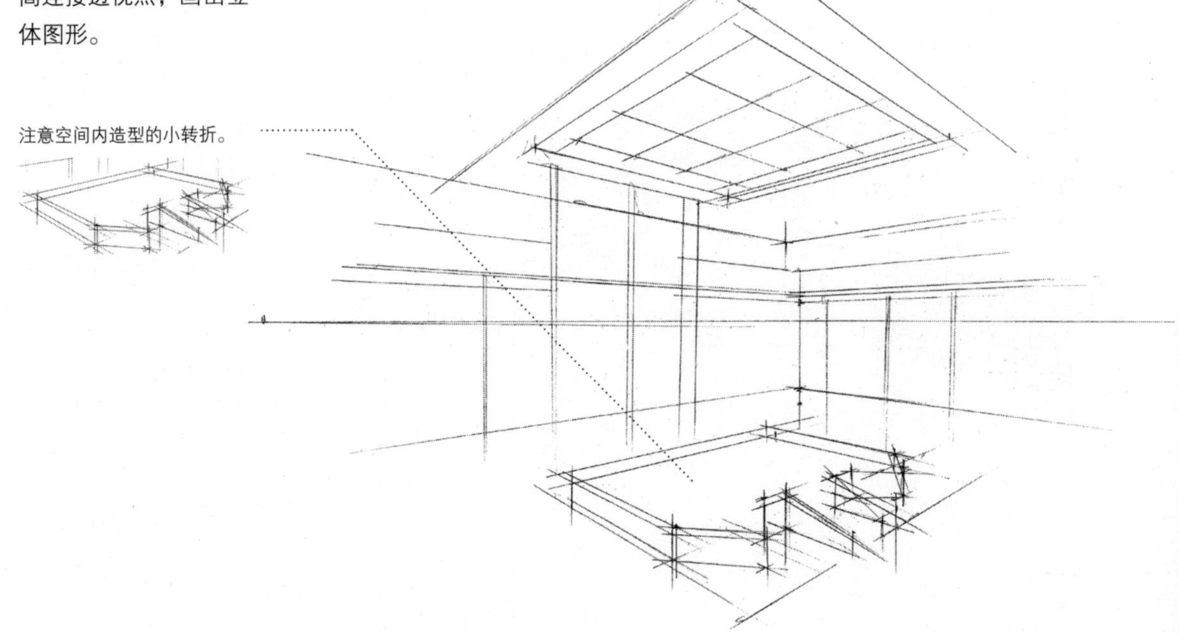

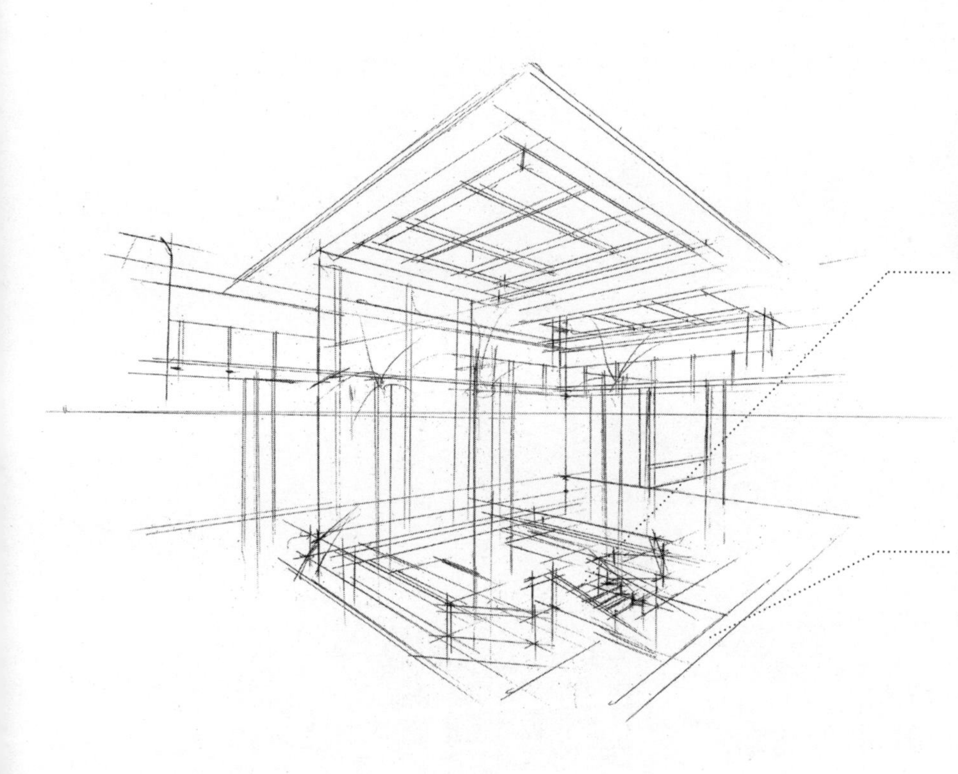

（3）用铅笔刻画空间的天花板和墙面的造型，有利于下一步的绘画。

楼梯台阶根据斜线的走向绘制踏步的转折点，然后再连接透视绘制踏步的整体形状。

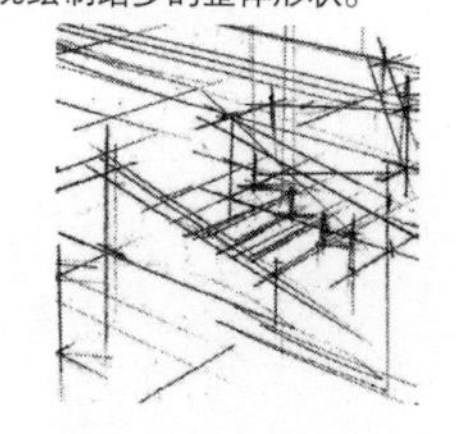

进一步细化空间内的细节，以确保后期用墨线绘制时不会出现差错。

（4）用绘图笔进一步勾勒空间的每一个物体和界面造型，要注意用笔的多样性。可以通过线条的勾勒直接体现出室内材质的变化，完成后可以擦除多余的铅笔线条。

酒店空间的高度较高，故此家具的比例不能画得过大，家具造型可以概括处理。

绘制棕榈植物时要注意叶片的穿插生长。

（5）用绘图笔刻画空间细节，可以先绘制天花板和墙面，用线要明确，运笔要灵活。

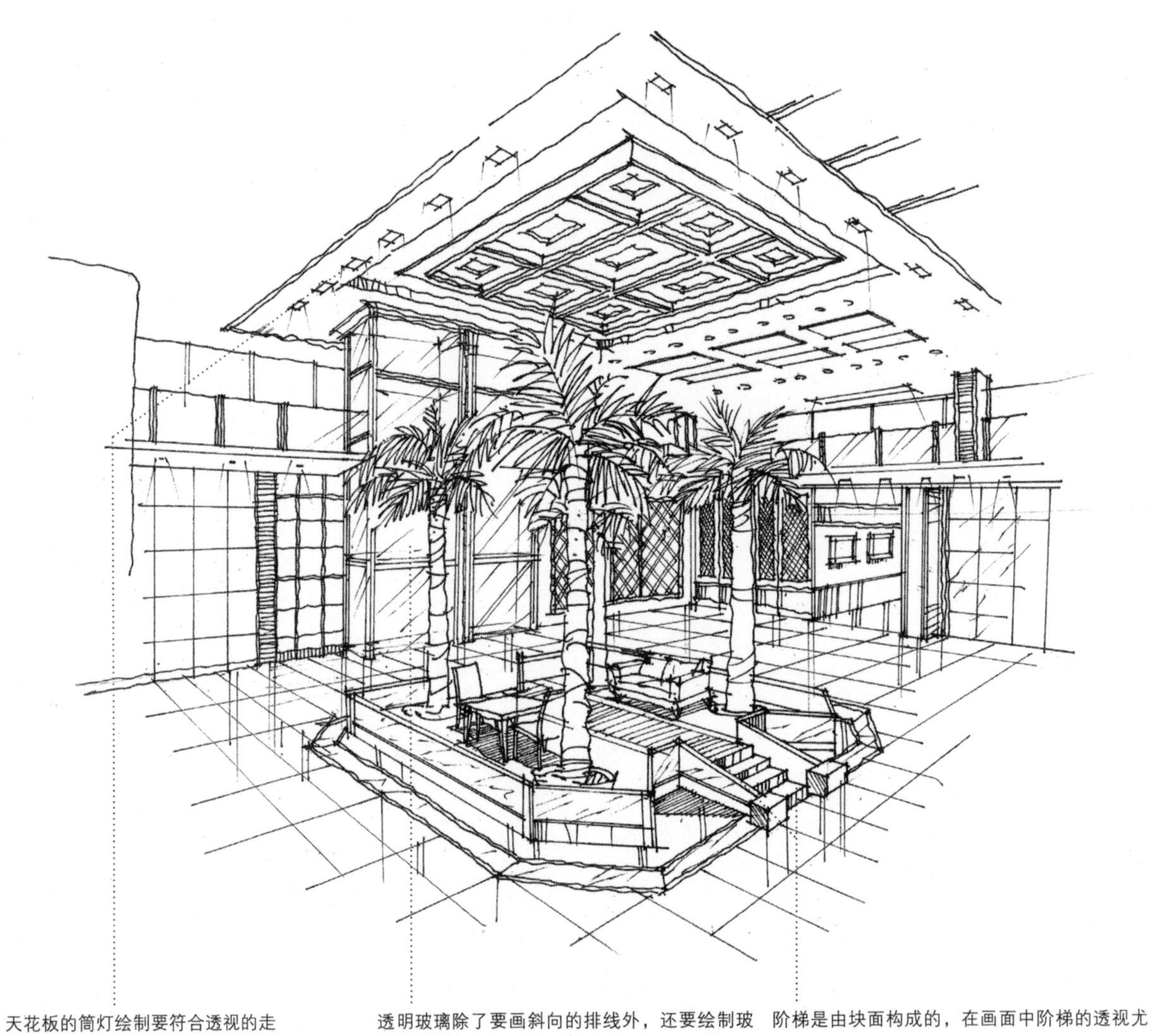

天花板的筒灯绘制要符合透视的走向，并注意近疏远密的透视规律。

透明玻璃除了要画斜向的排线外，还要绘制玻璃后面的建筑结构，才能体现玻璃的透明度。

阶梯是由块面构成的，在画面中阶梯的透视尤为重要，在绘制时要做到心中有数。

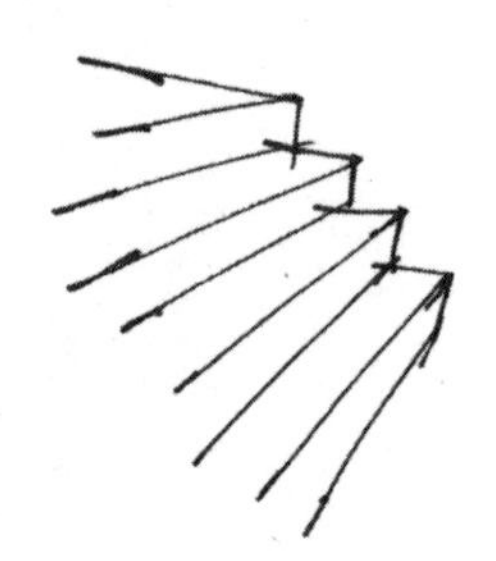

第 8 章

室内设计师进阶线稿

8.1 设计师的话

在学设计的过程中，首先要认识到设计不同于艺术，许多初学者分不清楚这一概念，而将设计与艺术混为一谈，不能正确认识设计的理念。

设计是把脑海中主观的想法变成客观的东西，而绘画艺术则是将客观的物体或景物通过主观的艺术形式表达，两者既有区别又有联系。设计不能单凭感觉，而要考虑诸多因素，如色彩、结构、施工、材料等，设计师应掌握较全面的设计与施工等知识，再结合实际案例，做出能为大众服务并能够被理解的视觉语言。

手绘设计图是环境设计、建筑设计以及服装设计等在设计初期所必须掌握的表达技巧。手绘设计图一定要能够充分地反映设计师的设计意图，包括平面图、立面图和透视效果图，通过不同形式向客户展现空间设计的细节和处理手法。设计师在进行前期构思时，会有很多灵感和想法，这时就可利用概念草图来记录这些想法，然后再进行深化，并经过多方协商最终确定设计方向，最后绘制正式的设计图纸。

8.2 室内设计手绘草图

设计草图一般是指设计雏形，以概念表达为主，一般都是思考性质的较为潦草的图，以最快的速度记录设计的灵感思想，故并不追求画面效果和结构的准确性。

草图讲究的是快速和概括。每一位设计师的手绘都带有独特的个人色彩，同样的一条曲线、一个造型，不同的绘图者所表现出来的曲线和造型会有不同的特征。

8.2.1 大师草图临摹

可以通过多观察和临摹大师的作品来提高自身的草图绘制水平。下面列出一些大师的草图供参考。

1.弗兰克·盖里

2.马里奥·博塔

TEL-AVIV 2000

8.2.2 写生类草图练习

生活中的场景都是进行写生类草图练习的最佳素材，可以用拍照工具将生活空间拍下来，然后用草图的方式将空间绘制出来。

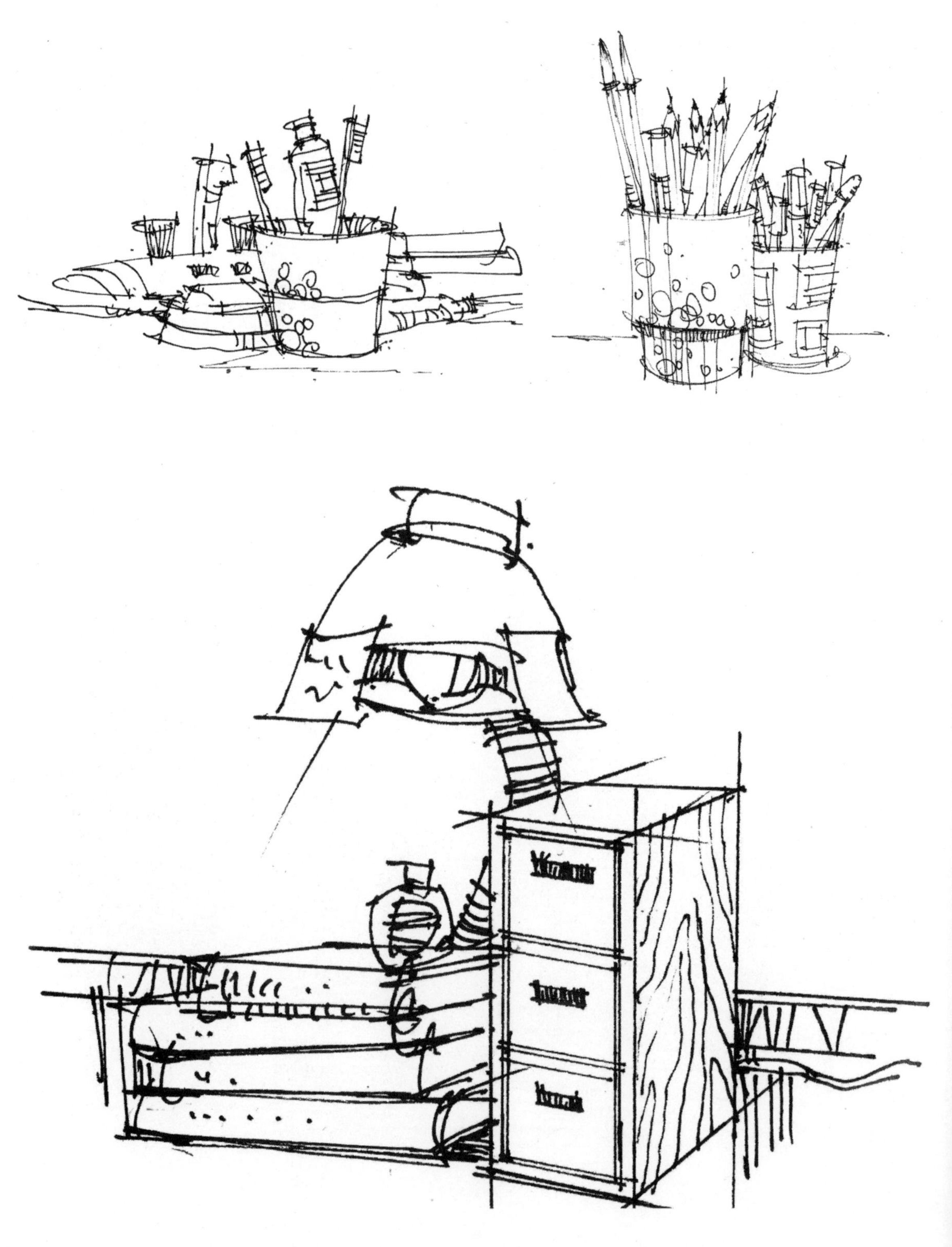

8.2.3 实际方案草图构思

方案的构思是人们在一定的调查研究和设计分析的基础上，通过思考，将客观存在的各个要素按照一定的规律构架起来，形成一个完整的抽象物，并采用图、语言、文字等方式呈现出来。

方案构思过程中所考虑到的许多问题是模糊、零散、不系统的。如果将这些模糊、零散、不系统的方案构思整合成一个具体的方案，就需要采取合理的方法进行练习。

在方案初期，设计师有一定的设计构思后便可以用草图的方式表现方案。

· 构思草图

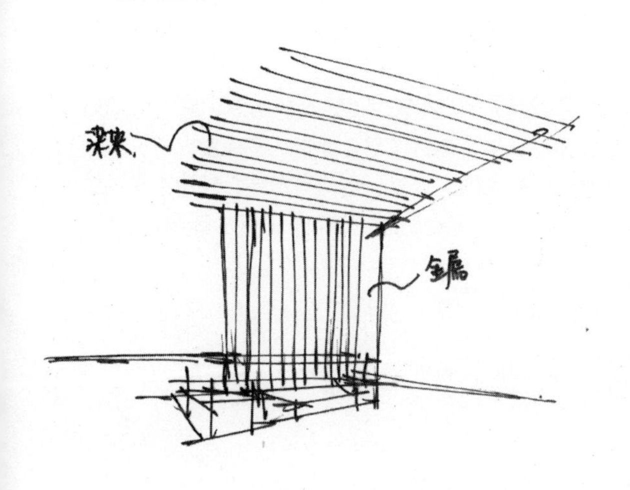

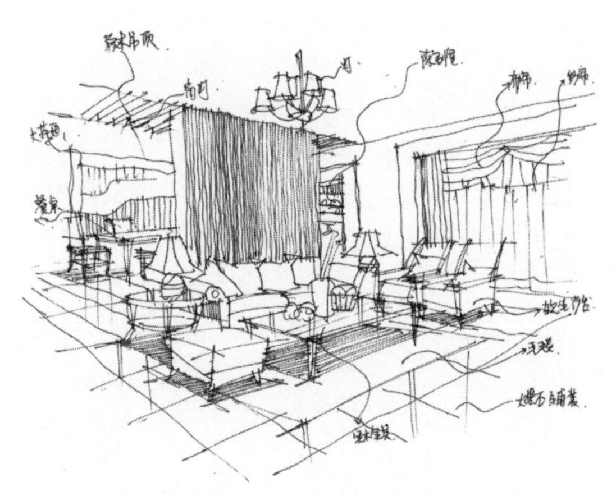

由构思草图推导出较为细致的草图，确定空间。

· 最终效果图

8.3 室内设计图纸的手绘表达

8.3.1 平、立面图的作用

1.平面图的作用

由于房屋内部平面布置的差异，设计人员需要在了解任务书之后到达设计项目现场，结合实际情况对房屋进行测量和分析并绘制平面图。将需要改动结构的墙体和空间布置在图纸上标识明确，以便更直观、清晰地展示给客户。

平面图是室内空间设计的重要组成部分，也是设计任务书中设计人员最先接触到的图纸，它能够清晰地反映空间布局、功能区域等重要的室内空间因素。一般在做设计与评审方案时，都会选择从平面图入手，从中我们能够初步审视空间的布局关系。在进行平面空间的设计构思时，应该结合功能、空间等塑造出较为完整的空间布局，然后对空间做出功能划分，并选择视点绘制透视图。可以说平面图是绘制透视图和立面图的基准。

（1）规划整体空间，选择视点，可以通过平面图绘制透视图。

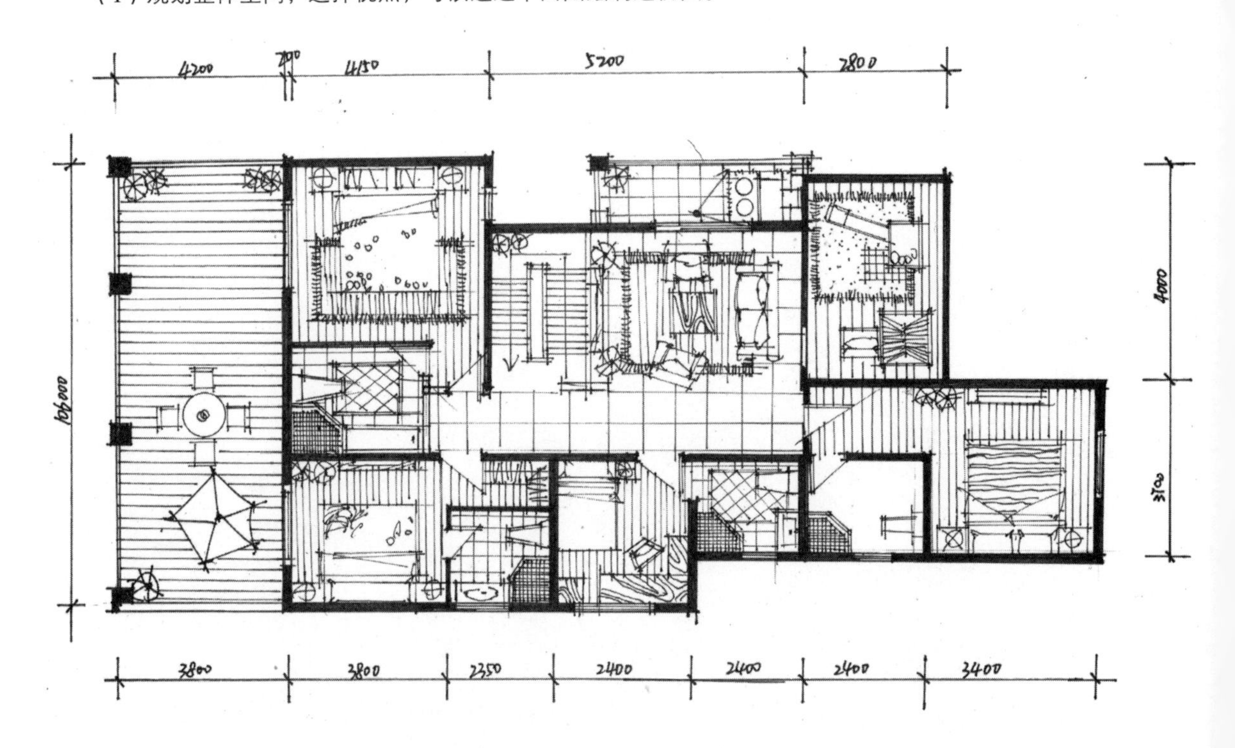

（2）通过平面图可推断出视点所在位置的透视图。

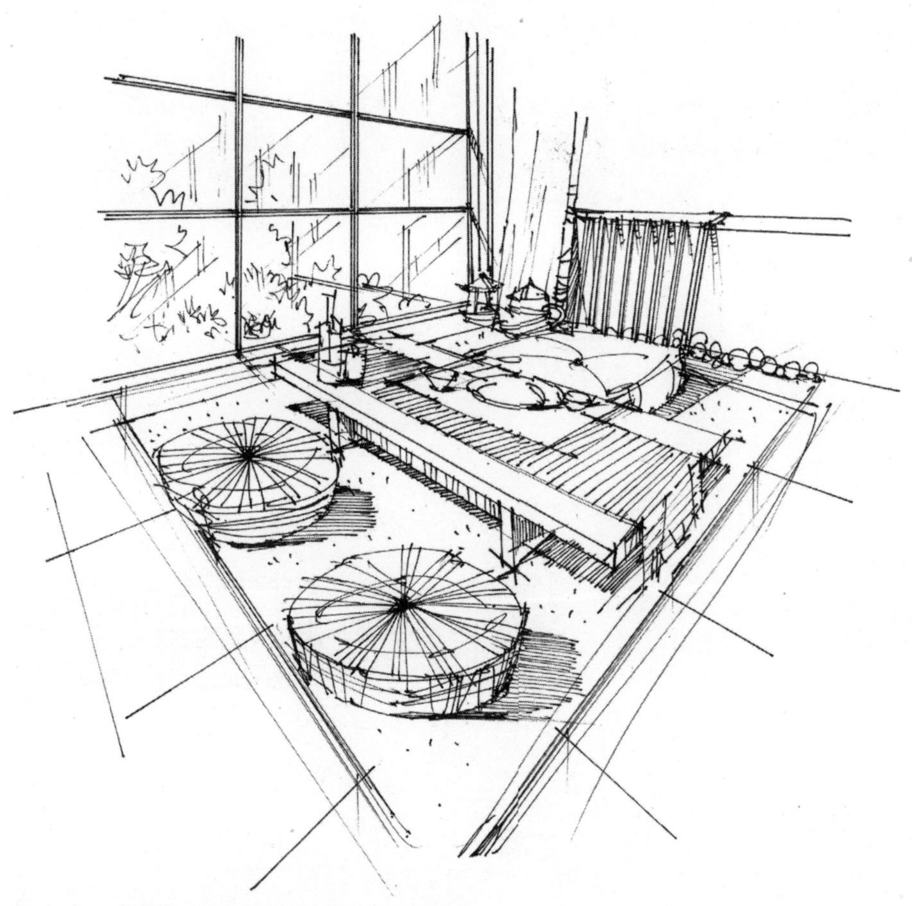

（3）进一步推断出视点所观察视角的立面图。

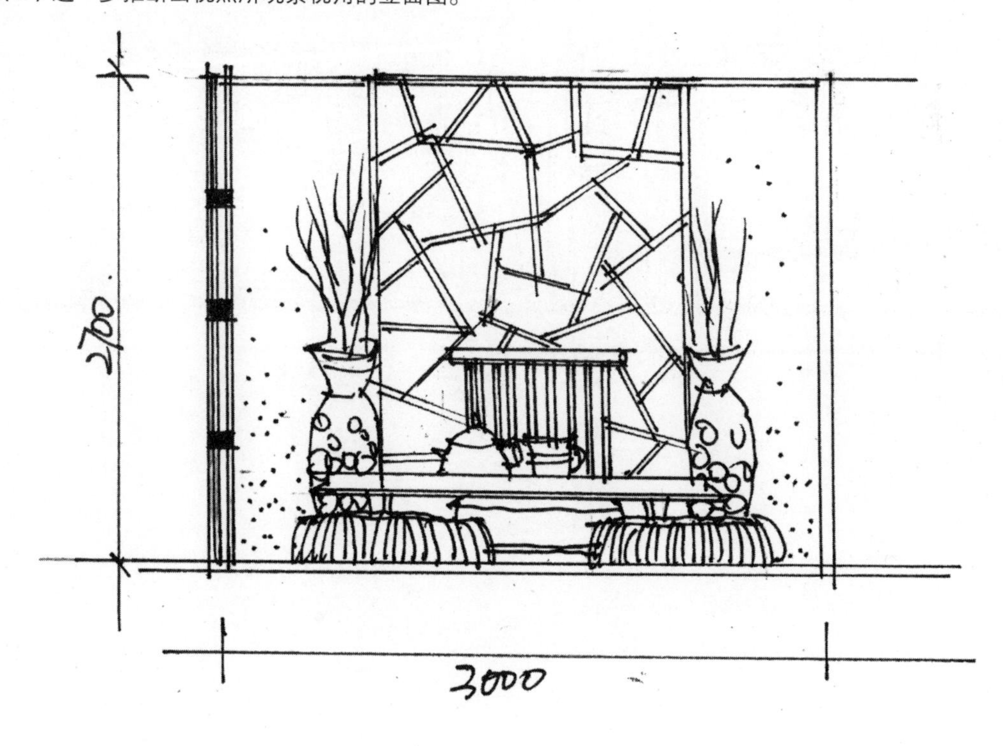

2.立面图的作用

在室内空间设计中，立面图主要是用来表示室内墙面的造型、材质，门窗的位置和构造，以及空间各部位的标高和必要的尺寸。

透视图在平面上往往不能将空间各个部位的细节表现全面，立面图就可以补充透视图上的一些不易表现之处。由于立面图表达空间内一些复杂的装修细节，往往会用图例来表示它们的构造和细节样式。

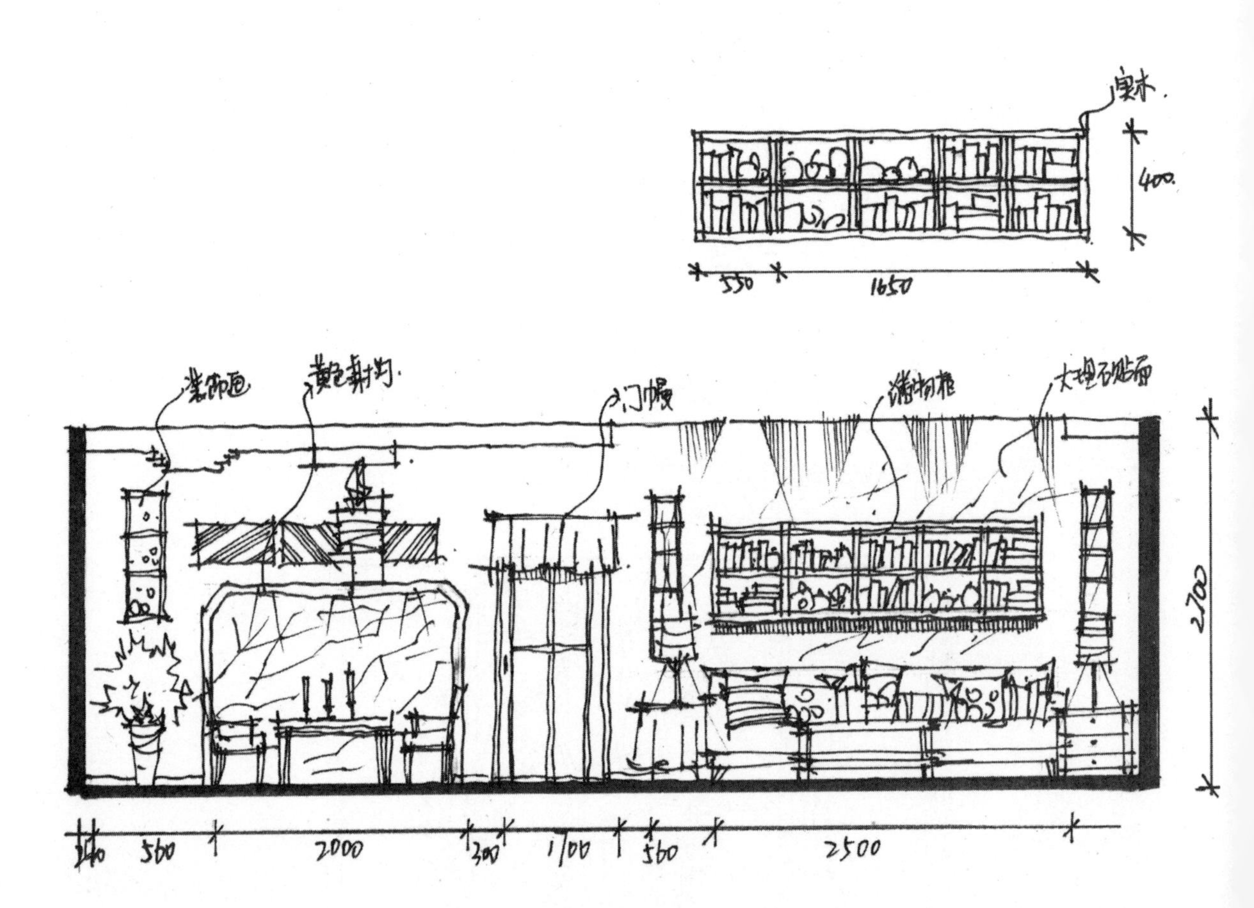

8.3.2 平、立面图的表现手法及注意事项

1.平面图的注意事项

第1点：图面层次要分明，注意平面图的立体感。

平面图的视角在空间正上方，所看到的是整体空间的地面部分，在绘制时要注意整个空间的尺度。通常用不同深浅和粗细的线条以及明暗来区别图面设计内容，并注重物体落在地面上的阴影，体现出空间的立体感和高低感。

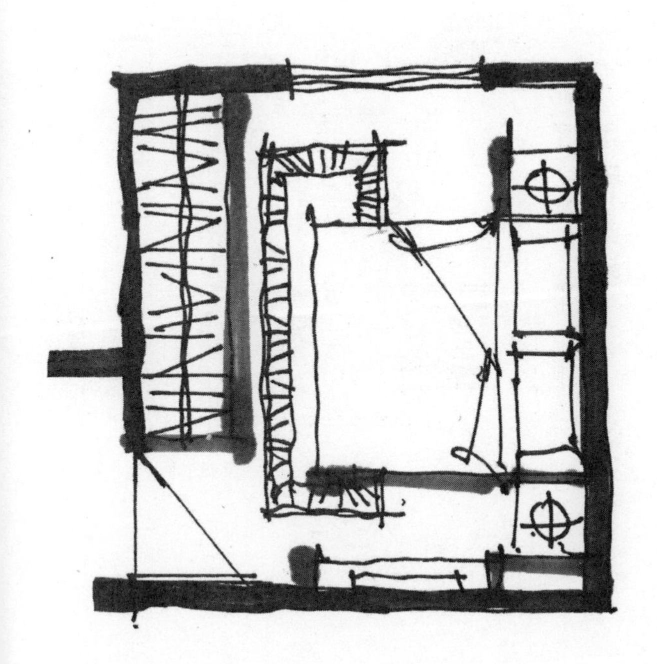

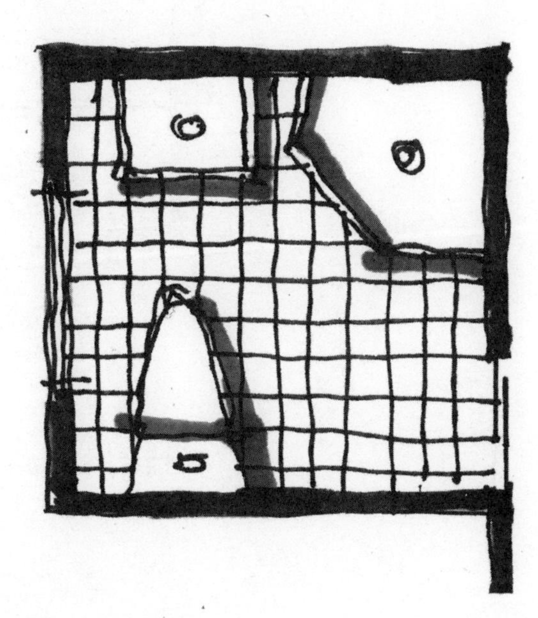

第2点：把握空间整体感，注意平面图的主次规律。

在绘制平面图时，要注意空间和所搭配元素组合的一致性，对于重要的空间和元素的表达要相对细致。对于相对次要的空间和元素组合则可以选择简洁的方式绘制，这样既能够节省绘图时间，又能够突出平面空间的设计重点。在绘制平面设计图时，除了体现墙体的拆改设计或空间的分隔布局之外，还需要表达出家具的布局和地面材质铺装的样式。

（1）先体现整体空间的分隔布局和家具布局。

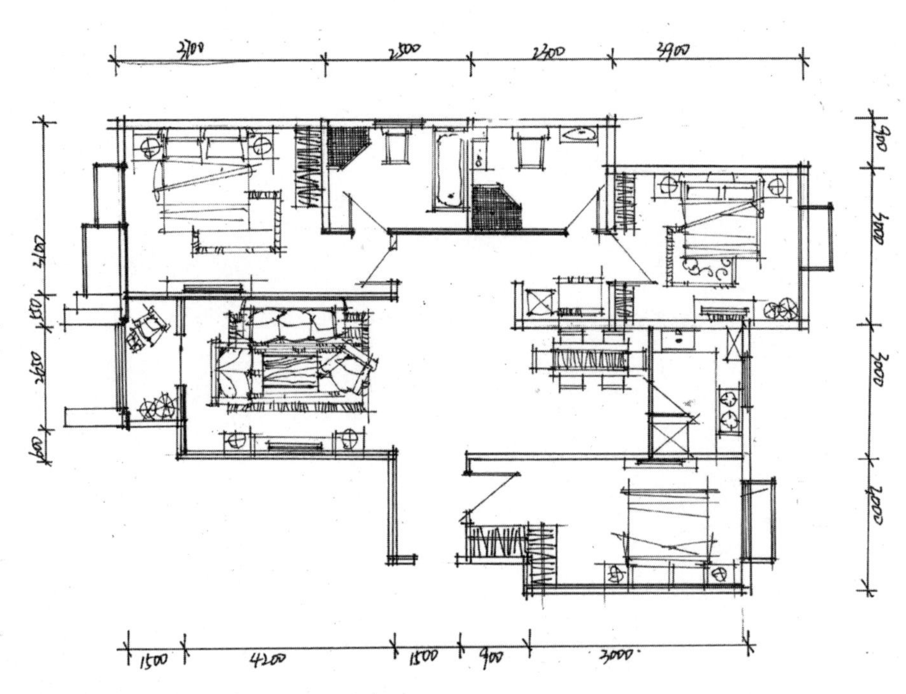

（2）表达出空间的铺装，体现空间的整体性。

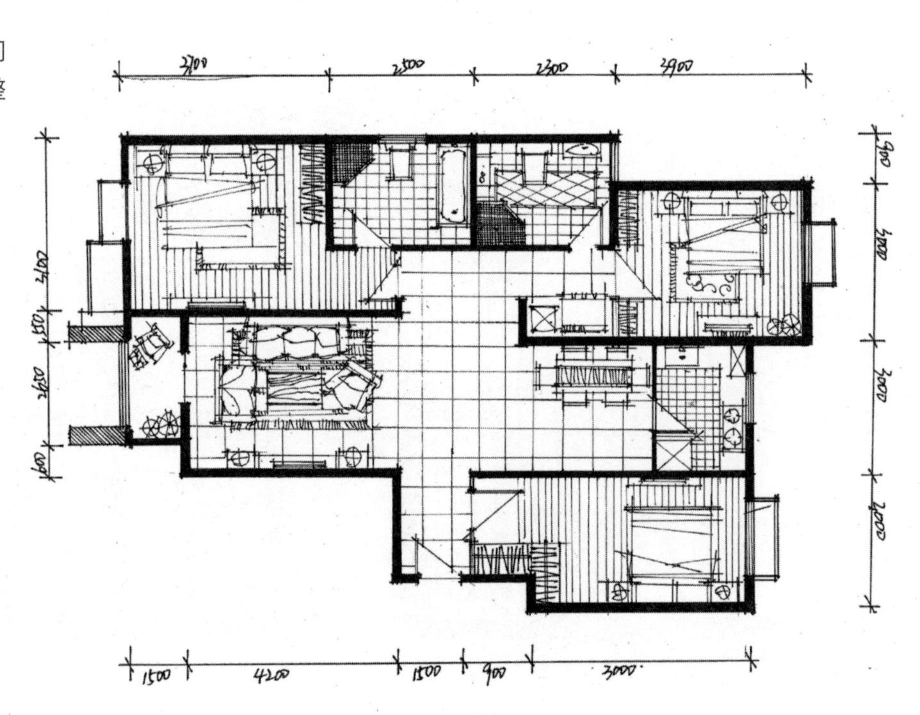

2.立面图的注意事项

立面图同透视图不同，在绘制时要注意立面图并没有透视，即只需体现出空间的二维图形即可。

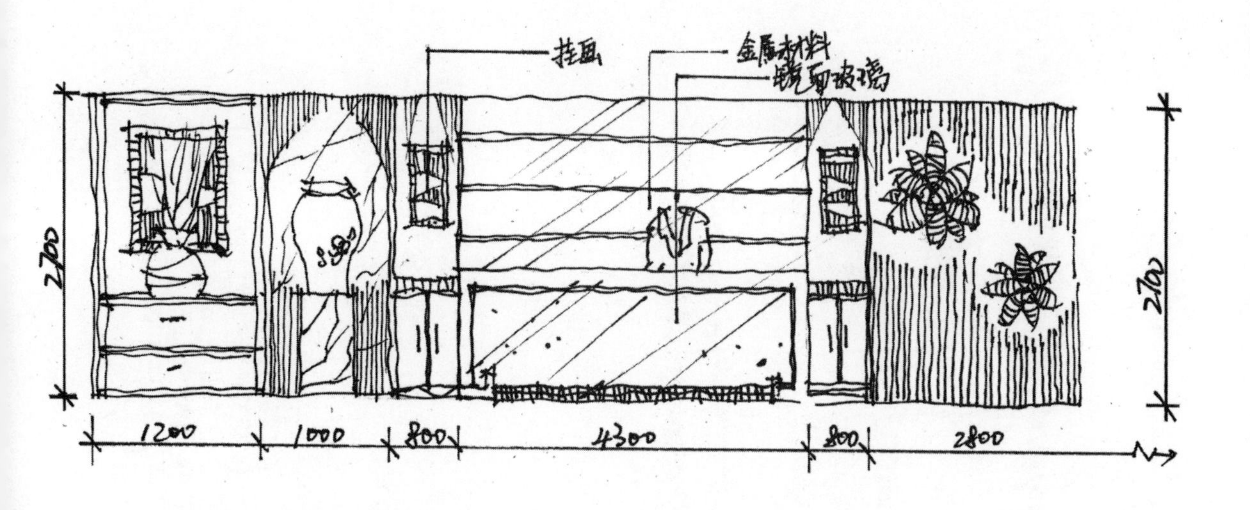

立面图上应该标有详细的标注，如对于重要的元素要尽可能加上材质或者标高，这样可以反映设计者对设计立面的细致考虑。

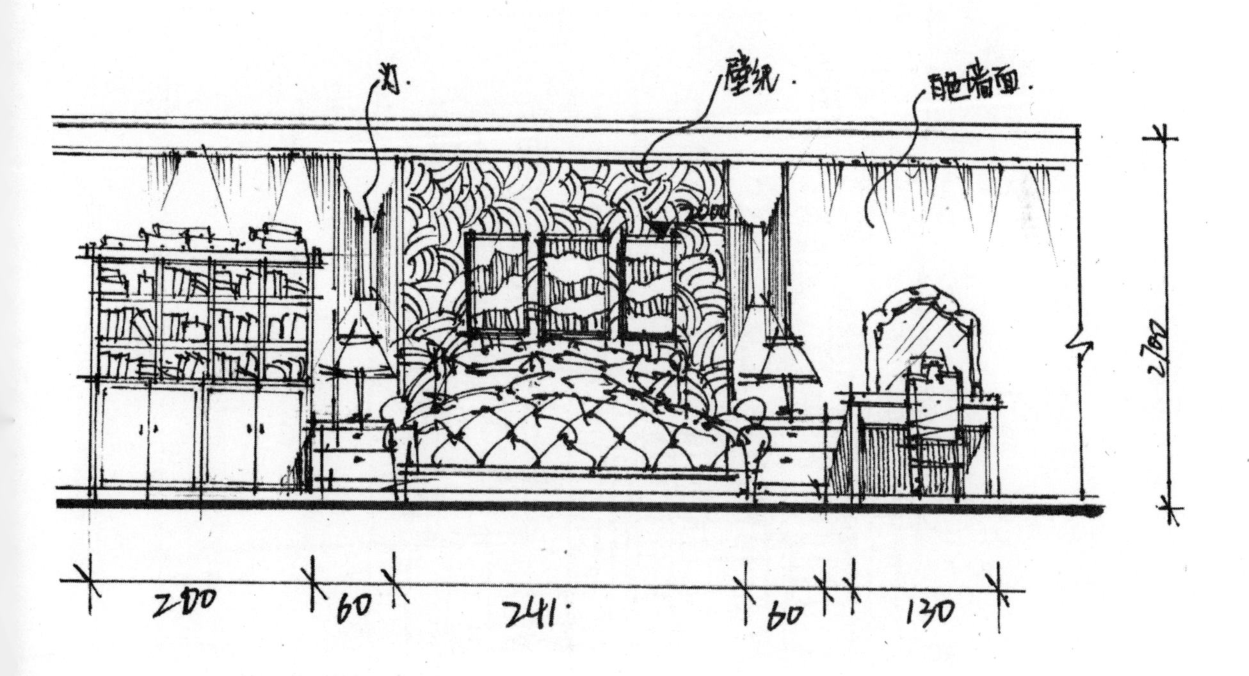

立面图并不要求绘制得要有多完整，只需要表达设计的重点部位和设计者的设计思路即可。在表达设计时，利用透视图与立面图结合展示效果，可以更加清楚地表达设计的立面造型。

（1）分析空间平面图。

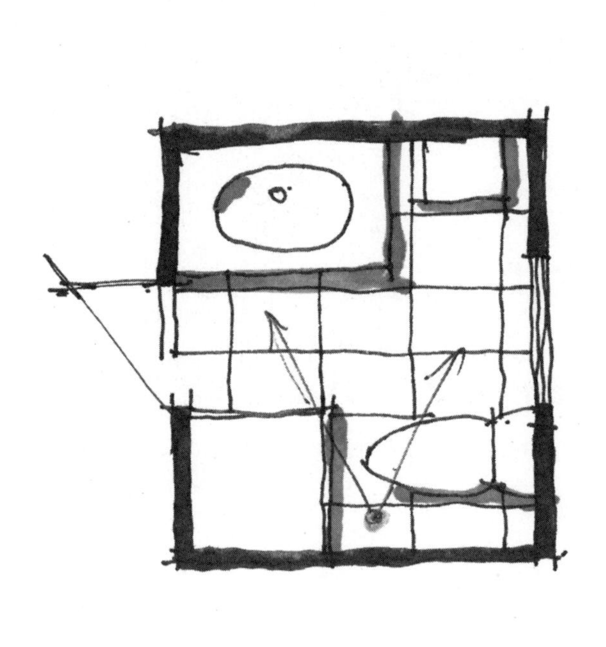

（2）通过平面图的分布位置，画出透视图。

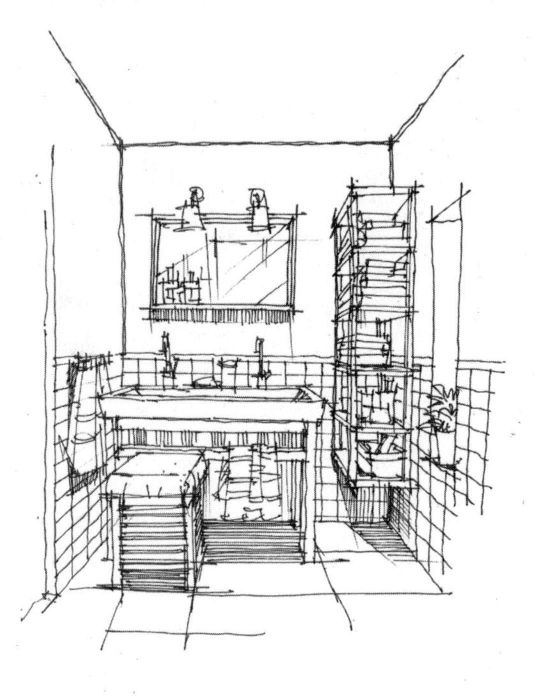

（3）用立面图体现墙面细节。

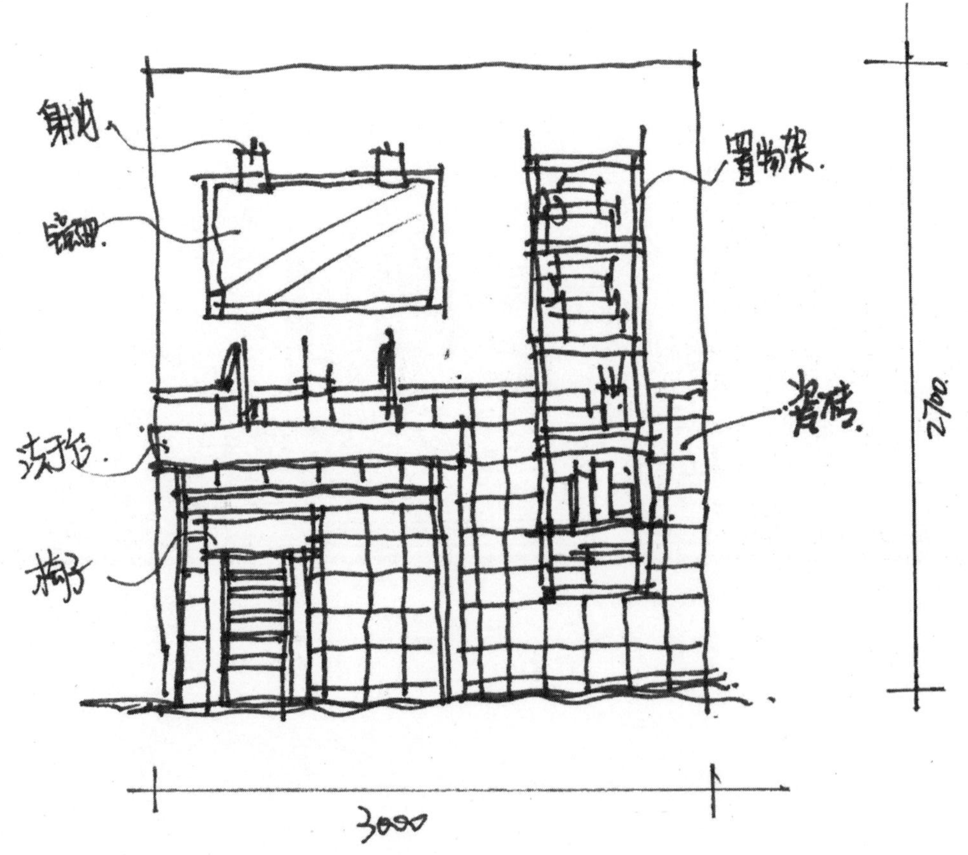

3.立面图搭配组合

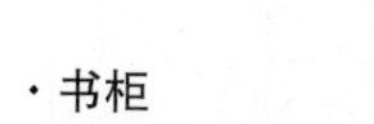

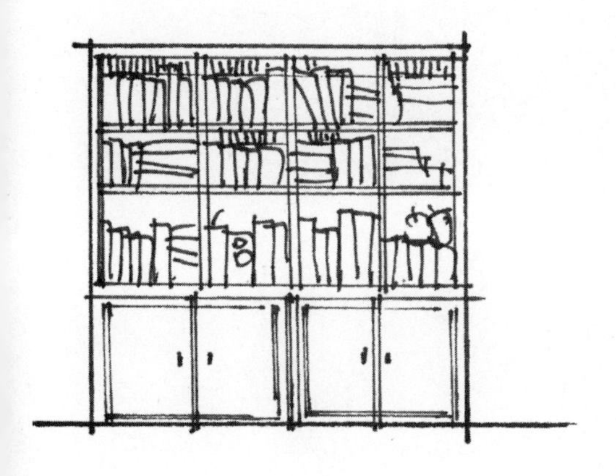

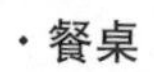

· 床

· 电视柜

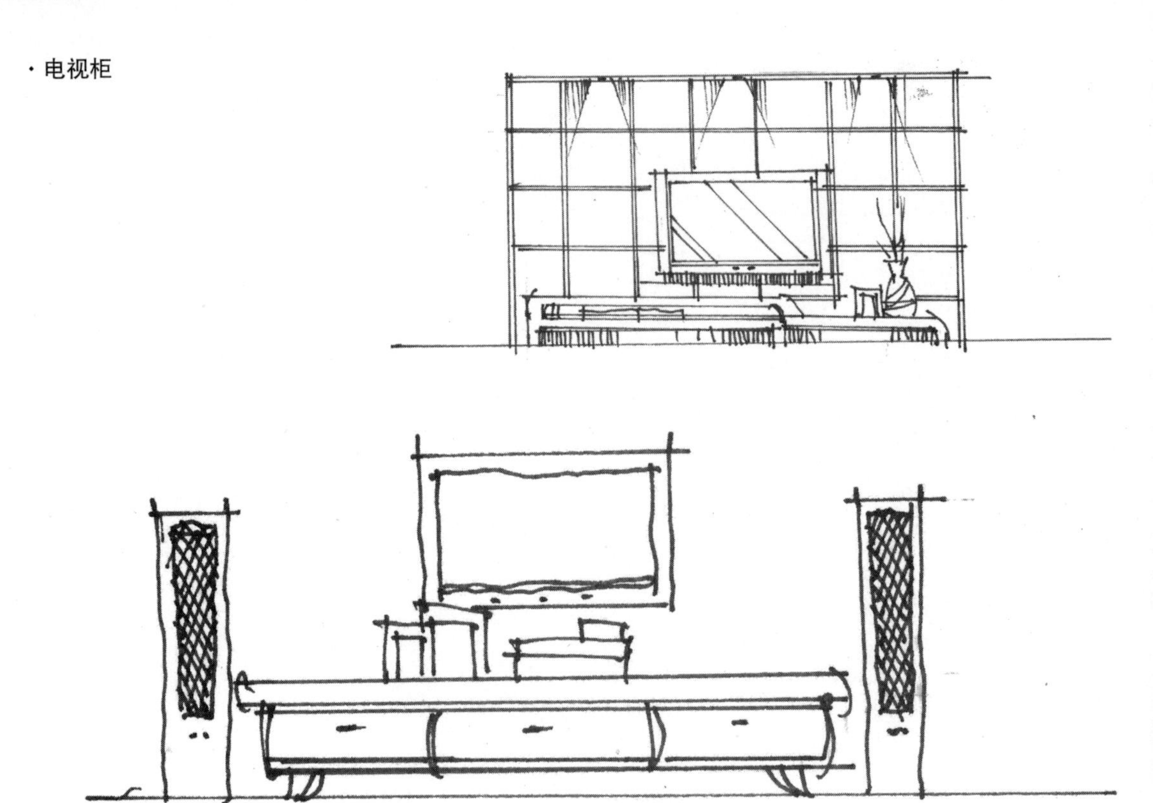

· 沙发

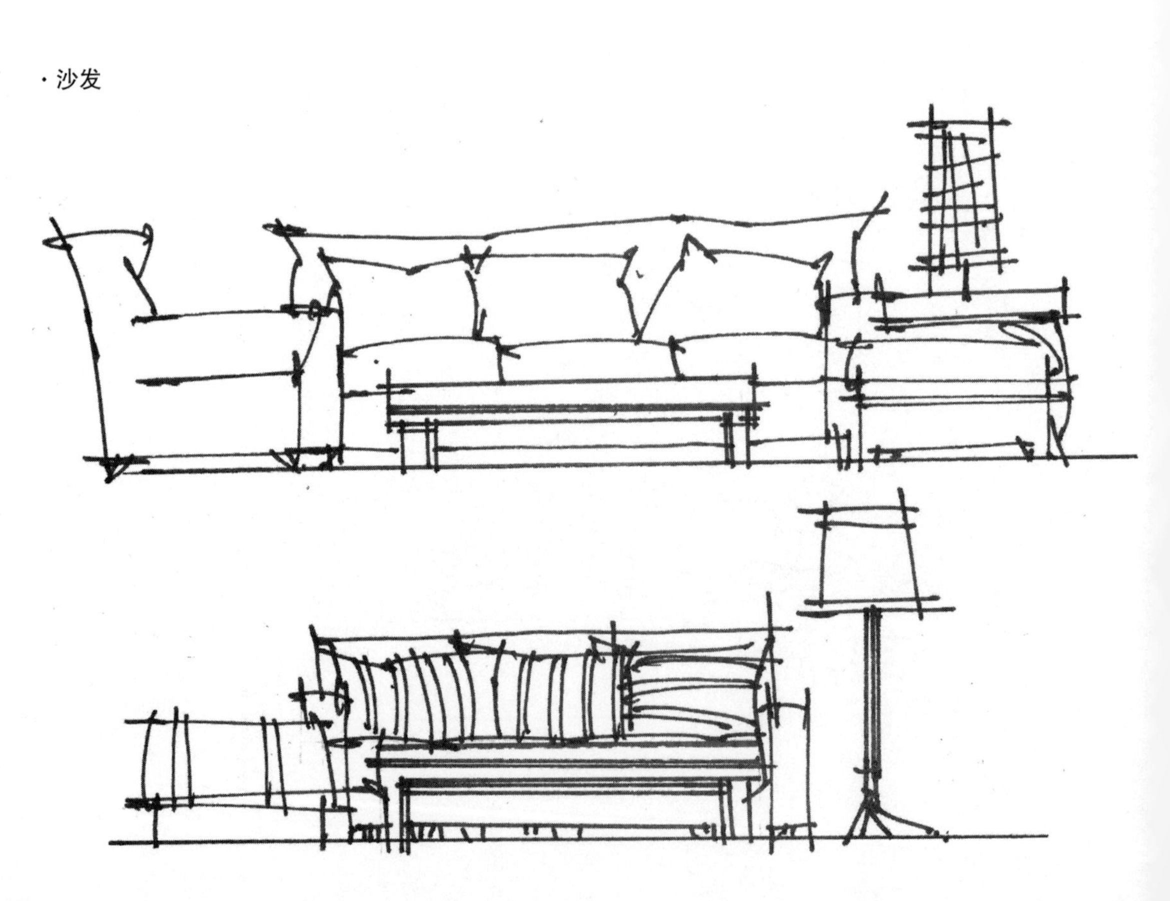

8.3.3 室内设计常用尺度

1.门

推拉门：宽度750~1500mm，高度1900~2400mm。

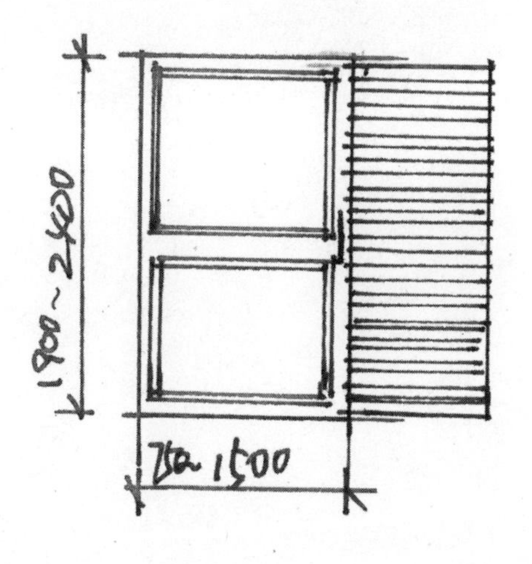

室内门：宽度800~950mm，高度一般有1900mm、2000mm、2100mm、2200mm等，根据环境不同而不同。

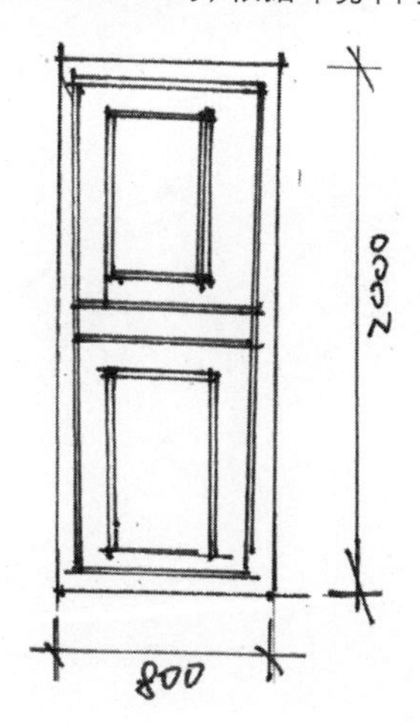

2.柜

衣柜：深度6000~6500mm，宽度2100mm，推拉门宽度700mm，高度2400mm。

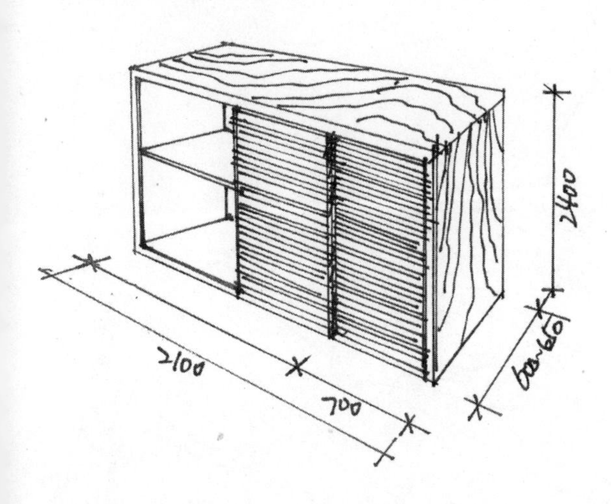

矮柜：深度600~660mm，长度1400mm，高度950mm。

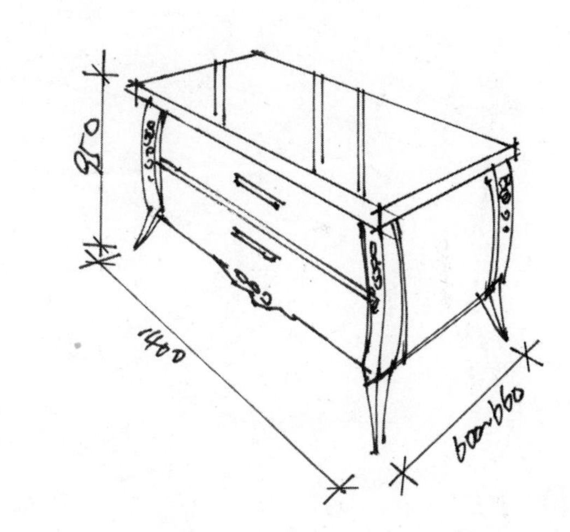

电视柜：深度450~600mm，高度400~600mm，长度根据要求变化。

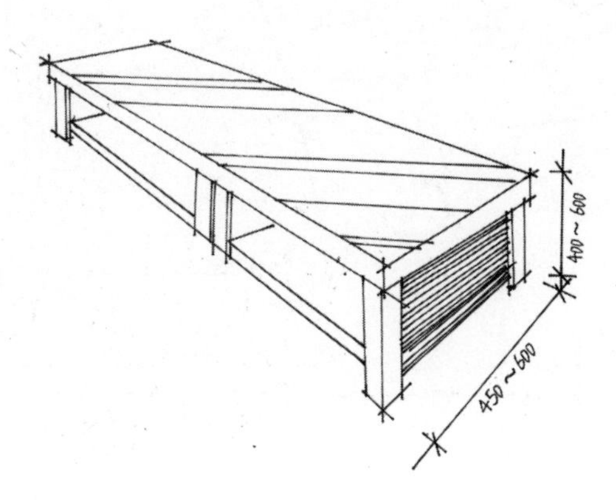

3.床

单人床：宽度有900mm、1050mm、1200mm，长度有1800mm、2100mm。

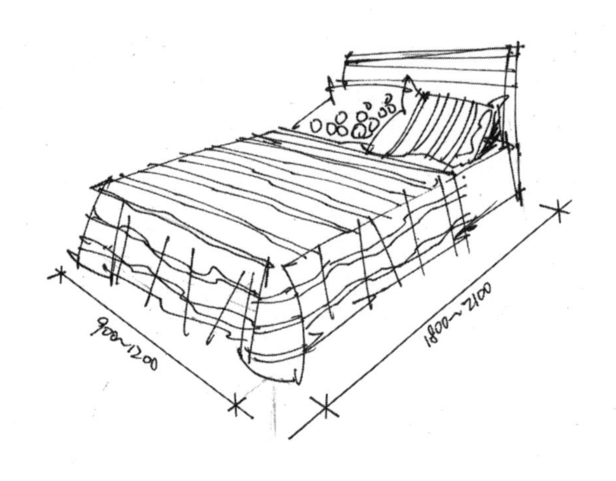

双人床：宽度有1500mm、1800mm，长度有1800mm、2100mm。

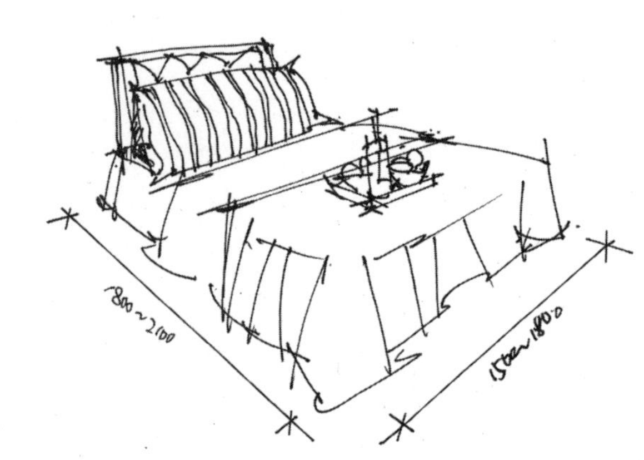

圆床：直径有1860mm、2420mm。

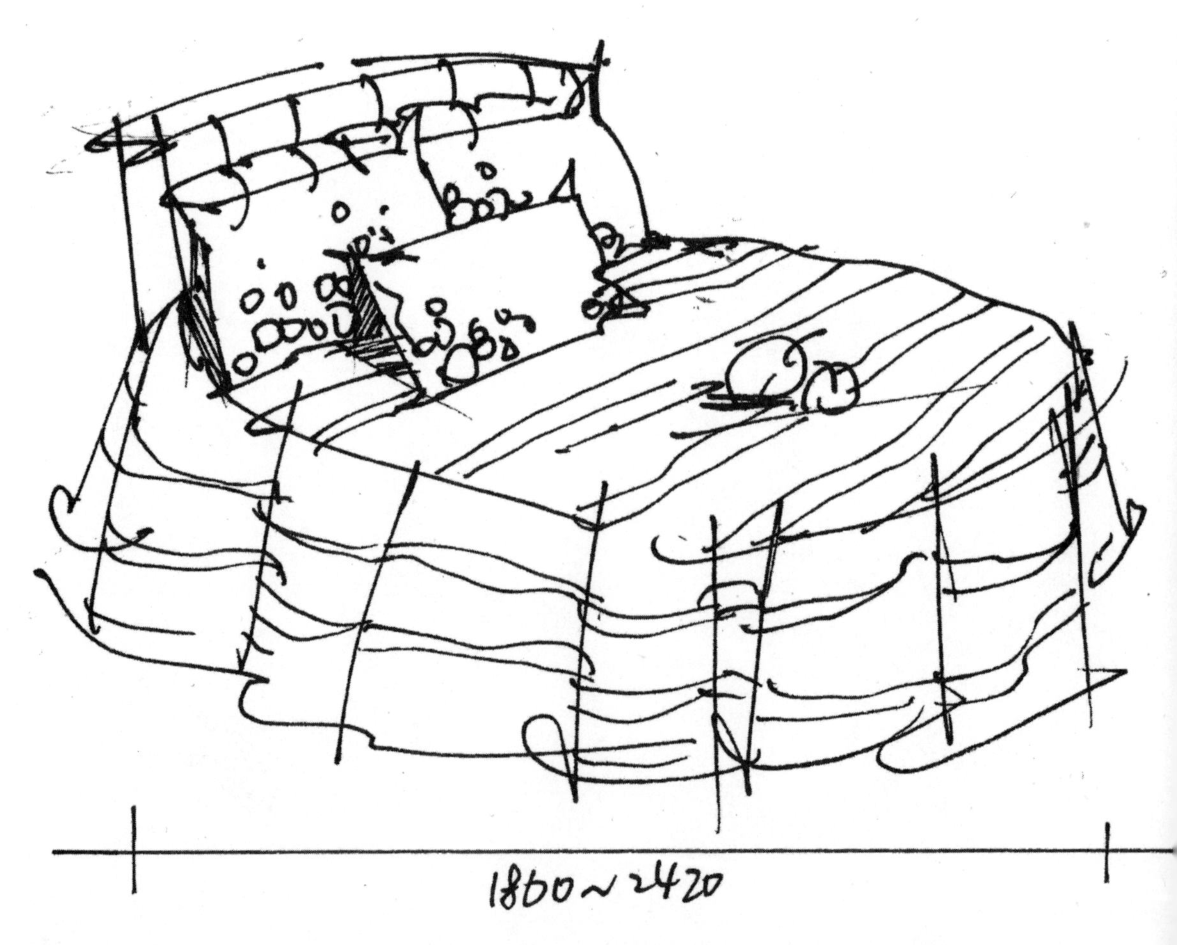

4.沙发

单人式：长度800~900mm，深度850~900mm，坐垫高350~420mm，背高700~900mm。

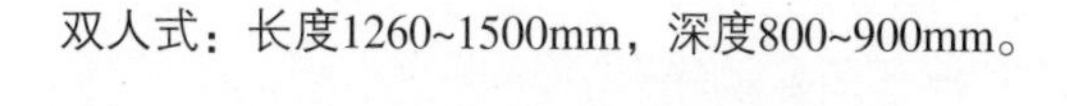

双人式：长度1260~1500mm，深度800~900mm。

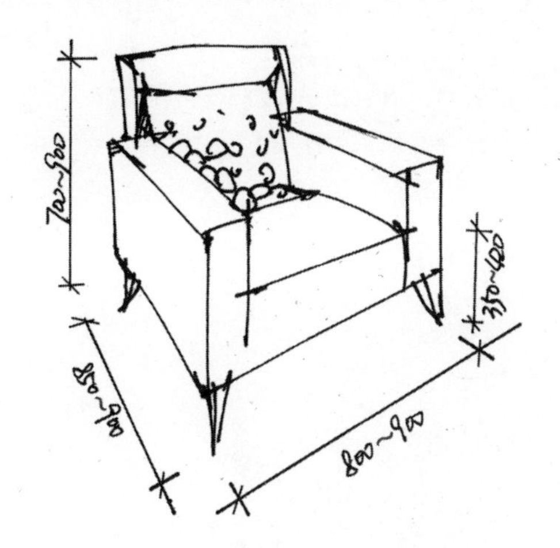

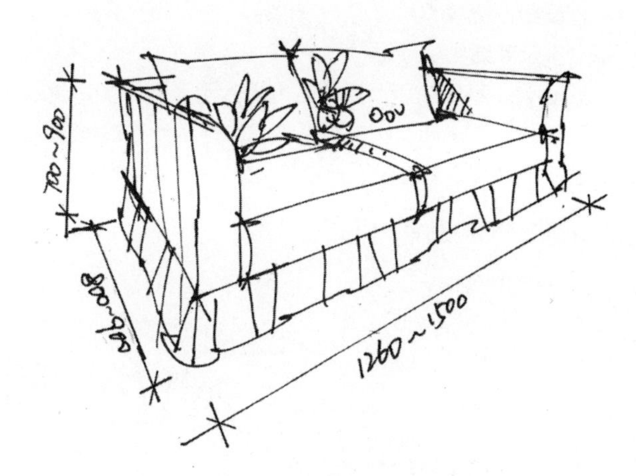

三人式：长度1750~1960mm，深度800~900mm。

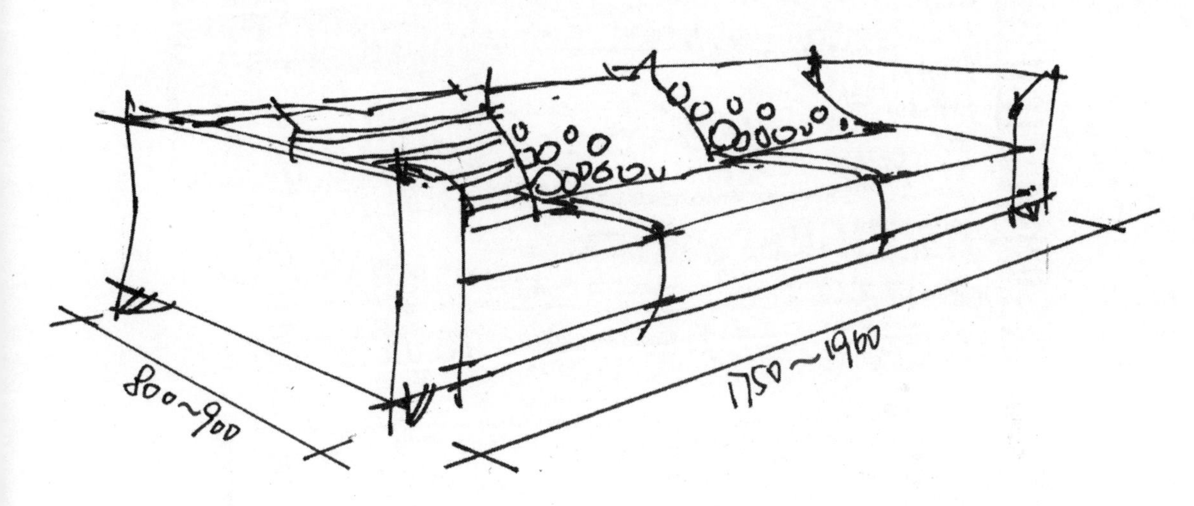

5.茶几

小型方形茶几：长度600~750mm，宽度450~600mm，高度380~500mm（380mm最佳）。

中型方形茶几：长度1200~1350mm，宽度380~500mm。

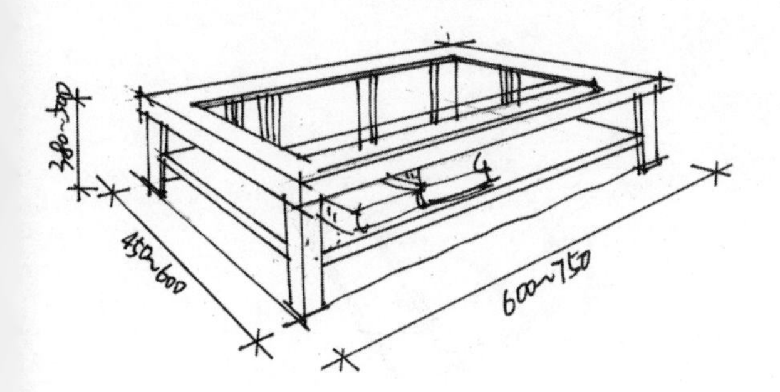

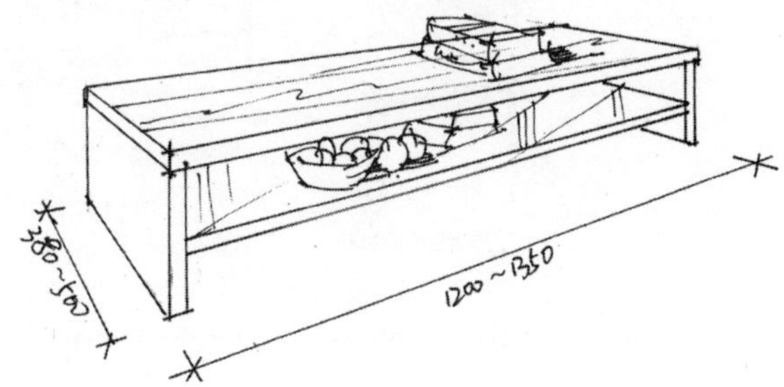

8.3.4 平面图常用的表达符号

平面图要能够清晰地反映出空间布局、功能区域划分等，因此会使用很多元素进行表达，如沙发组合、座椅、厨柜、会议桌组合等。室内空间的常用元素表达方式有一定的模式，在绘图中要将这些模式熟记于心，便于以后在设计绘图中运用。

设计平面图中所使用的常用组合元素要简洁、美观，避免过多的装饰，力求便于绘制。在绘制过程中，应注意图例与设计空间的比例关系，并应选用适当的图例，如果绘制不当就会影响到平面图的设计效果，导致客户的误解。下面列举了室内设计中常用到的平面元素，希望大家多加练习，并举一反三。

1.沙发组合

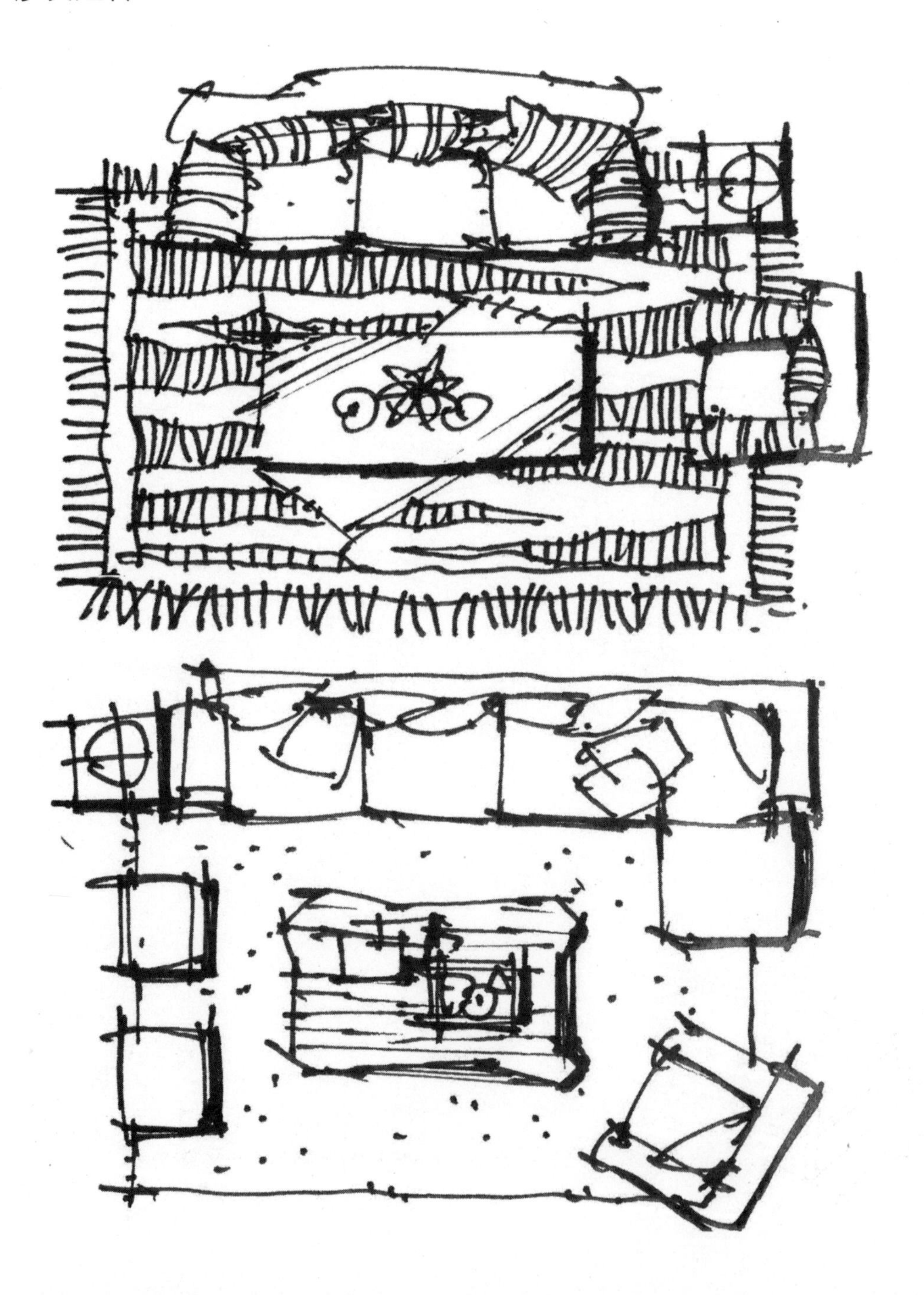

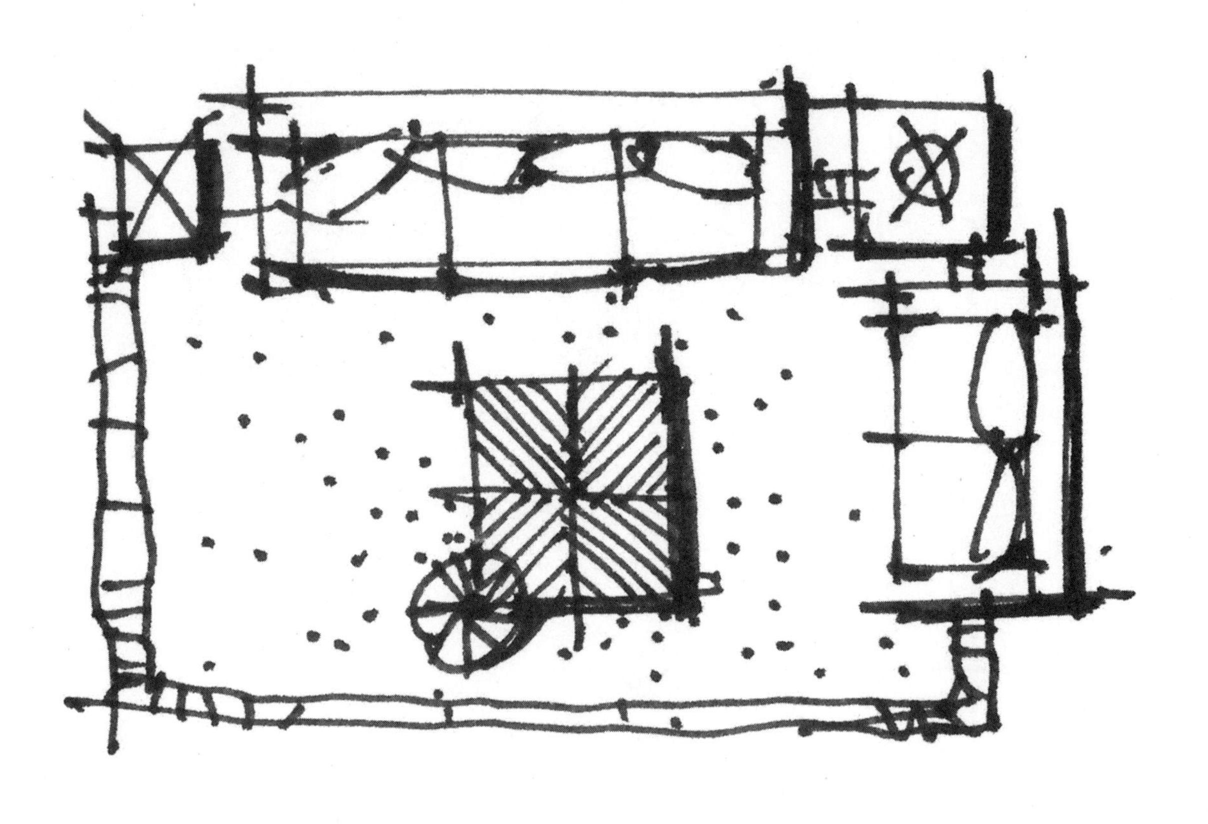

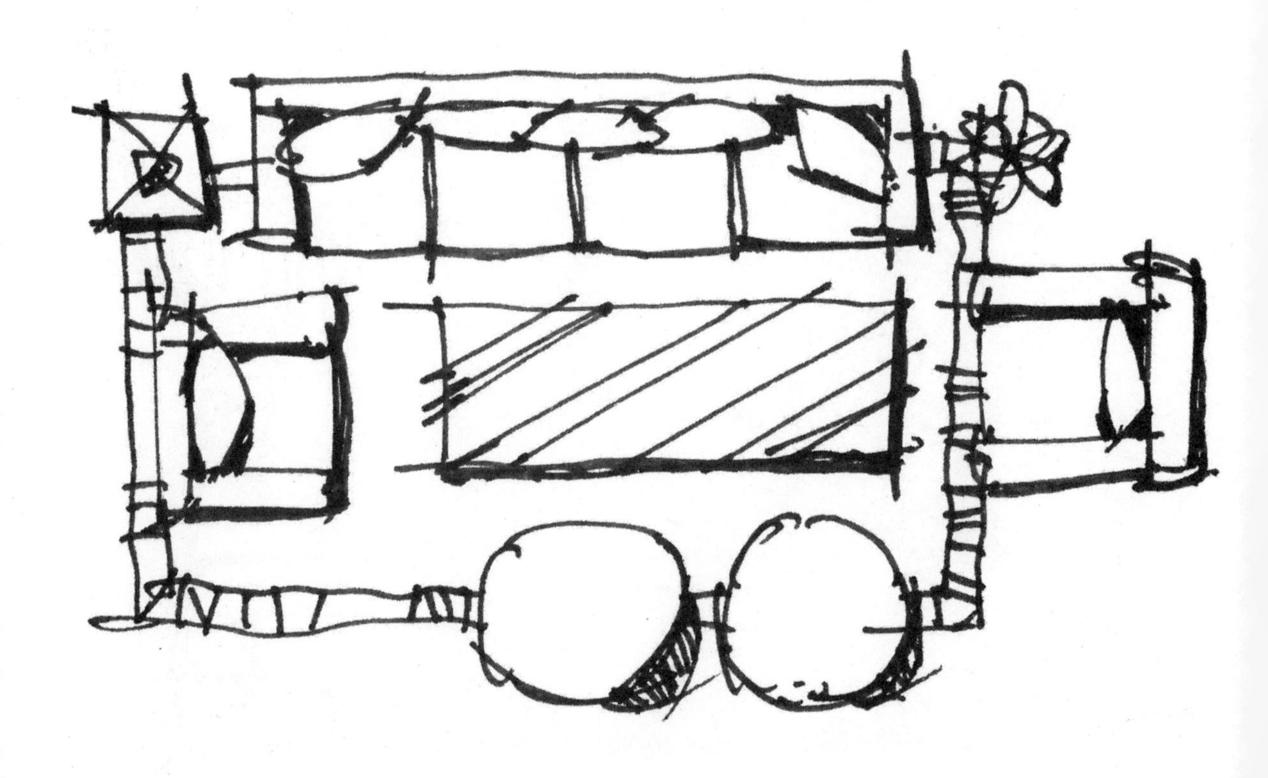

2.餐桌组合

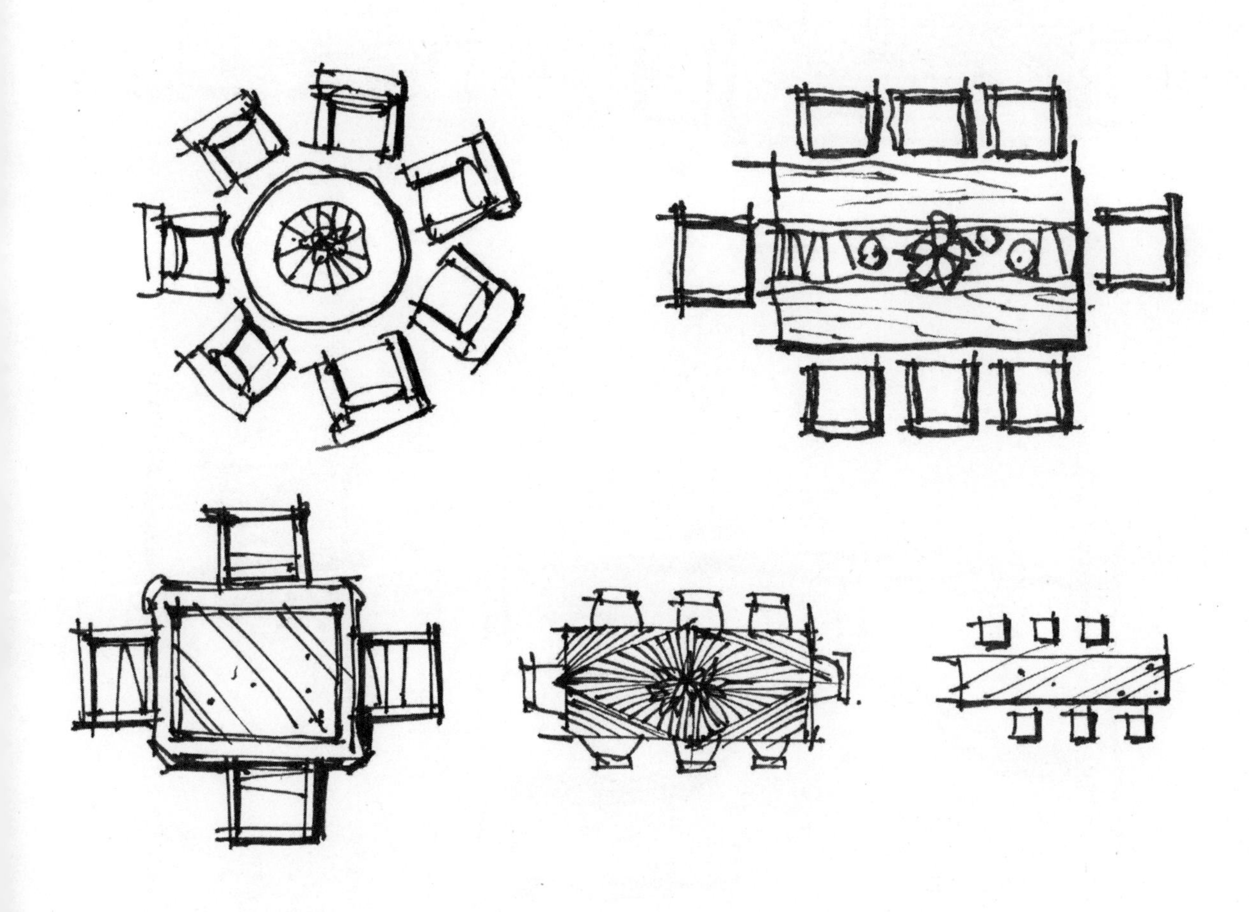

3.会议桌

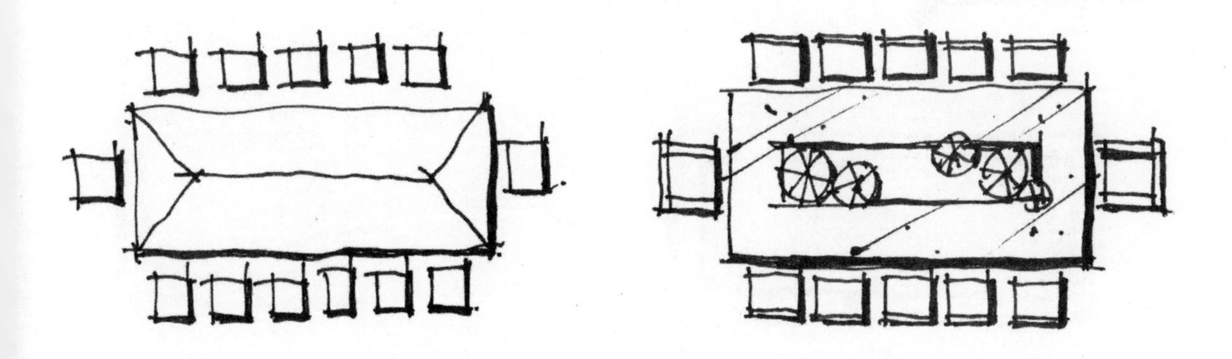

4.电视柜

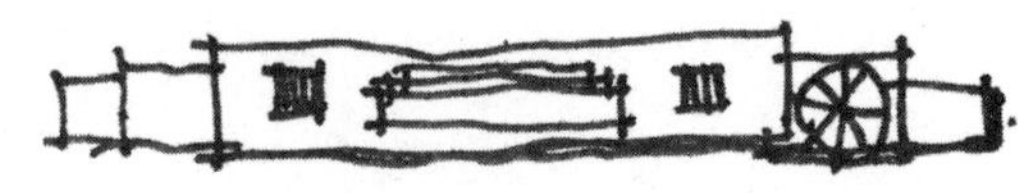

5.卫生间

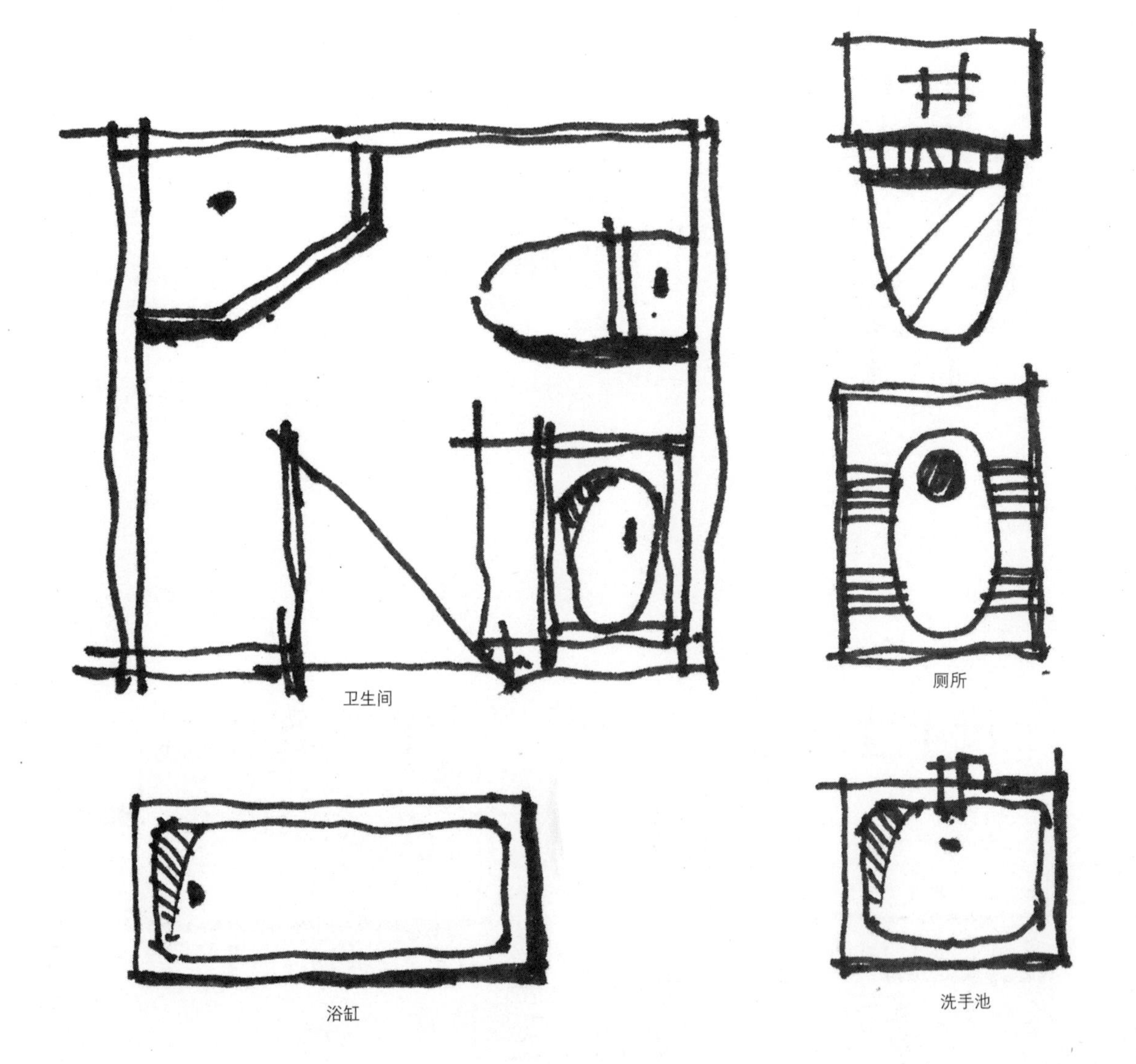

6.双人床、单人床

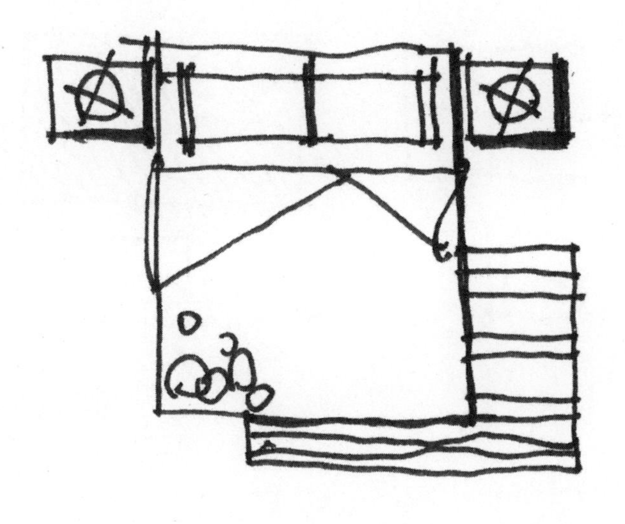

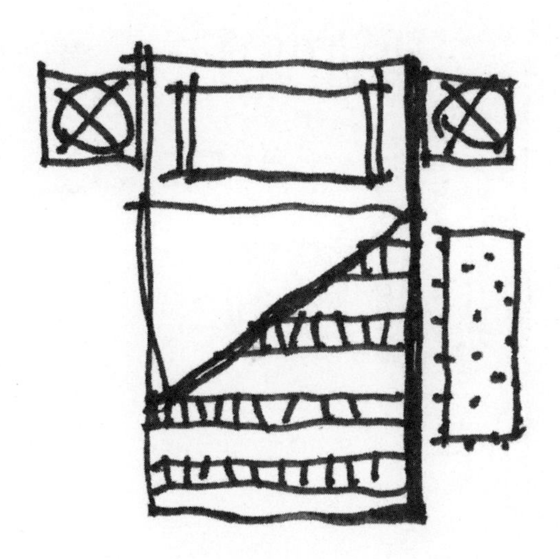

7.门

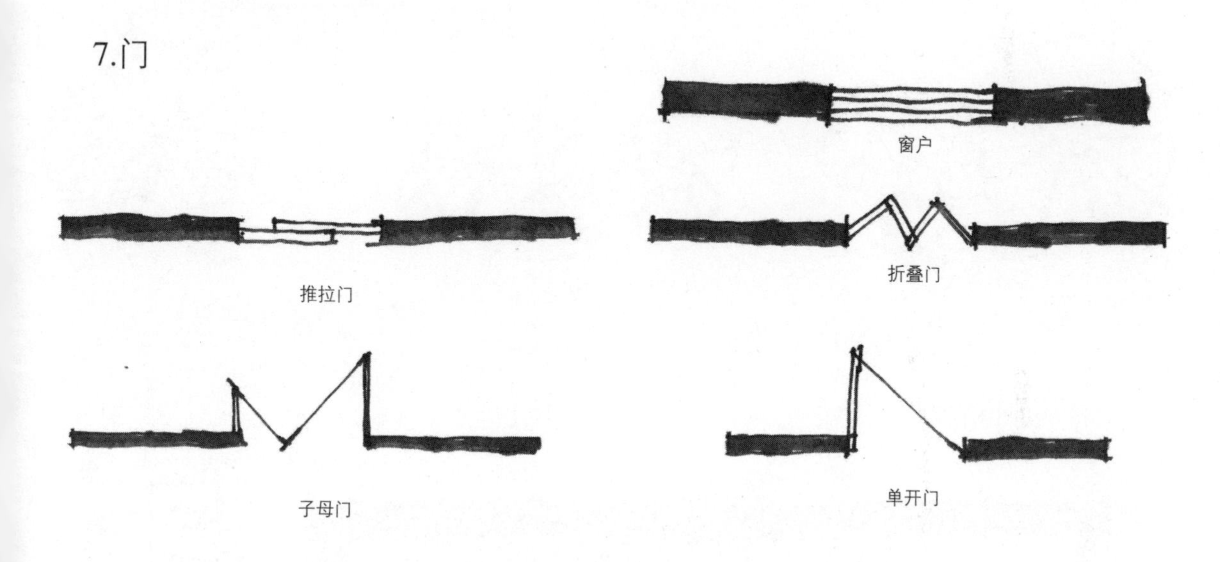

8.地毯

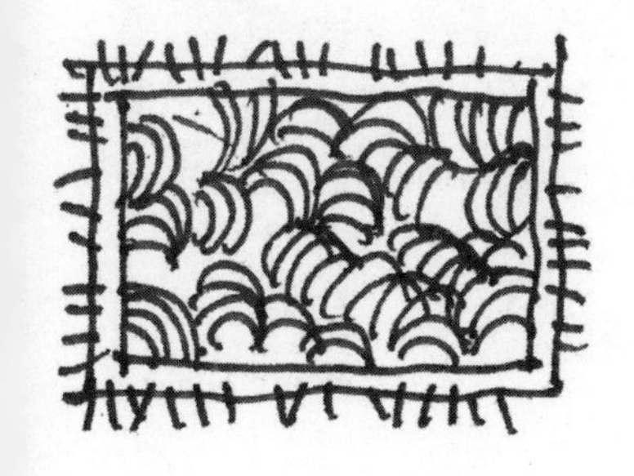

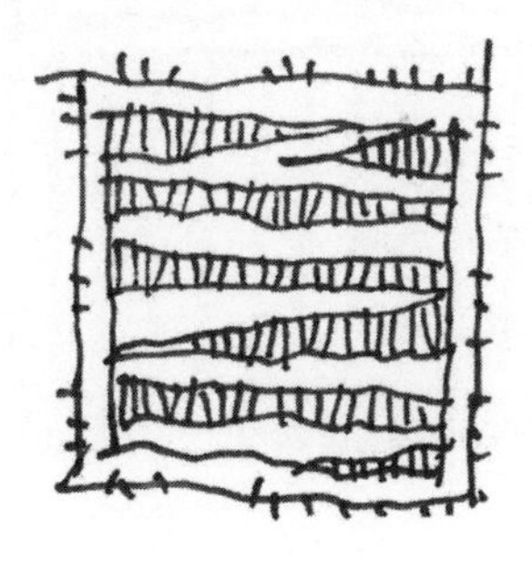

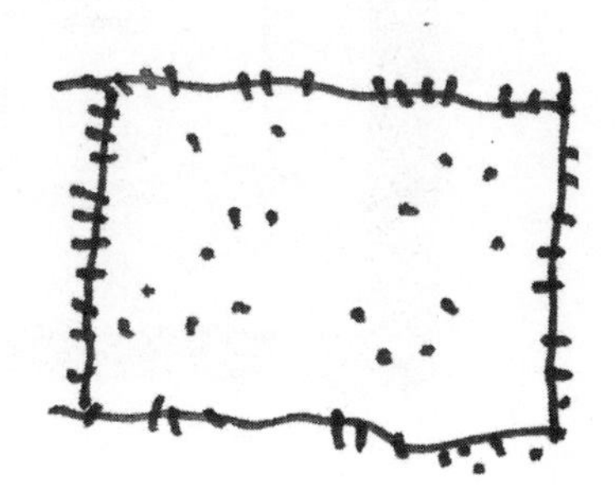

9.书桌

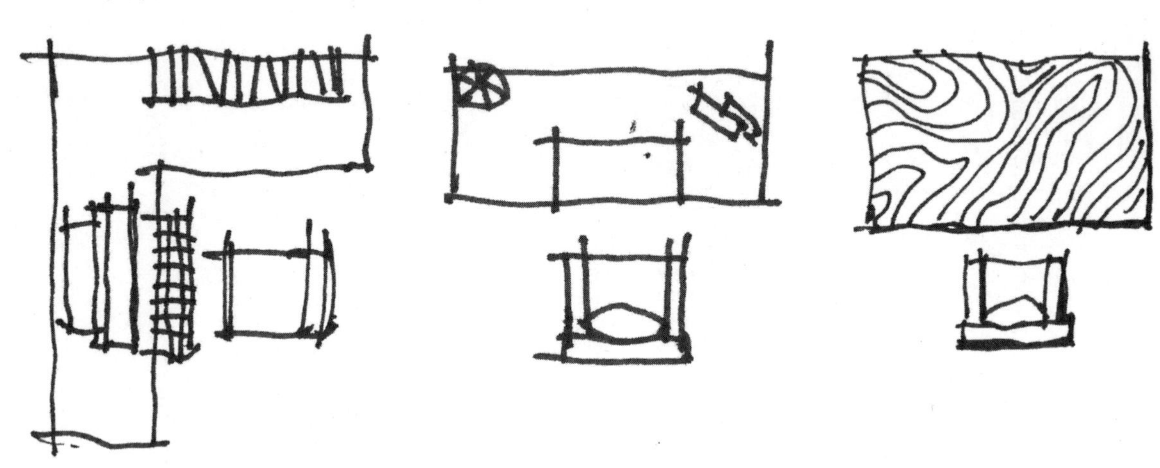

10.植物

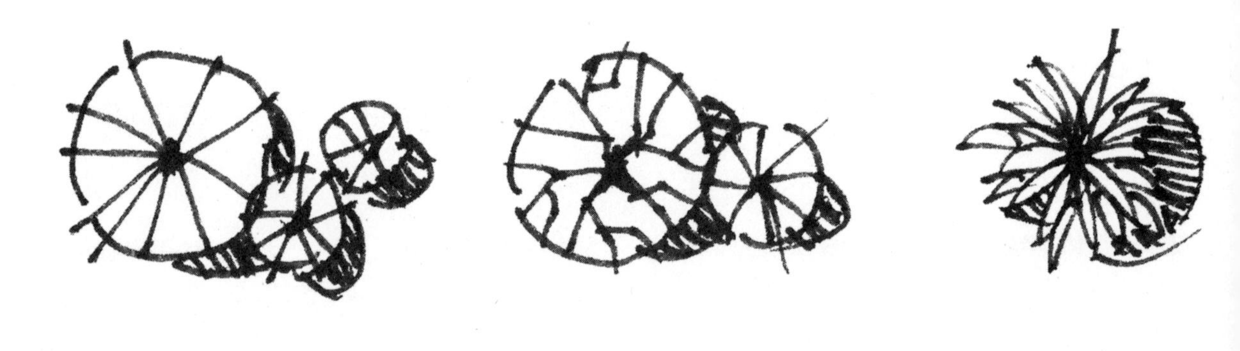

11.楼梯间和衣柜

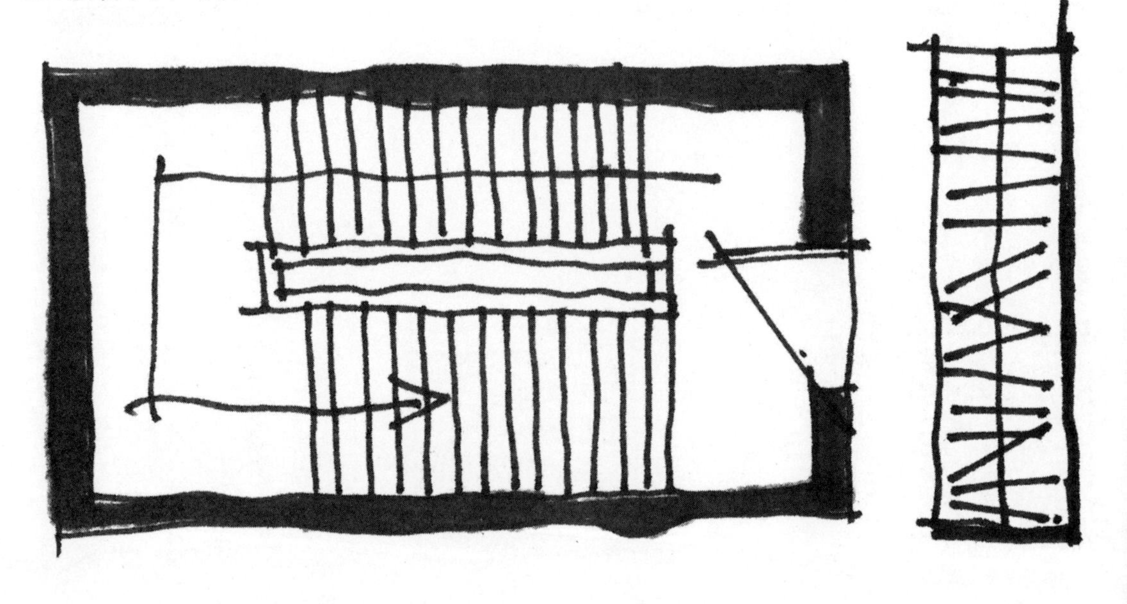

8.3.5 室内设计平、立、剖面图表现

1.平面图表现

· 平面图示范

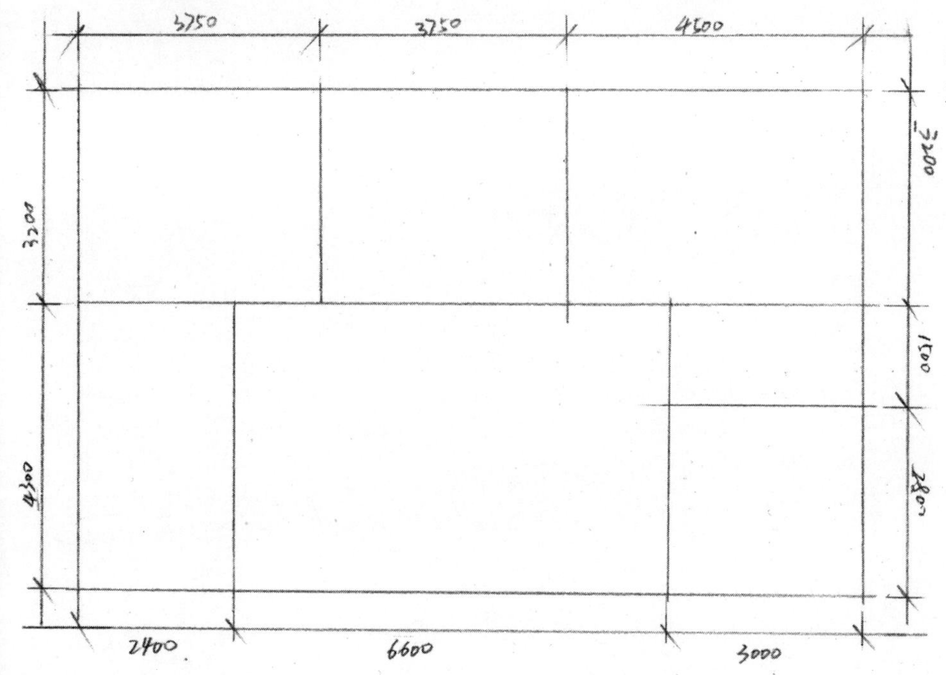

（1）用铅笔绘制出空间墙体的中轴线位置，初步分析空间。

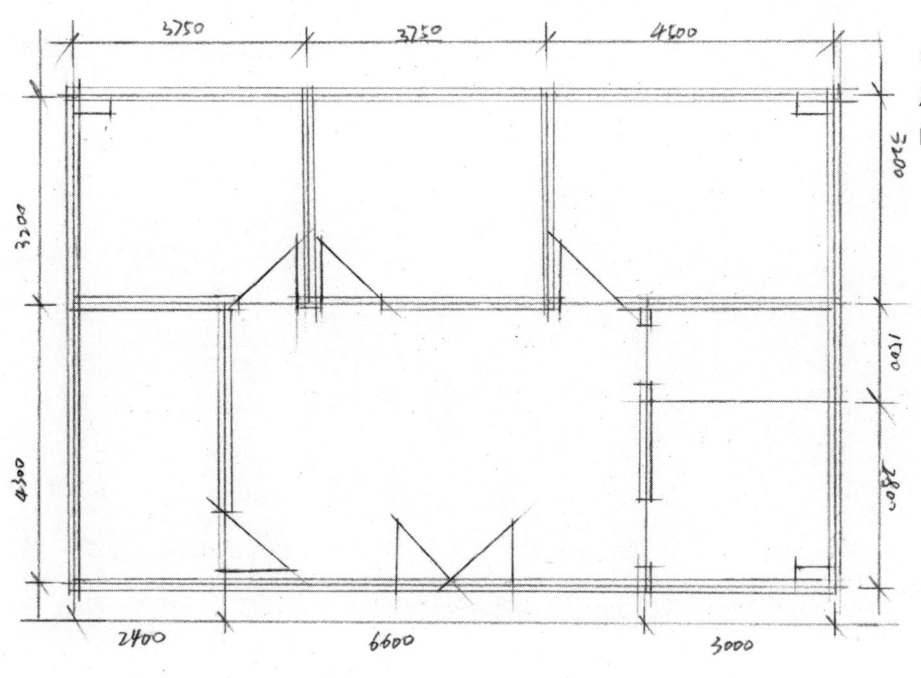

（2）根据墙体的中轴线，画出墙体的厚度（通常情况下墙的厚度为240mm）。

（3）在空间内加入家具元素，注意家具的尺度和比例关系。

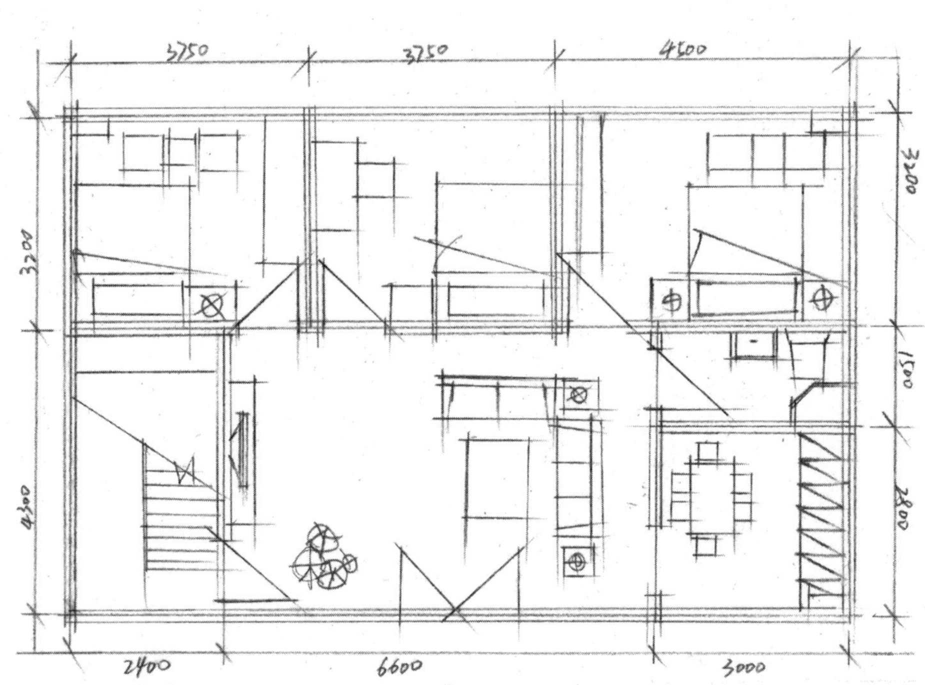

（4）从墙体开始用绘图笔勾画出整个空间。

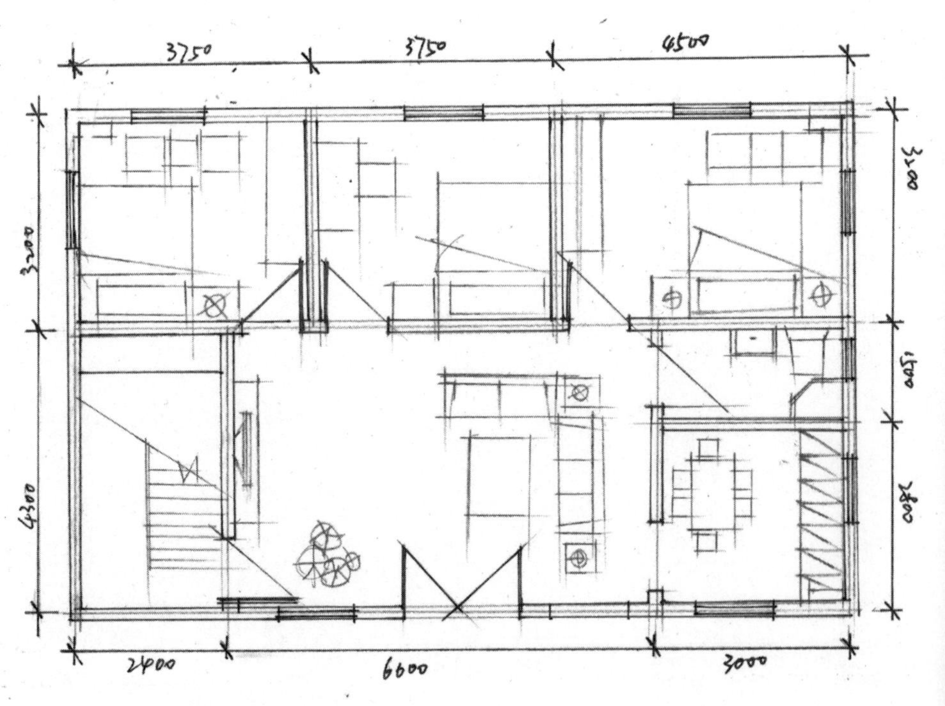

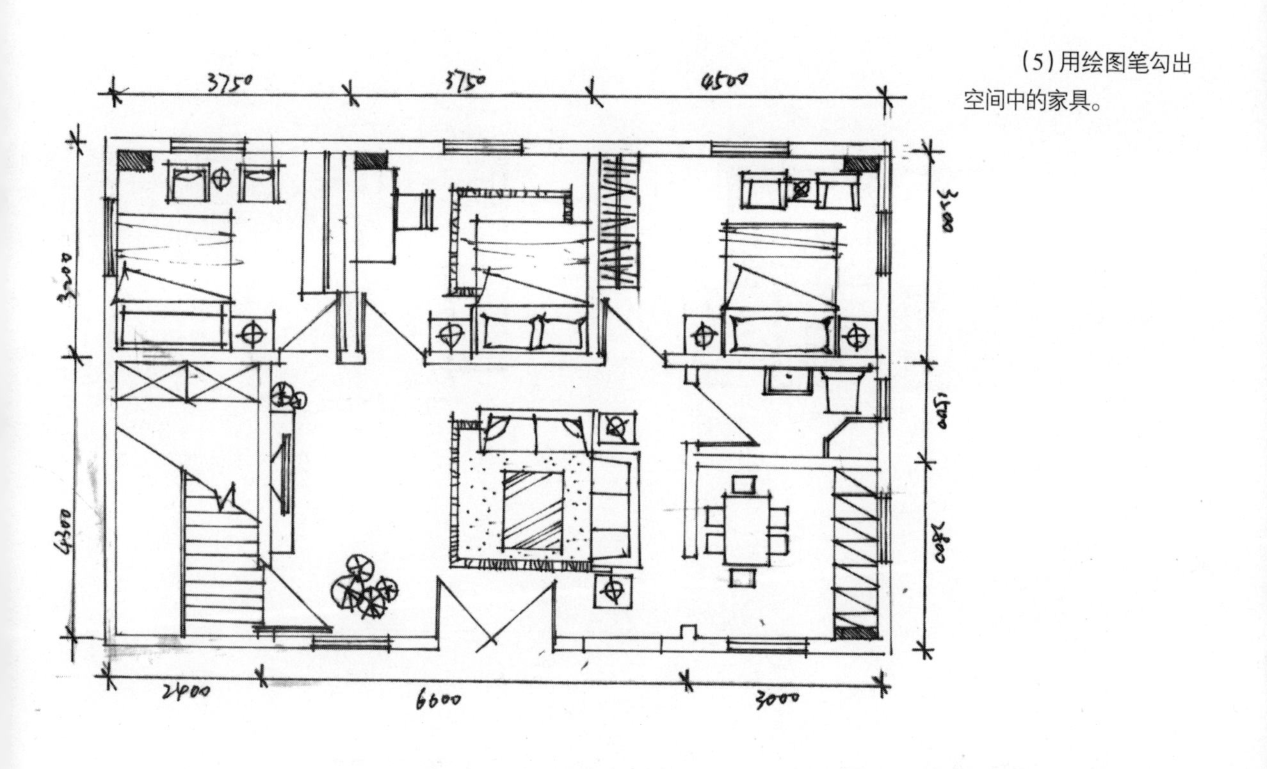

（5）用绘图笔勾出空间中的家具。

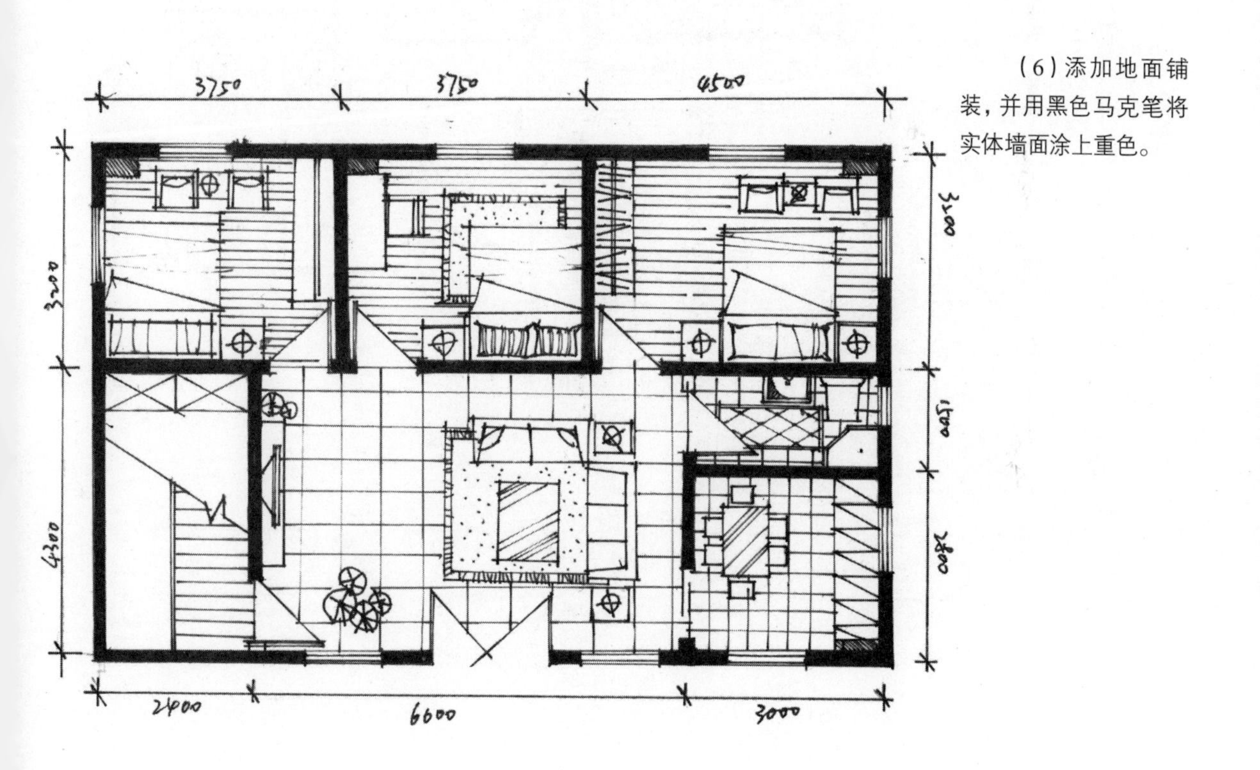

（6）添加地面铺装，并用黑色马克笔将实体墙面涂上重色。

· 平面图赏析

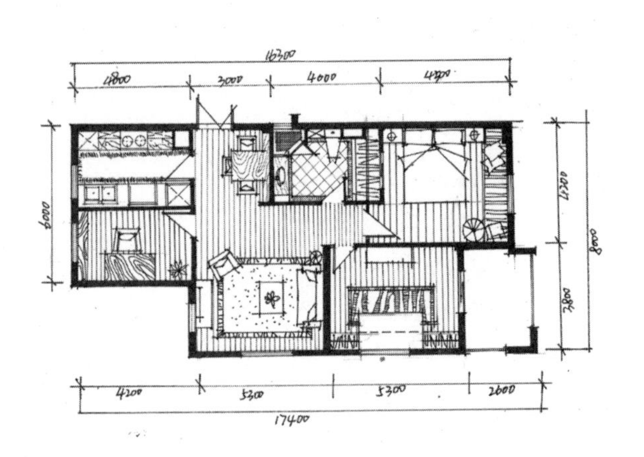
16300
1800
3000
4000
6000
8000
4200
5300
5300
2600
17400

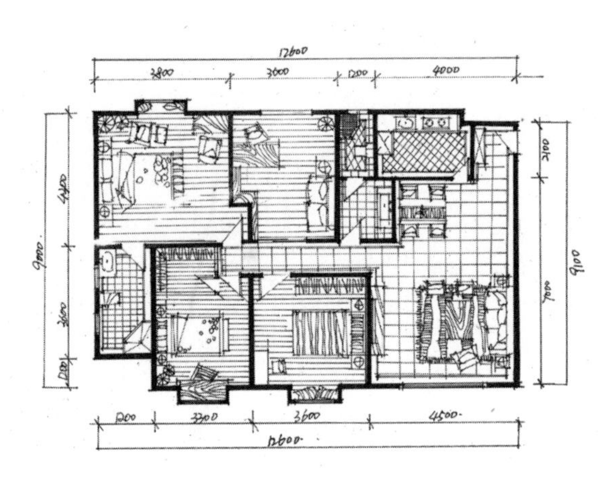
12600
3800
3000
1200
4000
9000
3600
4500
12600

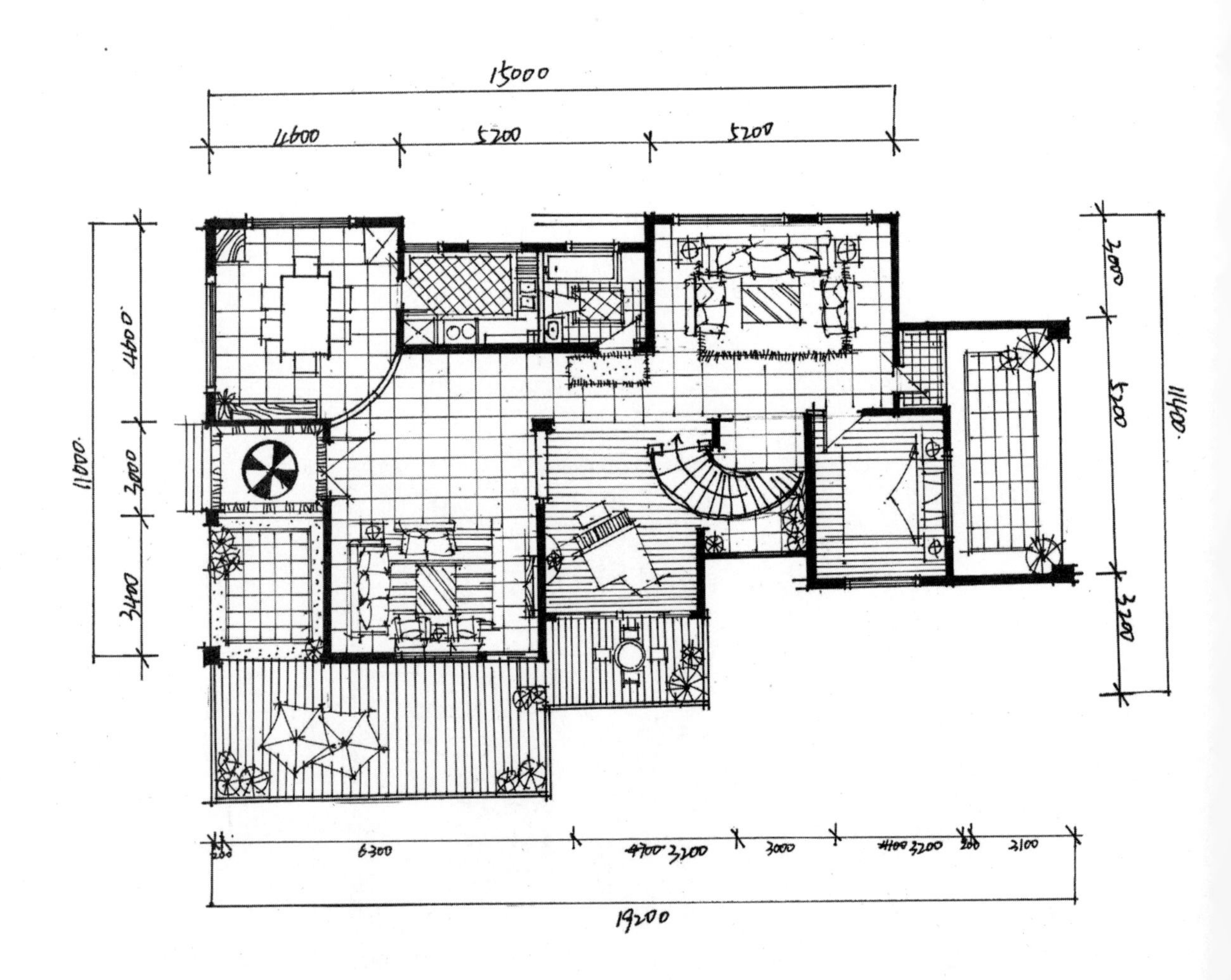
15000
1600
5200
5200
4600
2000
3400
11000
3000
5200
3200
11400
6300
3200
3000
3200
200
2100
19200

2.立面图表现

· **立面图示范**

（1）用铅笔确定房高和墙宽，初步分析空间。

（2）确定家具的宽度和高度，然后用铅笔绘制家具雏形。

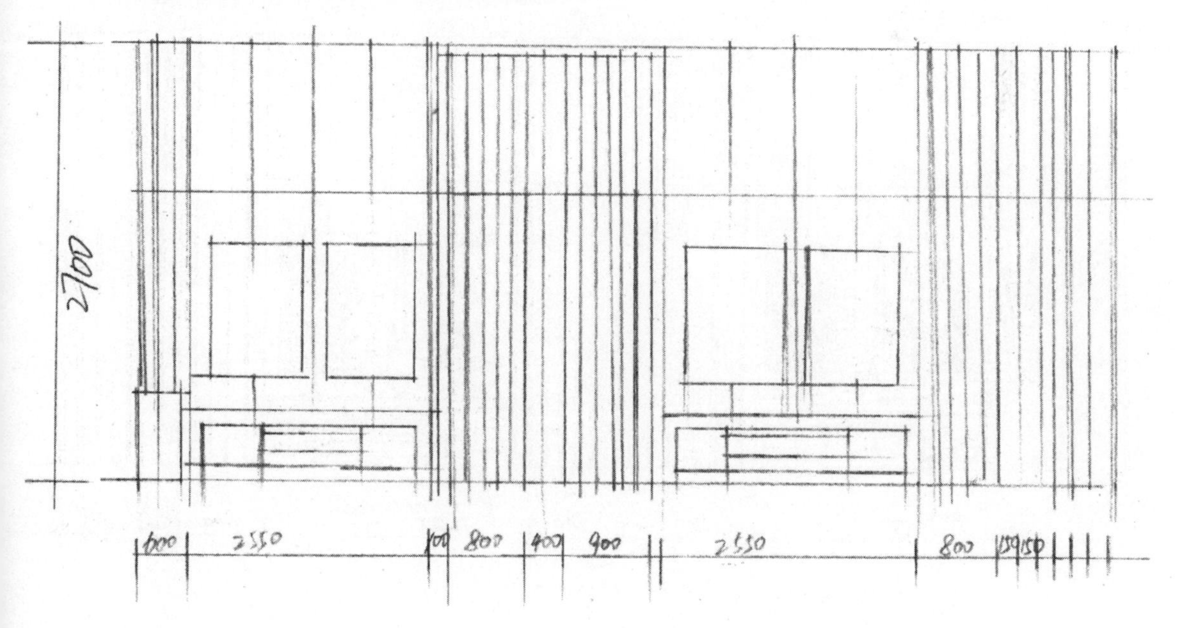

（3）用绘图笔勾画整体空间细节。

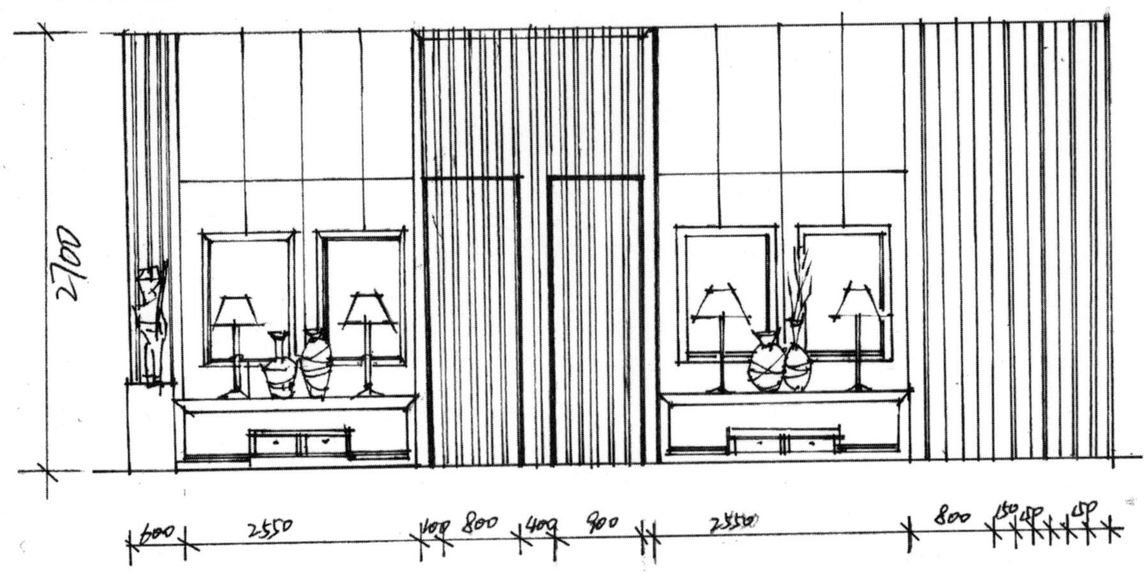

（4）添加阴影，使得画面更加整体、统一。

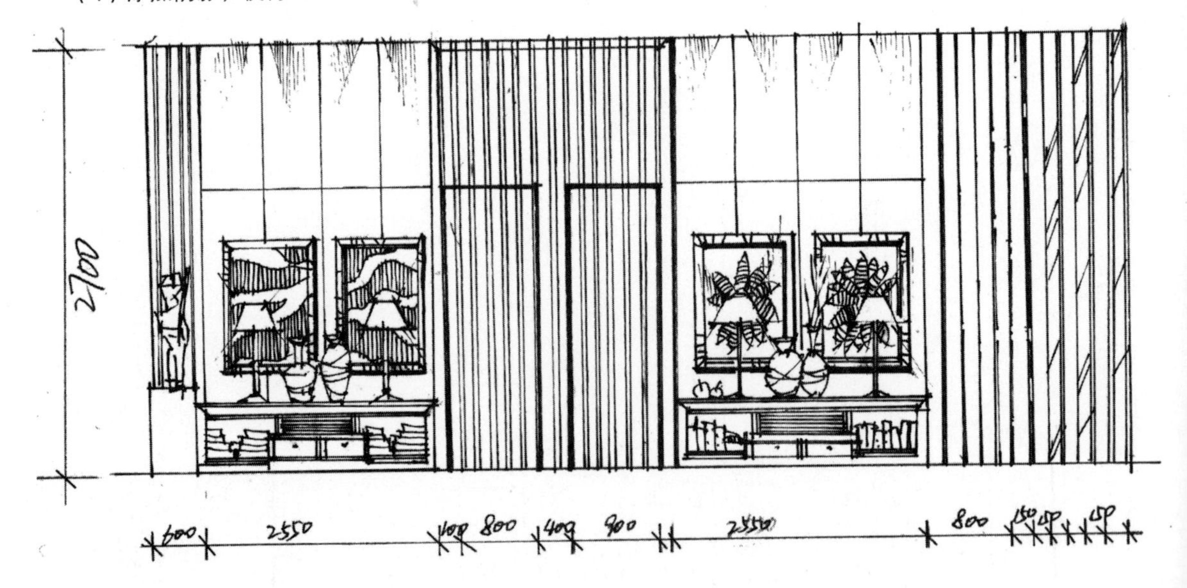

· 立面图赏析

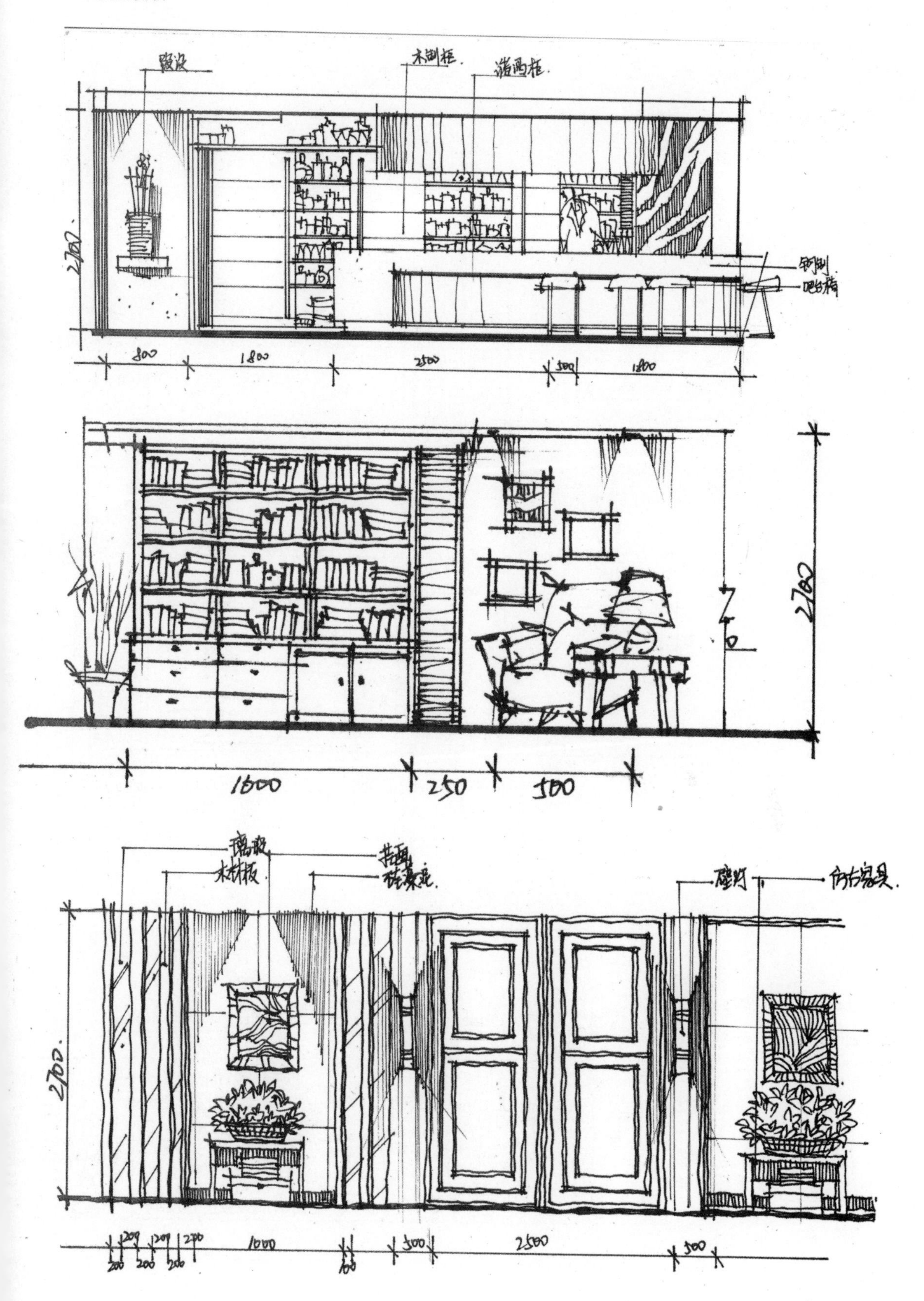

3.剖面图表现

当平面图、立面图和透视图等图纸无法表达清楚室内装饰结构时，可以通过剖面图进行表现，即用立面、平面、顶面整体或局部的剖切面，来反映空间装饰结构，为工人的施工提供详细的指导。

· 剖面图示范

（1）确定房高和空间落差，然后确定视平线并分析空间。

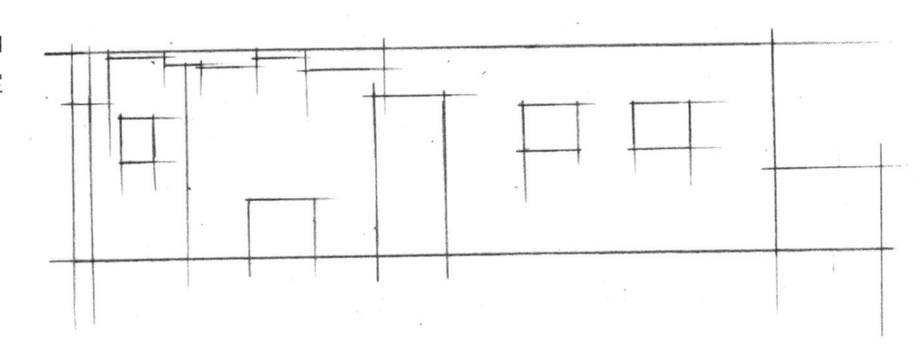

（2）用铅笔确定家具位置及其细节。

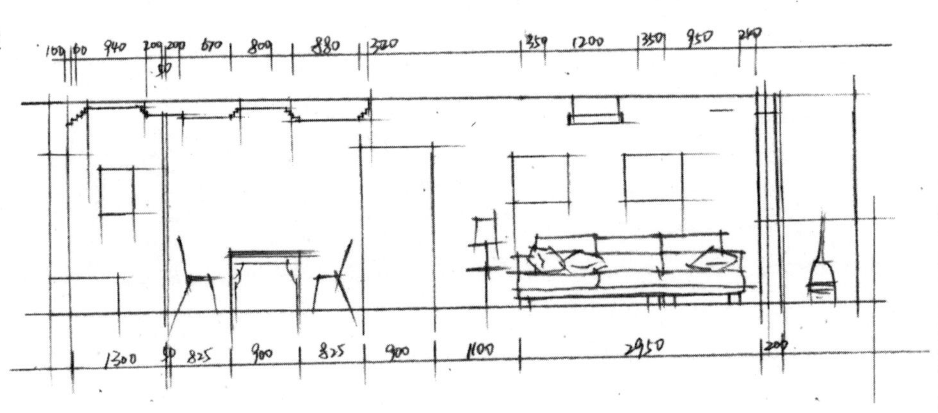

（3）使用绘图笔勾画出空间细节。

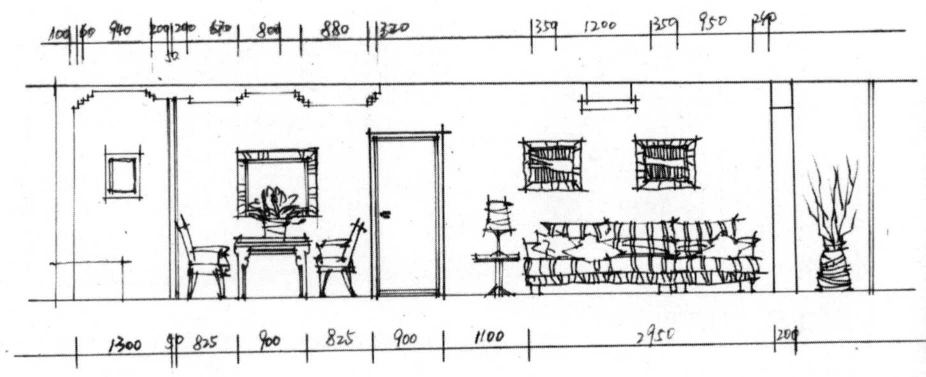

（4）标注材质，并对重要的物体标高。

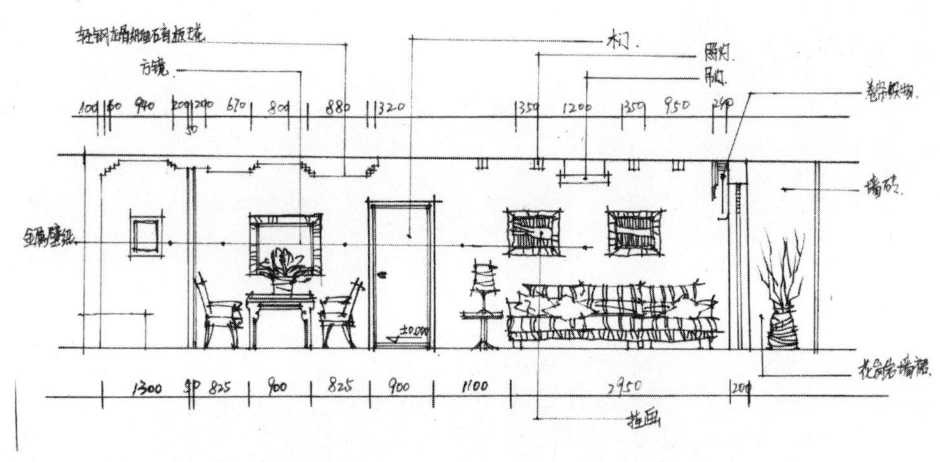

· 剖面图赏析

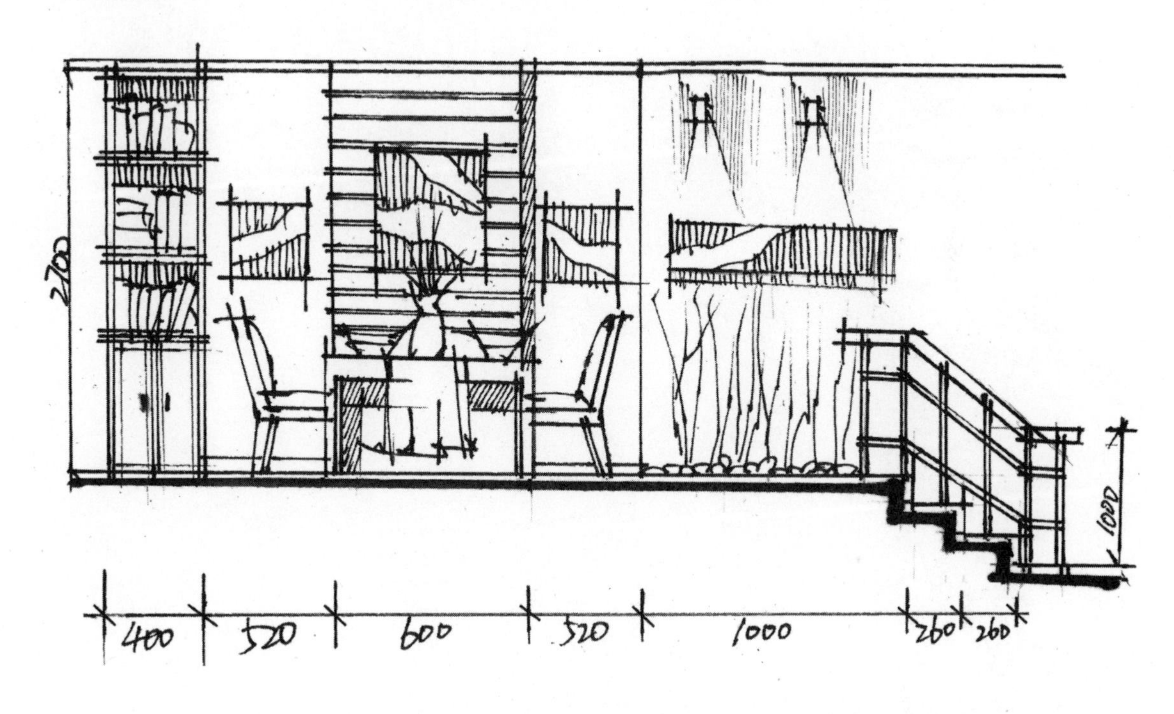

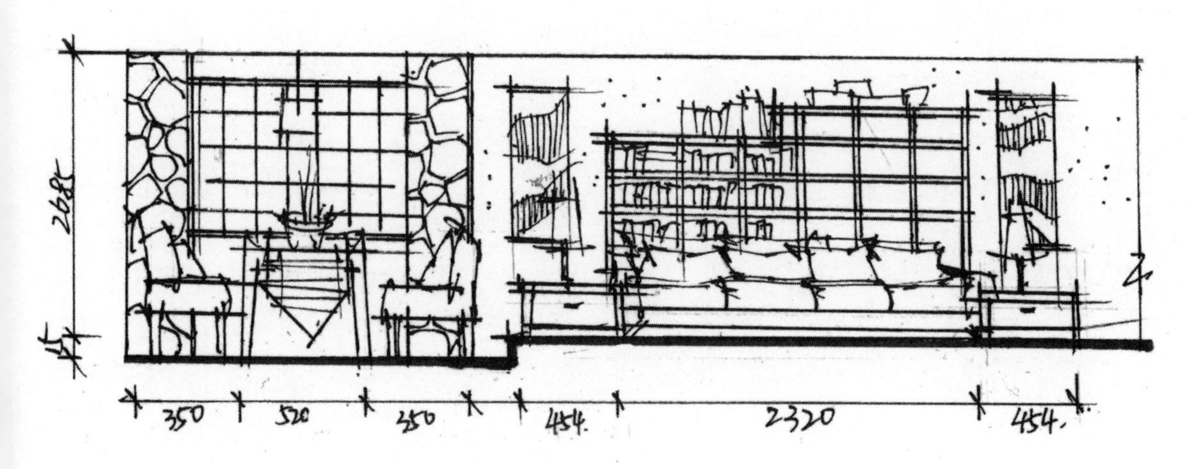

8.4 作品赏析

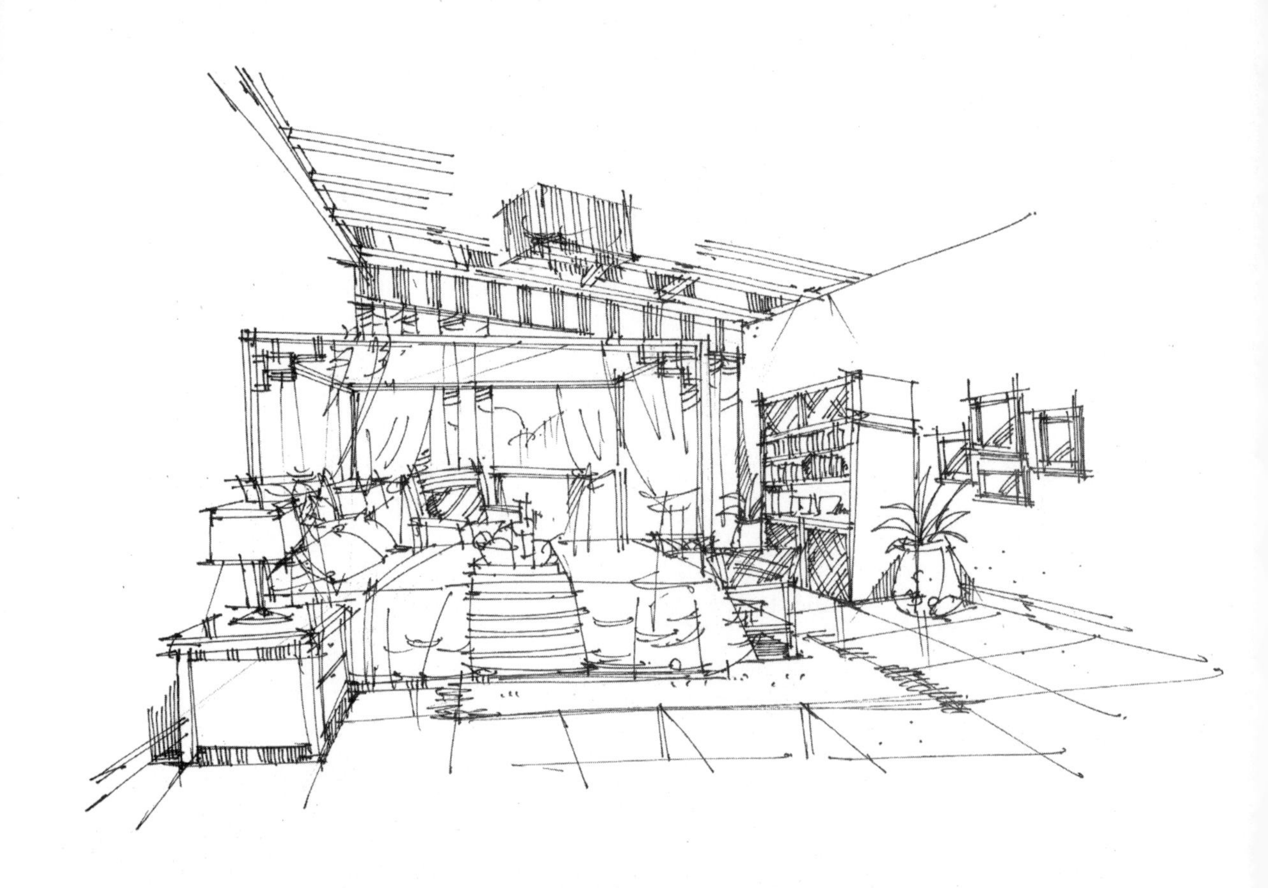

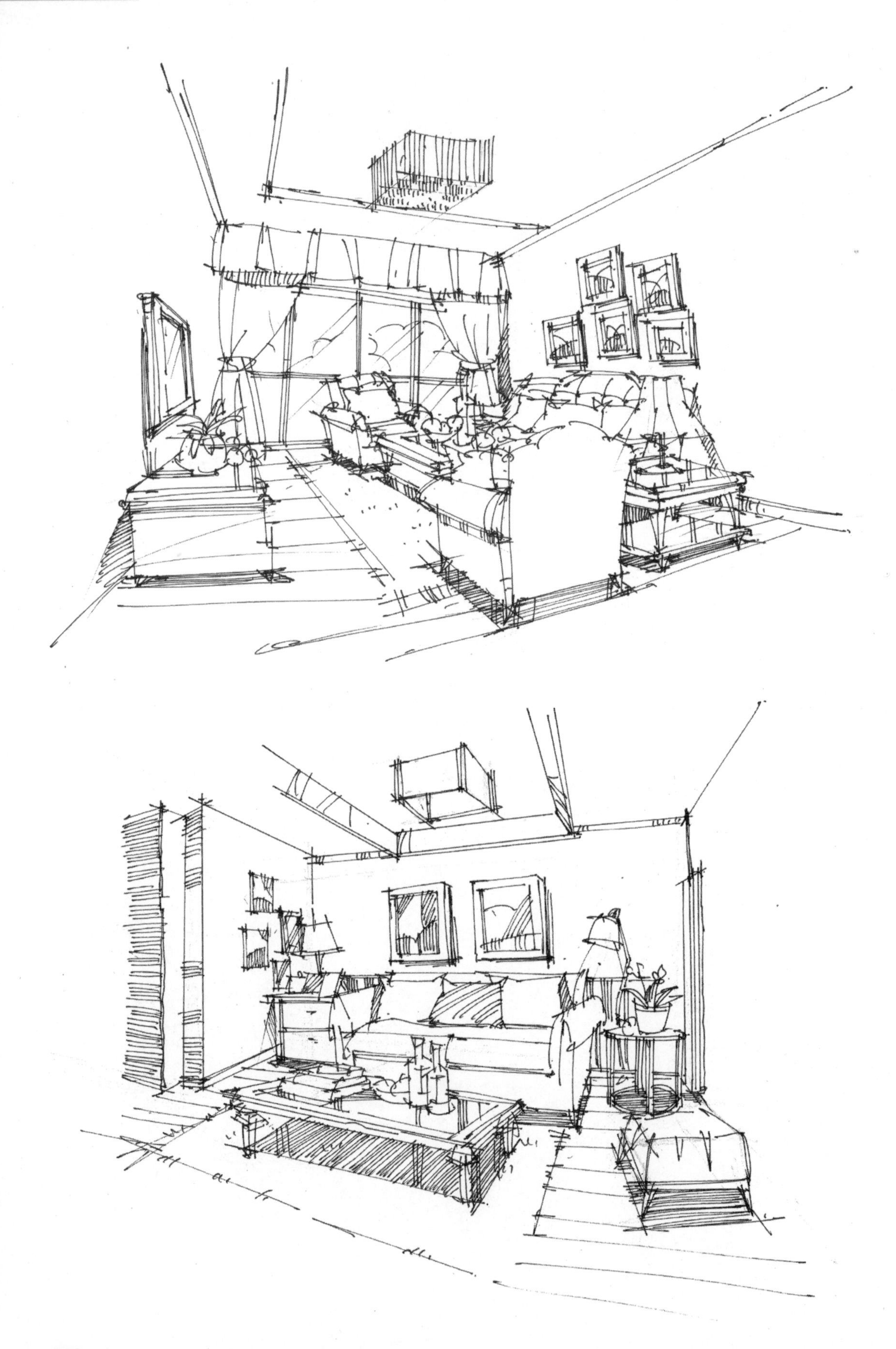

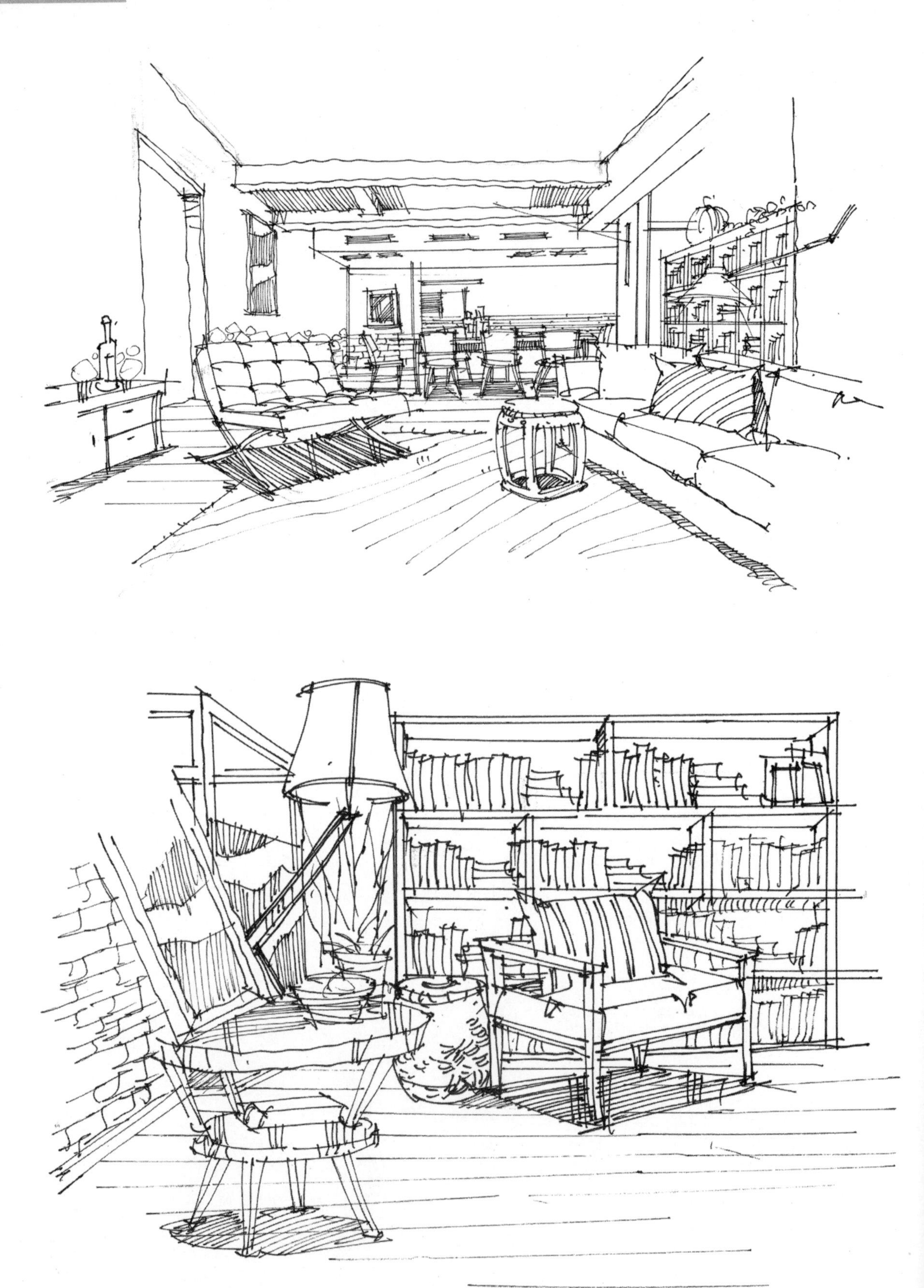